葡萄酒賞析 第二版
Wine Appreciation

鄭建瑋／著

國家圖書館出版品預行編目資料

葡萄酒賞析 / 鄭建瑋著. -- 二版. -- 新北
市：揚智文化, 2015.08
面；　公分. -- （餐飲旅館系列）

ISBN 978-986-298-192-4（精裝）

1.葡萄酒

463.814　　　　　　　　　　104014571

餐飲旅館系列

葡萄酒賞析

作　　者／鄭建瑋
出　版　者／揚智文化事業股份有限公司
發　行　人／葉忠賢
總　編　輯／閻富萍
特約執編／鄭美珠
地　　址／新北市深坑區北深路三段 260 號 8 樓
電　　話／02-8662-6826
傳　　真／02-2664-7633
網　　址／http://www.ycrc.com.tw
 E-mail ／service@ycrc.com.tw
印　　刷／彩之坊科技股份有限公司
 ISBN ／978-986-298-192-4
初版一刷／2004 年 10 月
二版一刷／2015 年 8 月
二版二刷／2017 年 7 月
定　　價／新台幣 550 元

二版序

　　《葡萄酒賞析》這本書自2004年發行以來，廣受讀者的歡迎，也成為國內許多大學餐飲管理學系的葡萄酒教科書。如今已經走過十年的歲月，期間因應國內外的變化，我曾數度打算改版，但都因為手邊總是有太多的工作而蹉跎延誤，一直到2012年夏天，我受邀到台北海洋科技大學的一場演講，因為聽眾中一位先進同仁的一句話，她問我何時要改版？我才下定決心開始動手。然而同樣的工作忙碌的問題，還是讓我不得不放慢腳步，花了兩年時間才完成改版的工作。

　　在《葡萄酒賞析》出版之後的這段時間裡，我在2006年由銘傳大學餐旅管理學系改任教於生物科技系，並在2013年夏天到實踐大學餐飲管理學系專任，2015年2月又回到銘傳大學生物科技系。雖然任教的科系不同，但我對於葡萄酒事業的熱誠未曾中斷，多年來個人的研究與教學都還是以葡萄酒及其他酒類相關課題為主，在葡萄酒領域的教學也未曾中斷過。

　　當初撰寫《葡萄酒賞析》時，鑑於國內各大學對於葡萄酒的教育環境不佳，當時很少學校開設這方面的課程，可取得的國內教學資源非常有限，坊間的書籍多數是翻譯自國外的著作，對象則是一般對葡萄酒有興趣的社會大眾，很難成為大學生學習專業知識的教科書或是參考書，因此寫作的目的在於創作一本本土化的葡萄酒教課書。

　　我早在1999年起，即在銘傳大學開設通識課程「品酒與生活」，後來在銘傳大學觀光學院成立以後，在餐旅管理學系開設「葡萄酒專論」，2006年起也在實踐大學餐飲管理學系開設「酒類知識與鑑賞」至今。這三門課程其實都源自當年我在康乃爾大學留學時，選修旅館學院的一門課程「Introduction to Wine」，課程設計都是每次上課的前半段時間介紹葡萄酒的基本知識，後面留下一個小時的時間品酒，讓

葡萄酒賞析

同學們可以親身品酒，並藉由討論與分享，欣賞來自世界各地各種類型葡萄酒的特殊風味。這樣的課程自然吸引許多學生選修，也成為銘傳大學和實踐大學的特色課程，曾多次被媒體採訪，或成為跨校選修的熱門課程。

其實喜愛葡萄酒的風潮，不只在大學校園裡，台灣社會對於葡萄酒的接受程度與日俱增，如今國內不僅星級飯店和高級西餐廳的葡萄酒服務已成為基本要求，連許多中式與日式餐館也提供葡萄酒的服務，尤其更顯而易見的是現時國內在飯店裡舉行的婚宴中，紅葡萄酒更成為宴席基本配套的一部分；坊間到處林立著葡萄酒專賣店與葡萄酒吧，以及全台各地常常舉辦的葡萄酒展與講座，更是說明了葡萄酒事業在這裡正蓬勃發展，葡萄酒文化已然在此生根。

國內各大學無論有無觀光餐飲科系，葡萄酒相關課程更是如雨後春筍般地開設，葡萄酒知識則在眾多同仁與先進們的努力下，如今已是現代台灣社會知識文化的一部分。因此這本書的改版必須符合社會的演變。因此在新版之中，我著力於對近年來國際葡萄酒事業最新發展的資訊整理，調整章節順序，刪除過時的資訊與法規，改寫文字讓這一版本可以幫助學生更容易學習。原來第一版有十四章，如今已刪改為十三章，原先第六章裡面的許多專有名詞解釋放在最後成為附錄，以符合一般學生的學習習慣。

採用本版新書的老師，應該可以發現，新版的內容安排，較容易融入現在各校嚴格的教學大綱與課程規劃準則，在有限的一學期十八週的時間裡，扣除加退選時期的混亂與期中期末考的時間，將葡萄酒知識做個完整的介紹。

葡萄酒賞析是一種很容易讓人著迷的興趣，希望各位有緣的讀者們，可以藉由這本書開啟您對於葡萄酒知識的喜悅。更期望有志於發展葡萄酒事業的朋友們，可以拿這本書當作您事業發展時的一本有用的工具書。

感謝多年來愛護我的老師、同學和朋友們，由於你們的支持讓我可以繼續沉溺在葡萄酒的世界裡學習、研究、教學與寫作。在這本新版《葡萄酒賞析》的整理寫作過程中，我的研究生張家瑀幫忙校稿，並協助書中圖片的拍攝；摯友林裕豐與研究生黃哲瑜幫忙資料收集整理；研究生林品潔、程韻潔和實踐大學曾晴同學，協助書中品酒與服務流程示範相片的拍攝；還有多年來給我指正與建議的各位朋友，謝謝你們的幫忙，這本書是我們共同努力的成果。

最後，還是要感謝多年來支持我的揚智文化與各位採用這本書教學的先進同仁們；同時我也要鄭重說聲抱歉，這個新版來得實在太晚，我會繼續努力寫作，讓下一版本的新書早日出現。

鄭建瑋　謹識

目　錄

葡萄酒賞析

Part 2　葡萄酒品評

Part 3　葡萄酒介紹——從葡萄到葡萄酒

葡萄種植　135

葡萄酒釀造　153

Part 4　葡萄酒管理與服務

葡萄酒管理與服務　187

葡萄酒賞析

Part 1

緒論

Chapter

關於葡萄酒
Introduction

　　這本書的書名叫做《葡萄酒賞析》，書中所將介紹和討論的，當然是和葡萄酒這種迷人的酒有關，特別是和葡萄酒事業，這種令人陶醉的事業相關的所有知識。本書最初的寫作目的，是希望能對有志從事葡萄酒事業，卻未曾接觸過葡萄酒，或是未曾對葡萄酒有過深入研究的人，提供從零開始的訓練教材，最後成為葡萄酒業裡的專業人士，因此本書的寫作方式與所強調的重點，和過去絕大多數國內外已出版的葡萄酒書籍有很大的不同，比較強調葡萄酒釀造與品評的基本原理，以及關係葡萄酒品質優劣的基礎科學知識。本章首先將概略介紹葡萄酒的定義、葡萄酒事業的範圍、歷史、現況與未來發展趨勢，同時也將介紹如何在葡萄酒事業裡找到屬於自己的生涯發展方向。

第一節　葡萄酒的定義

一、名詞解釋

　　在印歐語系的各國文字裡，「葡萄」這種水果的拼法，彼此相去甚遠，發音上也有諸多不同，但「葡萄酒」的文字卻長得極為相似，且大多發wine或vine之類的相似發音（**表1.1**）。英文的wine這個字，在中文裡一般都被翻譯成「葡萄酒」，然而這樣的翻譯名詞在許多種情況下，卻可能是有問題的！因為在古代蒸餾的技術尚未發明之前，所有酒類都只是釀造的，釀酒的原料中必須含有高量的糖分，以方便野生酵母菌生長與發酵，所以各種水果和穀物，只要是人們身邊可以方便取得的醣類來源，都有可能用來釀酒。在東亞的中國、日本和韓國，主要的釀酒原料自古以來都是稻米之類的五穀雜糧，但在西方世界，最常被人拿來作為釀酒原料的卻是葡萄和蘋果等水果，所以在英文裡wine的字源固然是來自於葡萄酒，但這個字更適切的一層意思卻

是「釀造酒」。任何含糖的水果和穀物，只要可以被釀酒酵母發酵成為酒，且未曾蒸餾過的都可以稱為wine。

　　wine與人們的生活發生關係，至今已有七、八千年的歷史，地球上許多地方都有當地獨特的酒文化，因而可以產製許多不同種類的酒類，例如台灣和日本所流行的米酒和清酒，在西方人眼中是一種rice wine；而非洲有些地方有palm wine（棕櫚酒）；印尼等熱帶地方有coconut wine（椰子酒）。

表1.1　各國文字裡的葡萄酒、葡萄藤和葡萄

語文	葡萄酒	葡萄藤	葡萄
英文	Wine	Vine	Grape
拉丁文	Vinum	Vitis	Uva
義大利文	Vino	Viti, Vite	Uva
法文	Vin	Vigne	Raisin
西班牙文	Vino	Vid	Uva
葡萄牙文	Vinho	Videira	Uva
德文	Wein	Weinstock, Rebe	Weinbeere
荷蘭文	Wijn	Wijnstok	Durif
俄文	Vino	Vinograd	Vinograd
瑞典文	Vin	Vinranka (-stock)	Druva
日文	ワイン	ツル	ブドウ

　　本書中，為避免混淆，我們還是採用一般人所認知wine的中文——「葡萄酒」，但在繼續討論之前，必須對中文裡的「葡萄酒」一詞加以明確定義。廣義而言，中文裡「葡萄酒」原本應該包括所有以葡萄為原料所製作的各種酒類，如葡萄釀造酒、強化酒和葡萄蒸餾酒（即白蘭地酒）。然而一般國人對於「葡萄酒」這個名詞的認知，通常僅止於「餐酒」（table wine）而已。而所謂的「餐酒」其定義可以參考美國政府的定義，也就是「含酒精量在7～14%之間，含氣或不含氣的葡萄釀造酒」。在我國先行的菸酒稅法中，葡萄酒純粹作為

一類課稅項目,而被列為其他釀造酒一類,在稅額上每公升按酒精成分每度徵收新臺幣七元,至於葡萄酒是否必須完全來自天然釀造、釀酒過程中可否加糖、成品酒精度範圍與葡萄來源皆無規範。因此本書所將討論的「葡萄酒」範圍,基本上援引國際間對於葡萄酒的普遍定義,其實也就是符合前述美國對於餐酒的定義,以葡萄為原料的各種釀造酒,以及Sherry、Port和Madeira等酒精度較高但以葡萄為原料所製作的強化酒,以及少數以葡萄酒為基酒的再製酒類,如Vermouth、Dubonnet等。這樣的定義方法較符合國際間一般對於葡萄酒類產品的認知。因此「葡萄酒」一詞,在此可以被更精確地定義為:「以葡萄釀造酒為主要成分的酒類產品」。

二、分類

然而符合上述定義的葡萄酒類品項繁多,性質各異,必須加以分類,才能進行更進一步的討論。傳統上對於葡萄酒的分類,首先從酒中是否含氣來加以區分,可分成一般葡萄酒(still wine)和氣泡酒(sparkling wine);其中一般葡萄酒又可以由產品的顏色來分類,如紅葡萄酒(red wine)、白葡萄酒(white wine)和玫瑰紅酒(rose);再其次則應該依據葡萄酒酒中所含的酒精濃度來加以區分為餐酒(table wine)與強化酒(fortified wine)(圖1.1)。

然而這樣的分類,只是最粗略的葡萄酒歸類方法,每一個種類的葡萄酒之中,由於釀酒葡萄的品系不同、產地差異以及各地法規的管制不同,而有許多不同的分類與命名方法。

各地對葡萄酒的命名與分類方法,大致上都是由釀酒葡萄的品種、葡萄產地、法定分級與製酒方法等方法加以劃分。其中依據葡萄品種的分類方法,較能適用於分類世界上大多數的葡萄酒,因此本書對於葡萄酒的論述之中,所採用的分類方法基本上也是依據其品種。

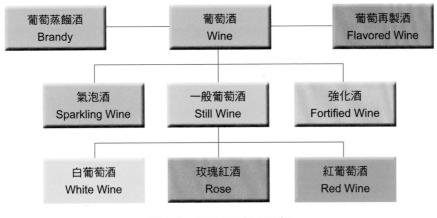

圖1.1　葡萄酒簡略分類

表1.2是一些常見的葡萄酒品種和它們所產製的葡萄酒種類，有關個別葡萄品種特性的介紹，將於第五章再進行更詳細地介紹。

第二節　早期葡萄酒事業的發展簡史

　　由今天可考的資料顯示，葡萄酒的歷史可以追溯到西元前8,000年前，當時居住在今中亞高加索以南的地區，即土耳其、伊朗、伊拉克、亞塞拜然與喬治亞等地的民族，發現在野生葡萄藤上的葡萄成熟後，經過一段時間後再採食，味道會更好，而且食用之後，會讓人覺得比較快樂，如果將成熟的葡萄果實採摘後存放一段時間，也可得到同樣的果汁，因此開始了以採集得來的野生葡萄製酒，而葡萄酒釀造技術（vinification）的發展也由此開始。

　　到了西元前5,000年前，居住在以上地區的人們，開始將野生的釀酒葡萄轉變為園產作物，開始了葡萄種植園藝（viticulture）的時代。其後釀酒葡萄的種植與葡萄酒釀造技術，隨著貿易路線，由前述地區往西傳到希臘，往南傳到埃及，向東傳到新疆等亞洲地區。在今天埃

葡萄酒賞析

表1.2　常見的葡萄釀酒品種

白葡萄	紅葡萄
Aligoté	Aglianico
Chardonnay	Alicante Bouschet
Chasselas	Aramon
Chenin Blanc	Barbera
Folle Blanche	Cabernet Franc
Garnacha Blanca/Grenache Blanc	Cabernet Sauvignon
Gewürztraminer	Carménère
Grüner Veltliner	Carignan/Mazuelo/Mazuelo Tinto/Cariñena
Kerner	Cinsaut
Macabeo	Dolcetto
Malvasia	Gamay
Marsanne	Grenache/Garnacha
Müller-Thurgau/Rivaner	Lambrusco
Muscadelle	Malbec
Muscadet/Melon de Bourgogne	Malvasia Nera
Muscat/Moscato	Merlot
Parellada	Montepulciano
Pinot Blanc/Pinot Bianco/Klevner/Weissburgunder	Mourvèdre
Pinot Grigio/Pinot Gris/Grauburgunder	Muscat de Hambourg
Riesling	Nebbiolo
Roussanne	Negroamaro
Sauvignon Blanc	Petite Sirah
Sémillon	Pinot Meunier
Silvaner/Sylvaner/Österreicher	Pinot Noir
Trebbiano/Ugni Blanc	Sangiovese
Viognier	Syrah/Shiraz
	Tempranillo
	Zinfandel

及與美索不達米亞的考古遺跡中，可以確定西元前4,000年前在這些地區，葡萄酒釀造已是一種普遍的技術。

在西元前2,500年到西元前4世紀之間的希臘，葡萄酒成為希臘文明的重要部分；例如在希臘神話裡，有酒神戴歐尼修斯（Dionysus）的故事，由神話所衍生的慶典和酒節，則傳頌至今。其後隨著希臘政經軍事力量的強大，文明再次擴散，葡萄酒釀造技術傳到南歐的義大利以及北非的迦太基等地。

西元前4世紀以後，在希臘之後所建立的羅馬帝國，更將葡萄種植與釀酒技術傳到帝國勢力所及的各地區，如南歐、中歐、中東以及北非地區。在基督教的《舊約聖經》裡，〈創世紀篇〉就已經提到洪水退去之後，諾亞離開方舟，到了地面上種葡萄、製酒和喝酒的故事，可見遠在耶穌誕生之前許久，葡萄酒文化即已深入西亞文明。在《聖經》寫作的年代相仿或較晚的年代，希臘文明的酒神故事，也訴說著歐洲文明的發展與葡萄酒之間密不可分的關係。

到了羅馬帝國的時代，羅馬對外不斷地征伐，以擴大帝國版圖，宣揚帝國的光榮，所依靠的就是幾個由羅馬貴族所組成的軍團，這些軍團兼具戰鬥、行政、建設與生產功能。在戰時固然這些軍團的主要工作在於軍事任務，但平時駐軍的主要目的則在於治理所征服的地區。為了宣揚帝國的力量，羅馬軍團在今天的南歐、中歐、西亞和北非，建立了許多偉大的城市。雖然這些羅馬軍團所建立的城市到如今多半都已成為一片頹圮，但我們仍可由殘存的遺跡中看到這些建設的偉大。

這些被帝國派駐到海外的軍人，一方面承受思鄉之苦，同時面對繁重的建設工作和嚴格軍事管理的生活，可想而知其精神壓力非常的大，為慰勞這些軍人的辛勞，羅馬軍團無限制地提供免費的葡萄酒，但隨著帝國版圖的擴大，駐軍所在地附近，種植葡萄並製酒，以供應軍團軍人的需求便成為必要的事。今天法國和西班牙等地的許多葡萄

酒產區，如普羅旺斯（Provence）和波爾多（Bordeaux）等地，追溯其歷史淵源，都與羅馬軍團有關。

羅馬皇帝阿雷留斯（Marcus Aurelius Probus）於西元280年廢除多米提安（Domitian）大帝的禁令，允許羅馬公民能在新征服的地區種葡萄製酒。從此開啟了德國和奧地利等地的葡萄酒事業，在這之前，波爾多地方則早已是帝國境內主要的葡萄酒生產地。

西元5世紀，西羅馬帝國滅亡之後，在西歐地區的法國、北義大利和南德等地，陸續建立的法蘭克王國和查爾曼帝國的君主，對於葡萄酒生產事業，都不遺餘力的全力支持。在這個時期，各地的基督教會更保存著其教區所在地的葡萄生產與葡萄酒釀造的完整紀錄，這些紀錄對於農民在選擇適當的葡萄品種時，助益頗大。到今天，歐洲全境除了北歐地區因受天候限制外，各地都可見到葡萄藤的種植和葡萄酒的生產，也因此各地皆有其特有的葡萄酒文化與悠久的葡萄酒釀造歷史。

15世紀以降，隨著地理新發現和日後蓬勃發展的殖民運動，釀酒葡萄種植與製酒技術再次向北美、南美、澳洲、紐西蘭、南非等地移植。這些地區，並同其淵源的歐洲地區，基本上就是所謂的基督教世界。由此可見葡萄酒和基督教之間關係密切。在《聖經》裡曾多處提到和葡萄酒有關的事，在天主教的儀式裡，喝紅葡萄酒也象徵著飲聖血；麵包與紅葡萄酒，是聖體與聖血，也是每日對上帝最真實的體驗，所以日常生活上飲酒除了可以是一件嗜好外，也是一件神聖而重要的事。由於以上源遠流長的葡萄酒釀酒歷史，歐洲各地的餐食與葡萄酒之間也慢慢發展成為密不可分的關係；西餐中較精緻的部分，都有與其相互搭配的葡萄酒，因此也構成歐洲各地的飲食文化特色。因此一般中文裡所說到的「餐飲」中的「飲」的部分，就較精緻的西餐而言，基本上離不開葡萄酒。

第三節　1991年之後的葡萄酒熱潮

一、美國

　　1991年8月，美國哥倫比亞電視公司（CBS）一個熱門的新聞性節目《60分鐘》（*60 Minutes*），以「法國的爭議」（The French Paradox）為題，報導了一個由聯合國國際衛生組織（World Health Organization, WHO）所贊助並主持的一個名為MONICA計畫的研究結果。MONICA是Monitoring Trends and determinants in Cardiovascular Disease的縮寫，中文的意思就是「心血管疾病發生趨勢監測計畫」。自1970年代初開始，由WHO召集二十一個會員國的三十二個研究團隊，對超過1,000萬人次的飲食習慣作長期的流行病學調查，以研究人們的生活型態與飲食習慣，對於心血管疾病的發生率有何影響。到了1991年左右得到一個極具爭議性的結論：「長期飲用紅葡萄酒，可以有效預防冠狀動脈硬化所引起的心血管疾病發生機率」。這個結論，固然引起許多對於酒精抱持反面看法的醫生和營養學家之爭論和撻伐，但經由電子媒體無遠弗屆的傳播效率，使得許多人都相信飲用紅葡萄酒是一件有益身心的事情。

　　1993年，美國哈佛大學公共衛生學院回應MONICA計畫的結果，舉辦的一場名為地中海生活型態研討會（Conference on Diets of the Mediterranean, Harvard School of Public Health），與會學者一致同意每日適量飲用葡萄酒可有效預防心血管疾病的發生，從而提高人們的生命期望值（Daily Consumption of Wine is Helpful to Life Expectation），這就是所謂的J理論（J Theory for Cardiovascular Disease）。這個研討會的報告經電子媒體大幅報導後，很快又引起廣泛的迴響。同時期在美國國內流行著一股追求健康的風潮，葡萄酒的飲用在有科學研究結

果的支持下,立即成為美國社會的時尚,有越來越多的餐廳供應葡萄酒,新的葡萄酒廠如雨後春筍般地在美國各地設立。

在1993年以後,美國的葡萄酒消費量大增,連帶的使葡萄酒生產事業也蓬勃發展起來。在1990年代初期,僅約有三十個州有葡萄酒生產事業,全美國約只有1,610家左右的葡萄酒廠,到了西元2010年3月底止,合法的葡萄酒廠已達到五十州的7,626家葡萄酒廠(資料來源:Wine Institute)。

二、亞洲

這股喝葡萄酒的風潮很快地便吹向當時經濟蓬勃發展的亞洲各國,日本、台灣、南韓、香港、新加坡、泰國以及中國大陸等地,自1994年到1998年之間,各國的葡萄酒進口與消費量,每年都以倍數增加。一時之間,全球葡萄酒的需求大為增加,而許多高價葡萄酒的市場價格也大為飆升,只因原本穩定的葡萄酒供需情形,因為美國和亞洲市場突如其來的需求而打亂。1998年起原本每兩年在法國波爾多舉辦全球最大規模的世界葡萄酒及烈酒博覽會VINEXPO,也開始在亞洲區舉辦展覽。好景不常,1998年底東南亞各國發生經濟危機,卻使亞洲葡萄酒市場一夕崩盤,東亞各國如台灣和泰國,進口商積存於海關的未稅葡萄酒動輒以百萬瓶計。在這波葡萄酒熱潮之中,亞洲各地形成一群葡萄酒的消費人口,許多亞洲人由原本的嘗試心態,逐步喜歡上這種酒類產品,更有許多相信飲用葡萄酒有益健康的消費者,將葡萄酒看成是一種健康飲品,養成每日飲用葡萄酒的習慣。因此儘管葡萄酒從來都不是亞洲傳統飲食文化的一部分,亞洲各國近年來對於葡萄酒的平均消費量,與葡萄酒熱潮還未開始之前相較,還是提高許多,且有越來越高的趨勢,尤其日本,如今已經成為法國與美國等酒的主要葡萄酒銷售市場。

西元2000年以來，隨著中國經濟的崛起，葡萄酒熱潮吹向中國，有別於日本與台灣，中國大陸的葡萄酒生產以國內消費為主，憑藉著龐大的國內市場，如今中國已成為全球第五大葡萄酒消費國。在此同時，1997年之後，香港大力發展其葡萄酒事業，希望成為亞洲最大的葡萄酒拍賣中心，近年來除了其本身平均葡萄酒消費量，超過日本成為亞洲第一以外，在政策上採行葡萄酒免關稅的政策，而成為亞洲最大的葡萄酒交易市場。

 ## 第四節　各國葡萄酒的生產情況、消費情形與發展趨勢

一、生產情況

前面提到1991年以後全球葡萄酒的消費量大為增加，所增加的消費部分，主要集中在美國和亞洲等新興市場。為了要供應這些新興葡萄酒市場的消費，世界各主要葡萄酒生產國，如法國、德國和西班牙都大幅增產葡萄酒；而澳洲、美國和南非等與東亞貿易關係密切的國家，近年來也大量增加葡萄的種植面積和葡萄酒的產量。另一方面在東亞地區，由於區域內經濟發展快速，葡萄酒消費量大增，本地區的葡萄酒生產也因而大增，如中國大陸在1991年的葡萄酒產量，對世界整體的產值而言，還不能算太大，但隨著國內經濟發展與消費量的增加而大量增產，到了2011年，已成為世界上第十二大的葡萄酒生產國。其他如南韓和台灣等國，雖然尚未有葡萄酒的生產數據，但目前也開始出現了一些小型的葡萄酒莊。

表1.3的資料整理自美國貿易資料分析（Trade Data and Analysis, TDA）的一份統計數字，在這個統計數字中，羅列2011年世界上的各

葡萄酒賞析

表1.3 世界主要葡萄酒生產國自2008～2011年產量變化情形

單位：百公升

2011年產量排行	2011年	2010年	2009年	2008年	2011年與2008年變化情形
1 法國	4,963,300	4,570,400	4,265,400	4,567,200	8.67%
2 義大利	4,258,000	4,852,500	4,624,500	4,251,000	0.16%
3 西班牙	3,498,000	3,523,500	3,591,300	3,640,800	-3.91%
4 美國	2,681,500	2,653,187	2,785,423	2,431,518	10.28%
5 阿根廷	1,547,300	1,625,000	1,213,000	1,470,000	5.26%
6 澳大利亞	1,101,000	1,124,000	1,171,000	1,237,000	-10.99%
7 智利	1,046,000	986,900	1,009,000	869,000	20.37%
8 南非	990,000	933,600	999,000	763,300	29.70%
9 德國	961,000	690,600	1,008,900	1,036,300	-7.27%
10 葡萄牙	592,500	713,300	562,000	607,300	-2.44%
11 俄羅斯	575,000	540,000	550,000	600,000	-4.17%
12 中國	500,000	425,000	413,000	400,000	25.00%
13 羅馬尼亞	470,800	328,700	536,920	528,880	-10.98%
14 摩爾多瓦	400,000	410,000	400,000	397,900	0.53%
15 巴西	345,000	245,500	272,000	240,000	43.75%
16 奧地利	284,100	173,700	294,340	257,810	10.20%
17 希臘	259,700	295,000	386,910	341,380	-23.93%
18 匈牙利	244,700	196,600	344,880	322,170	-24.05%
19 紐西蘭	235,000	190,000	205,000	205,200	14.52%
20 烏克蘭	225,000	200,000	220,000	210,000	7.14%
21 保加利亞	126,800	118,700	161,700	179,600	-29.40%
22 克羅埃西亞	125,000	127,800	127,800	127,800	2.19%
23 瑞士	112,100	103,000	111,000	107,500	4.28%
24 烏拉圭	110,000	112,000	110,000	100,000	10.00%
25 墨西哥	100,000	98,000	95,000	100,000	0.00%
世界總產量	26,656,100	26,097,982	26,375,790	25,904,889	2.90%

資料來源：Trade Data and Analysis.

主要的葡萄酒生產國的葡萄酒產量，並與2008年的產量做比較，由這個表中所列的統計數字，讀者們可以瞭解當前世界上的主要葡萄酒生產地區和他們的生產情形。這些國家大致都位於南北半球10～20°C等溫線範圍內；以緯度而言，約在北緯30～50度之間或南緯的30～40度之間的溫帶地區。

二、消費情形與發展趨勢

但由於各國飲食文化與經濟條件的差異，各國的葡萄酒國內消費情形彼此差異極大，可供出口的葡萄酒的量也因此差異頗大，**表**1.4是2008～2010年世界主要葡萄酒出口國與他們的出口量變化情形，而**表**1.5則是2008～2010年世界主要葡萄進口國與進口量變化情形。

而國際間各個主要的葡萄酒消費國近年來葡萄酒消費狀況與變化情形則如**表**1.6。**表**1.7是2008～2011年世界各主要葡萄酒消費國家每

表1.4　2008～2010年世界主要葡萄酒出口國的出口量變化情形

單位：1,000百公升

2010年 出口量排行		2010年	2009年	2008年	2008年與2010年 變化情形
1	義大利	2,060	1,920	1,750	17.7%
2	西班牙	1,690	1,460	1,690	0.0%
3	法國	1,350	1,260	1,370	-1.5%
4	智利	1,020	990	590	72.9%
5	澳大利亞	781	758	698	11.9%
6	美國	410	400	460	-10.9%
7	德國	390	360	360	8.3%
8	南非	380	400	410	-7.3%
9	阿根廷	340	290	430	-20.9%
10	葡萄牙	260	230	290	-10.3%
11	紐西蘭	159	122	92	72.8%
世界總出口量		9,290	8,700	8,990	3.3%

資料來源：International Organisation of Vine and Wine.

關於葡萄酒
Introduction

表1.5　2008～2010年世界主要葡萄酒進口國的進口量變化情形

單位：1,000百公升

2010年進口量排行		2010年	2009年	2008年	2008年與2010年變化情形
1	英國	1,329	1,312	1,329	2.6%
2	美國	924	1,066	855	8.1%
3	俄羅斯	528	451	429	23.1%
4	加拿大	352	328	329	7.0%
5	中國	300	176	168	78.6%
世界總進口量		4,400	4,100	4,100	7.3%

資料來源：International Organization of Vine and Wine.

人年平均葡萄酒消費量變化情形。由**表1.6**與**表1.7**所列數據中可以看出：2011年，法國人平均每年每人約消費45.61公升的葡萄酒，相當於每位法國人每年要喝掉約60瓶（每瓶750mL）的葡萄酒，若以標準的120mL一杯（one drink）為單位換算，則相當於每人每年要喝380杯的葡萄酒，換言之，法國人平均每天都要喝超過一杯的葡萄酒；而義大利、葡萄牙、瑞士、法國、丹麥和奧地利等地人們，每年每人均消費量也在30公升以上，相當於每年每人要消費250杯的葡萄酒，所以說他們日常飲食中，葡萄酒是每餐必備的佐餐飲料也並不為過。

　　綜合以上各表之資料可以看出，近年來亞洲各國對葡萄酒的消費量大增；分析其原因，可能的因素包括：

　　1.本地區的經濟持續發展。

　　2.生活水準提高。

　　3.區域的人口飲食西化。

　　4.追求健康的時代潮流。

　　5.流行時尚。

　　此外，根據海關的進口統計，2002年台灣地區的葡萄酒類產品的總進口量約為0.71萬噸。對台灣而言，國內除台灣菸酒公司長期以來

表1.6　世界主要葡萄酒消費國2008～2011年消費量

單位：百公升

2011年消費量排行		2011年	2010年	2009年	2008年	2011年與2008年變化情形
1	美國	3,282,500	2,996,000	2846,600	2,874,300	14.2%
2	法國	2,993,600	2,891,700	2,930,400	2,973,300	0.7%
3	義大利	2,305,200	2,462,400	2,460,000	2,616,600	-11.9%
4	德國	1,990,000	1,970,000	2,025,000	2,013,500	-1.2%
5	英國	1,280,000	1,320,000	1,268,000	1,245,400	2.8%
6	俄羅斯	1,125,000	1,111,900	1,016,700	1,216,700	-7.5%
7	西班牙	1,015,000	1,035,000	1,127,100	1,216,800	-16.6%
8	阿根廷	972,500	975,300	1,034,500	1,067,700	-8.9%
9	中國	838,400	684,200	557,101	528,140	58.7%
10	羅馬尼亞	555,400	343,240	540,400	554,171	0.2%
11	澳大利亞	526,500	531,700	520,000	481,500	9.3%
12	日本	525,400	430,200	363,700	324,100	62.1%
13	葡萄牙	455,000	469,000	451,500	457,000	-0.4%
14	加拿大	401,373	404,150	3381,429	374,343	7.2%
15	巴西	370,000	351,900	350,500	300,500	23.1%
16	南非	353,000	346,900	340,000	356,200	-0.9%
17	荷蘭	350,000	347,000	346,000	304,200	15.1%
18	智利	323,700	290,000	260,400	233,900	38.4%
19	比利時	314,400	287,800	284,800	267,600	17.5%
20	瑞士	290,000	294,000	288,500	291,100	-0.4%
21	希臘	280,000	295,500	302,900	340,300	-17.7%
22	匈牙利	280,000	295,500	234,000	250,300	11.9%
23	奧地利	260,000	240,000	240,000	241,000	7.0%
24	烏克蘭	244,200	171,000	170,500	229,000	6.6%
25	捷克	218,200	195,300	216,900	181,098	20.5%
26	瑞典	200,000	201,000	201,000	179,400	11.5%
27	丹麥	197,000	193,000	189,000	184,000	7.1%
28	克羅地亞	143,900	141,500	138,700	139,400	3.2%
29	斯洛伐克	111,800	85,800	77,600	74,800	49.5%
30	烏拉圭	110,000	111,400	110,400	89,500	22.9%
世界總消費量		24,367,197	23,410,550	23,172,063	23,601,577	3.24%

資料來源：Trade Data and Analysis.

表1.7　2008〜20011年各國國民每人每年平均葡萄酒消費量情形

排名	國家	2011年	2010年	2009年	2008年	2008年對2011年 變化情形
		每人平均消費量（公升）				
1	梵蒂岡	62.20	61.07	78.28	74.33	-16.3%
2	安道爾共和國	50.39	36.61	38.11	43.33	16.3%
3	盧森堡	49.11	50.68	51.07	55.00	-10.7%
4	諾福克群島	46.29	45.66	40.70	48.12	-3.8%
5	法國	45.61	44.06	44.65	45.30	0.7%
6	斯洛維尼亞	44.98	38.21	37.51	44.07	2.0%
7	葡萄牙	42.20	43.50	41.88	42.39	-0.4%
8	瑞士	37.88	38.40	37.68	38.02	-0.4%
9	義大利	37.63	40.20	40.16	42.71	-11.9%
10	聖皮埃爾島& 密克隆島	35.67	41.50	31.38	31.21	14.3%
11	丹麥	35.54	34.82	34.09	33.19	7.1%
12	開曼群島	35.41	20.32	31.28	31.92	10.9%
13	烏拉圭	33.17	33.59	33.29	26.99	22.9%
14	福克蘭群島	33.12	40.61	42.35	39.67	-16.5%
15	克羅地亞	32.12	31.58	30.96	31.12	3.2%
16	奧地利	31.63	29.20	29.20	29.32	7.9%
17	比利時	30.12	27.57	27.28	25.64	17.5%
18	匈牙利	28.12	29.67	33.50	25.13	11.9%
19	希臘	26.00	27.44	28.13	31.60	-17.7%
20	羅馬尼亞	25.42	15.71	24.73	25.36	0.2%
87	日本	4.13	3.38	2.86	2.54	62.1%
139	中國	0.62	0.51	0.41	0.39	58.7%

資料來源：Trade Data and Analysis.

因政策需要生產，以政策採購農民生產過剩的水果葡萄製酒，產製玉泉紅葡萄酒、玫瑰紅酒與金鑲白葡萄酒等產品外，並無葡萄酒工業。但自菸酒稅法於2002年元月起實施之後，開始允許民間製酒，於是自2003年起，在台灣的中部前921災區開始有民營的葡萄酒廠設立，國產葡萄酒產量亦逐年增加。在此之前，在台灣所消費的葡萄酒幾乎全部都是進口的，進口數量與國別如**圖1.2**和**圖1.3**所示。

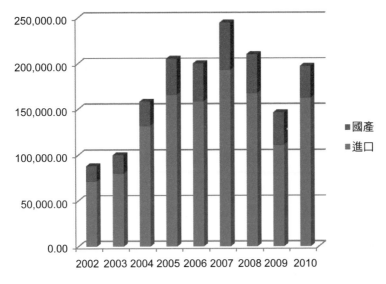

圖1.2　2002～2010年台灣國產與進口葡萄酒數量比較圖

資料來源：國產（財政部財稅資料中心）；進口（財政部關稅總局）。

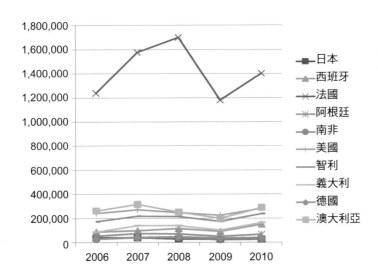

圖1.3　2006～2010年台灣進口葡萄酒國別與數量

資料來源：財政部關稅總局。

　　由圖1.3可知，世界上前二十大的主要葡萄酒出口國中，法國、澳大利亞、美國、智利、義大利、西班牙、阿根廷、德國、南非、日本等國的葡萄酒仍是台灣市場中最主要的葡萄酒來源國。主要的葡萄酒生產國，由於地緣與貿易關係所以也成為台灣的葡萄酒大宗進口國。

第五節　以葡萄酒為專業

　　近年來，葡萄酒品評與飲用逐漸成為國人飲食習慣的一部分，最明顯的是婚宴中用做喜酒的酒品幾乎已經完全由紅葡萄酒取代過去的紹興酒；各地的超市、量販店與便利商店也都可以買到葡萄酒。坊間大量的書籍與課程提供國人學習與瞭解葡萄酒的資訊，因此整體而言，國人對於葡萄酒的認識在近幾年內已大幅提升，有志從事與葡萄酒有關工作的人越來越多。尤其有許多葡萄酒的熱愛者，人生中最大的夢想，可能是在如美國加州的納帕谷（Napa Valley）或是法國的波爾多，這樣的優質葡萄酒產區中，擁有一個屬於自己的葡萄園，可以釀出以自己的名字所命名的葡萄酒。這樣的夢想最常起於兩杯美酒入口之後，然而酒醒之後卻得面對現實，擁有一個葡萄酒莊並不是一件容易的事，需要大量的資金和付出完全的心力，更需要經歷很長的學習過程。

　　自2002年菸酒稅法正式實施以後，在台灣，任何人都可以合法設立酒廠，各種酒廠如雨後春筍般紛紛設立，自2003年起開始有民營的葡萄酒廠的出現，而公賣局在改制為台灣菸酒公司之後，為因應民間酒廠的競爭，近年來也大力發展葡萄酒事業推出如紅麴葡萄酒等產品。除了在台灣的酒廠以外，也有一些投資者計畫到如中國或智利等地發展葡萄酒事業，因此如果有釀酒方面的專長，未來越來越有可能在台灣可以找到葡萄酒釀製方面的工作。其實除了製酒以外，想從事

與葡萄酒有關的工作，在台灣目前已有許多工作機會，例如觀光飯店和高級西餐廳裡的葡萄酒師，葡萄酒的進口商和零售商，葡萄酒講師和作家等。

　　由於現今消費者接觸訊息的管道很多，許多人雖然未從事葡萄酒工作，但對於葡萄酒的知識已經非常豐富，對於葡萄酒的服務品質也相對要求較高，所以即使要從事葡萄酒的商務或服務工作，專業性非常重要。因此本節將針對有志於從事葡萄酒相關事業的讀者，介紹國內外有哪些可能工作機會和從事這些工作之前應該接受哪些訓練。

一、葡萄酒專業訓練的重要性

　　目前在國內的葡萄酒相關事業，主要還是以葡萄酒銷售與服務為主，消費者在選購葡萄酒時，通常很依賴葡萄酒的零售商、銷售人員或餐廳服務人員的建議，因此這些從業人員，就是目前在台灣的所謂葡萄酒專業人士。

　　由於葡萄酒的來源來自世界各地，產區與品種特性，配合了年份和酒莊因素，每一支葡萄酒的品評特性都不相同，所以從事這些工作的人除了應該充分瞭解他所銷售的每一支葡萄酒外，也應具備豐富的葡萄酒的知識，所以在從業時必須常常吸收最新的葡萄酒專業資訊，並接受良好正確的葡萄酒專業訓練；國內近年來有能力提供葡萄酒教育的機構越來越多，有志從事這方面事業的人，比以往有更多更好的機會，但是如果能有機會直接到國外著名的葡萄酒產區附近的學校或酒廠學習，應該較能學到更專業的葡萄酒知識；當然有志於此的人，也能靠勤奮學習，熟讀葡萄酒相關書籍，參加葡萄酒社團，或從事葡萄酒相關工作，並由工作中學習並吸取經驗。

　　整體而言，社會上多數人對於葡萄酒的瞭解還是不足，以葡萄酒佐餐的餐飲文化尚未完全建立。所以，各級學校的觀光餐旅管

理學相關科系，自應負起專業訓練的責任，一方面政府也應學習日本，建立葡萄酒的專業證照考試制度，如葡萄酒師和葡萄酒釀酒師（winemaker）的考照。日本由於證照制度推行良好，所以日本雖然葡萄酒生產工業也不甚發達，但日本人對於葡萄酒的瞭解程度卻普遍不輸給法國等傳統葡萄酒生產和消費大國，因此過去十年來，日本國內的葡萄酒消費市場絲毫不受經濟衰退的影響，每年持續成長，連帶也帶動了日本國內葡萄酒工業的發展。

二、有哪些和葡萄酒有關的工作機會

(一)第一類：葡萄酒生產製造

◆釀酒師（winemaker）

　　釀酒師的職務在較具規模的葡萄酒廠中，有如大學教授與西廚廚師一般的階級劃分，所以要當個釀酒師要從助理釀酒師（assistant winemaker）等基層工作開始，經過多年製酒工作的磨練，經歷副釀酒師（associate winemaker）等職務的訓練，才能成為一位可以獨當一面的釀酒師。成為釀酒師之後，他必須負責控管葡萄酒製作過程中每一個環節與細項，同時也必須負責管理製酒工廠的建築與設備，此外新設備的採購與新建築的規劃也必須由他來主導。每一批葡萄酒的品質，除了科學儀器以外，釀酒師的感官品評能力更是最重要的品管工具。

　　這個工作除了薪水高以外，最大的好處在於總是可以喝好酒和在頂級餐廳中用餐，同時也可以常常到世界各地的著名葡萄酒產地旅行。然而由於每一家葡萄酒廠通常只有一位釀酒師，而家族經營的酒廠，釀酒師通常就是酒廠主人或其子女擔任，因此釀酒師的工作機會很少，是有志成為釀酒師者的最大限制。所需要的條件最好擁有一張大學葡萄釀酒學（enology）或食品發酵學（food fermentation）的學位

釀酒師從儲酒桶中汲取紅葡萄酒的樣本

文憑，以及跨國工作經驗。在美國，視酒廠的規模大小，釀酒師薪資水準不等，起薪約從年薪三萬美元開始，部分獲利良好的著名葡萄酒廠，釀酒師的薪水往往可以超過十五萬美元以上。

◆ 葡萄酒顧問（consultant）

　　對於已退休的釀酒師，或是那些曾有過豐富的葡萄酒廠經營管理工作經驗，想繼續從事葡萄酒生涯，卻又不想只為一家葡萄酒廠工作的葡萄酒專家而言，最好的工作，可能就是當一位專業的葡萄酒顧問。這類的工作，主要是對葡萄園或葡萄酒廠提供專業的諮詢服務，如酒廠設計、生產管理、設備採購、法規、行銷策略、人事、產品開發，甚至葡萄酒混調等技術工作。這個工作的最大好處在於可以當自己的老闆，利用自己的專業知識賺錢，不必在一個酒廠中工作，沒有經濟上的風險，也不會有舉債的壓力。缺點是必須大量的旅行，有時必須在異地長時間工作。這項工作最需要具備的條件是豐富的專業知識與良好的工作經驗，報酬則因人而異，沒有固定標準，由雙方協議

決定。

◆ 葡萄園經理（vineyard manager）

葡萄園經理負責葡萄農場的日常管理工作，擬定葡萄生產的工作時程，僱用和訓練農場員工，控制葡萄生產成本，確保葡萄生產品質，這個工作的最大挑戰在於工作時間很長，大型農場面積寬廣，工作繁重，許多時候必須全時工作，也必須常常與大自然搏鬥。要能當上一個葡萄園的經理，所需條件包括葡萄製酒學、園藝學或葡萄種植學的大學文憑外，還需長期的農場工作經驗。

◆ 釀酒工頭（cellar master）

這個工作和釀酒師之間的不同，有點像軍隊裡軍官與士官之間的工作分工，釀酒工頭負責僱用及領導釀酒工人，進行葡萄自送入酒廠到出貨期間所有工作，例如葡萄清洗處理、釀造、淨化、加工、裝瓶、存放熟成、貼標籤、包裝與出貨等的所有工作，此外還必須配合釀酒師的要求以釀造符合品質要求的葡萄酒。在這個工作中，同樣也可以喝到許多的葡萄酒，但也必須長時間工作，特別在製酒期間，幾乎都是全時工作。雖然學歷並無限制，但必須當過很長時間的釀酒工人。

◆ 釀酒工人（cellar rat）

進行葡萄自進廠、釀造、裝瓶到出貨的各種勞務工作。由工作中可以學習製酒與品酒的各種技巧，但同樣的必須長時間工作，以及大量的體力負荷。沒有學經歷的限制，但必須身心健康，並能吃苦耐勞。值得一提的是，較大型的酒廠近年來多已大量使用各種現代化的機械設備或電腦自動控制系統，所以操作大型機械的能力與資訊運用能力變得比以往重要許多。因此酒廠工人的學歷水準也較以往為高，許多有志成為釀酒師的大學生，往往會選擇長時間擔任釀酒工人，以

累積釀酒工作經驗。

◆桶匠（cooper）

　　桶匠的工作，顧名思義就在製作和維修橡木桶。由於橡木桶的品質直接攸關葡萄酒的風味，每家酒廠對於木桶的要求標準不同，因此這個工作對葡萄酒的品質影響重大，所以酒廠內也都有專人負責橡木桶的管理與維修。在歐洲，至今仍然保留學徒制，必須當過學徒五年以上才可出師成為一個合格的桶匠。年薪一般多在三萬美元以下，但高手最多可拿七萬五千美元以上。

(二)第二類：葡萄酒行銷

◆進出口業者（importer/exporter）

　　葡萄酒的進出口業者必須與世界各地的葡萄酒廠以及製酒者建立良好關係，每年飲用新上市的葡萄酒，並且必須能隨時掌握產業動態，當然也必須和許多下游的協力經銷商保持良好的夥伴關係。這個

橡木桶儲存帶給葡萄酒更豐富複雜的風味

工作的好處一如釀酒師，一樣可以常常喝到好酒、吃大餐，也可以常常到世界各地旅行。但是如何維持所銷售的葡萄酒的品質穩定是最大的挑戰；工作時間同樣也可能是全年無休。

至於所需條件，當過多年的葡萄酒零售商或經銷商，且學過如酒與食物的搭配原則等葡萄酒的基本知識，擁有一個葡萄酒品酒學苑或廚藝學校的證書會有助益。其薪資範圍，經營不善的人可能每年獲益不足三萬美元，甚至弄得負債累累；但只要經營能上軌道，獲利通常可達每年十五萬美元以上。

◆行銷經理（marketing director）

主要的工作內容在於設計與開發，如說明書、廣告、商標等與葡萄酒行銷有關的各項工具，同時也應決定各地的市場區位、價格以及配售的數量。這類工作同樣很忙，但你可以經常旅行，更重要的是，如果你的績效夠好，年終的紅利豐厚可期。所需條件除了商學或行銷方面的學歷外，也要對葡萄酒市場有全面性的瞭解以及對葡萄酒有深厚的感情。年薪約三萬至十五萬美元之間。

◆葡萄酒拍賣人（auctioneer）

葡萄酒拍賣人必須要協助酒廠對所要拍賣的葡萄酒預估底價，製作當期要拍賣的葡萄酒型錄，並聯繫可能參加競標的廠商或個人。在拍賣進行中，一位好的葡萄酒拍賣人，同時扮演著銷售員和喜劇演員這兩種角色，必須能時時集中競標者的注意力，並且讓拍賣會順利進行。做這個工作的最大好處在於可以常喝到稀世珍釀也可以常旅行。只不過要成為葡萄酒拍賣人，因為工作機會有限而非常困難。國際間主要的葡萄酒拍賣市場在巴黎、倫敦和紐約，在國內雖然曾有廠商試著要成立葡萄酒的拍賣機制，但至今並未有固定的葡萄酒拍賣會，因此也無葡萄酒的職業拍賣人。要做這項工作並無固定的學校或專業訓練課程，需要的只是一點天分和長期的現場學習，但在美國有些州，

葡萄酒拍賣人必須領有執照。年薪約七萬美元以下。

◆ 經銷商（distributor）

　　當一個葡萄酒的經銷商，扮演著酒廠與下游零售商間的橋樑，這可能是一項獲利豐厚的工作，但同業間的競爭使得這個行業越來越難做，所需的資本也越來越高。而旅行、醇酒與美食卻是當個葡萄酒經銷商的工作內容之一。年薪約七萬美元以上。

◆ 業務代表（sales representative）

　　葡萄酒業務直接與飯店、餐廳、酒館、公司行號與其他潛在的客人接觸，展示他們的葡萄酒資料，提供試飲。除了持續為客人服務外，也應與各酒廠的釀酒師反映客人的需求。旅行、醇酒與美食一樣少不了，而且因為和餐廳的關係良好，上餐館吃飯時總會得到特別待遇。至於所需條件，只要熱愛葡萄酒與美食就夠了，學經歷不拘。年薪從不足三萬到高於十五萬美元都有可能。

(三)第三類：葡萄酒零售與服務

◆ 葡萄酒酒吧或餐廳老闆或經營者（wine bar/restaurant owner/ manager）

　　葡萄酒酒吧及餐廳經營者要製作並維護葡萄酒單，僱用並訓練適合擔任葡萄酒服務工作的員工，同時必須與葡萄酒商的業務代表接觸，試飲當年度的葡萄酒以決定要購買哪些種類的葡萄酒。這項工作的缺點仍然是超長的工作時間和每天都得很晚下班，也常得面對「拗客」。然而喝好酒、吃好菜，又可遇到更多的好人，才是為何有這麼多人想開餐廳的原因。至於薪資範圍，從賠錢、負債，到年所得高於十五萬美元都有可能。

◆葡萄酒總管或葡萄酒師（wine director/sommelier）

　　一家餐廳的葡萄酒總管必須負責擬定這家餐廳的葡萄酒單，訓練其他員工的葡萄酒知識與服務禮儀，同時更要幫助來店用餐的客人選擇一支令他滿意的葡萄酒。葡萄酒師的另一項重要工作是與大廚合作，以搭配出最好的酒與食物的搭檔。有些出名的葡萄酒師還得抽空替媒體寫一些和葡萄酒有關的文章或書籍。這個工作的優點是常常可以喝到稀世珍釀，品評美食，也有機會探訪世界著名酒鄉，更能有許多機會遇見名人。缺點是工作時間很長——頂級餐廳的葡萄酒總管，每天必須從中午以前就開始工作直到深夜餐廳打烊。

　　要成為一位葡萄酒師必須喜歡與人相處，熱愛葡萄酒，對於如何將酒與食物做最完美的搭配，視為是一種藝術。因此他應該多多閱讀各種與葡萄酒有關的資訊，以及經常品酒，最好能與許多志同道合的朋友組成一個葡萄酒品評小組，時時相互切磋葡萄酒品評的心得，以保持對各種葡萄酒的感官認知。如想成為一名專業葡萄酒大師

優秀的葡萄酒師能為客人提供美妙的葡萄酒體驗

（sommelier master），可以考慮參加英國Court of Master Sommeliers（1977年成立）所提供的三階段課程。目前在全美國只有約40人領有sommelier master的頭銜。

◆ 葡萄酒作家（writer）

專業的葡萄酒作家，可以針對著名的酒廠或得獎的釀酒師、值得注意的新酒或葡萄酒事業的發展趨勢等無數課題寫作，條件是你必須品評過許多美酒，也常參加與葡萄酒有關的各項活動（如酒展和拍賣會）等，最重要的還是對葡萄酒有敏銳的感覺和卓越的寫作技巧。

◆ 葡萄酒專賣店經營者（wine shop owner/manager）

葡萄酒專賣店的經營者或管理者，必須創造出一個讓顧客覺得舒適和歡樂的購物環境。同時要能兼顧各種消費者的需求，並對不同的客人提供專業的建議，此外還要能掌握葡萄酒市場的發展趨勢。其所需具備的條件是對葡萄酒有深厚的熱愛，同時有當過葡萄酒零售商的採購或管理經驗。

◆ 葡萄酒的教育和推廣者（educator）

葡萄酒的教育推廣者通常有兩類，一種是在葡萄酒專業學校，另一種則是對業餘的葡萄酒愛好者所提供的課程或演講。在美國，公認的最佳葡萄酒訓練機構——加州大學Davis分校的葡萄種植與釀酒學系的教授們，除了上課與作研究外，還必須替葡萄酒廠和葡萄園解決數不清的問題，只因過去十年中，光加州一地就有超過400家以上的新葡萄酒廠設立。當個專業的葡萄酒教師，總是有許多機會可以享用精緻美食與佳釀，也可認識許多業界成功的人士。對葡萄酒與教學有熱忱是最基本的要求，親身在葡萄園、葡萄酒廠以及實驗室的工作經驗更是必須的。當然要成為一位葡萄酒教授，相關領域的博士學位也是必須具備的。

三、如何接受專業的葡萄酒訓練

由於國內的葡萄酒釀酒事業才剛開始萌芽，所以目前國內各級學校至今尚未有專門的釀酒科系，只有在部分的食品科學系裡會開「水果酒釀造」或「酒類釀造學」等課程，以往畢業生除了到公賣局上班外，要能專精製酒實在不太可能。

晚近由於開放私人釀酒，由中興大學、屏東科技大學、職訓局以及財團法人自強工業科學基金會等機構開始在台灣各地不定期的開辦水果酒和清酒的釀酒實務班，教導農民如何運用自家所生產的農產品來釀酒。雖然這些課程並非專門為葡萄酒釀造而設，但對於有心從事葡萄酒生產等技術性工作者，也是一個良好入門學習的開始。雖然國內尚未有專門為葡萄酒釀造而開設的課程，但為了讓學生與對葡萄酒有興趣的人對葡萄酒能夠有初步的瞭解與學習，國內大專院校已陸續開設葡萄酒相關的課程。目前國內有開設葡萄酒相關課程的大專院校整理如**表1.8**。

表1.8　國內開設葡萄酒相關課程之大專院校

學校	課程
銘傳大學	葡萄酒專論、品酒與人生
實踐大學	酒類知識與鑑賞
元培科技大學	酒類評鑑
真理大學	醱酵食品學
東南科技大學	葡萄酒賞析
景文科技大學	葡萄酒
大仁科技大學	葡萄酒鑑賞
台北海洋技術學院	葡萄酒概論、葡萄酒賞析
馬偕醫護管理專科學校	葡萄酒鑑賞與解析
國立高雄餐旅大學	葡萄酒認識、葡萄酒研究
開南大學	葡萄酒品嘗與評析實作
臺灣觀光學院	葡萄酒入門、葡萄酒研究分析

如果對於國內目前所提供的課程不滿足，語文能力不成問題，而且財力能負擔的人，要學習葡萄酒的釀造，其實還是應該到著名葡萄酒的產地去學習，如法國的波爾多、美國的加州等地。各國的葡萄酒產區附近的大學都有為培養專業葡萄酒釀酒人才的相關科系，如美國加州地區的加州大學Davis分校的葡萄種植與釀酒學系（Department of Viticulture and Enology at the University of California, Davis），和加州州立大學Fresno分校的食品營養與釀酒學系（Department of Enology, Food Science, and Nutrition, California State University at Fresno），以及法國波爾多地區各大學如Université Bordeaux 1、Université Victor Segalen Bordeaux 2等。其他國外有開設葡萄酒相關課程之學校整理如表1.9。

　　至於有志從事專業的葡萄酒服務工作的人，在國內2004年以來已有銘傳大學觀光學院與高雄餐旅學院提供專業的葡萄酒訓練課程，各國著名的餐旅學院和廚藝學校也都將葡萄酒的訓練列入必修課程之一。

表1.9　部分國外大學所開設的葡萄酒課程

學校	課程
法國勃根地商學院 （Burgundy School of Business）	葡萄酒商務碩士學位課程
波士頓大學／伊莉莎白主教葡萄酒資源中心 （Boston University/Elizabeth Bishop Wine Resource Center）	一級：基礎葡萄酒課程——簡介 二級：深入研究葡萄酒、烈酒和啤酒 三級：精通葡萄酒——技術培訓 四級：洞悉全球、各國、各地葡萄酒貿易
加州州立大學 （California State University）	葡萄與葡萄酒學系——介紹葡萄酒、葡萄酒品評技術、葡萄酒分析法、酒廠設備等
索諾馬州立大學 （Sonoma State university）	葡萄酒商學院——葡萄酒行銷專業發展課程、品酒室管理證書課程等
猶他大學 （University of Utah）	終身學習——法國葡萄酒的價值、西班牙葡萄酒的價值等

 第六節　葡萄酒事業的發展趨勢

　　綜合前面所提到的各項數據以及業者的估計，我們可以看到葡萄酒事業將有以下幾個可能的發展方向：

1.全球的葡萄酒總生產量與消費量持續增加。

2.更多新興葡萄酒生產區域出現。

3.葡萄酒的生產地區擴及全世界。

4.新興葡萄酒生產國（區），如中國、智利和澳洲等地，大量增產。

5.歐洲等傳統的葡萄酒生產國產量與消費量減少。

6.在已經成熟的葡萄酒消費市場的消費者（如法國和義大利），每年消費的葡萄酒的數量持續降低，但對葡萄酒的選擇會更趨於較高品質與單價的產品。

7.亞洲地區成為葡萄酒的一個重要市場。

8.葡萄酒的飲用成為世界性的消費習慣。

9.葡萄酒與各種食物自由搭配，蔚成風氣。

10.葡萄酒成為全球行銷的商品。

11.不需長期熟成時間且酒體較淡的葡萄酒（如Cote du Rhone、Beaujolais）得到更多消費者的青睞。

Chapter 2

健康與安全飲酒
Healthy and Safe Drinking

　　「喝酒」這件事，自古以來就有許多爭議，贊成與反對雙方，對於這個問題總是基於許多不同理由，而彼此互相論戰不休。

　　在漫長的人類歷史中，許多國家都曾有過禁酒的歷史，例如中國歷史上夏禹的「絕旨酒」和周公的「酒誥」、日本幕府在西元1252年的禁制令和美國1920年代的禁酒令等都是歷史上的著名禁酒事件。在許多不同的宗教的教義裡，對於禁酒與否，也有許多不同的看法，例如佛家戒酒，主張「酒色財氣，四大皆空」。伊斯蘭教也認為「因其亂性、喪志，失去理性」而嚴禁飲酒；但是天主教卻將喝紅葡萄酒當作是一件神聖的事，認為那是聖血的象徵。然而在今日世界中，除了少數嚴守教義的伊斯蘭國家，如沙烏地阿拉伯、伊朗和先前神學士所統治的阿富汗等地以外，地球上很少有全面禁酒的地方，只因喝酒這件事情對於許多人而言，誘惑往往大於對於其他方面的考量。

　　前章曾提到聯合國世界衛生組織所支持的MONICA計畫的研究結果，證明適量飲酒可以有效預防心血管疾病的發生。許多人相信了這點，而認為飲用紅葡萄酒是一件有益健康的事情，因而引起1991年以來葡萄酒的熱潮。然而我們必須注意的是，葡萄酒的酒精含量雖然沒有烈酒高，但畢竟還是含有相當高量的酒精，如果飲用過量也會有所有酒類的問題：「飲酒過量，有害健康」。

　　近年來各國政府發現酒後開車所引起的交通事故日趨嚴重，因此各國法律對於酒後開車的罰責也越來越趨於嚴格；而許多意外事件和犯罪問題與酗酒也有密切的關聯，有程度的禁酒的立法呼聲也層出不窮。

　　誠然這本書的主題是葡萄酒，主要的內容在於介紹葡萄酒的專業品評方法和葡萄酒的相關知識，對於適量飲酒，特別是適量地飲用葡萄酒自然是持著較正面立場。但是飲酒過量所可能帶來的健康與安全的負面影響，卻不可不提，因此本章將介紹人體在不同程度的酒精攝取量下的生理反應，飲酒過量可能會造成哪些疾病與傷害，如何預防

飲酒過量，同時也將介紹目前國內外有關飲酒的法規，特別是酒後駕車的現行各項罰則，另一方面對於葡萄酒對人體健康的益處，本章也將作一個較完整的介紹。

 第一節　飲酒過量的危險

根據MONICA的相關文獻，葡萄酒對健康的幫助，是基於長期適量的飲用葡萄酒（moderate wine consumption），那到底「適量」的定義為何？

一、「一杯酒」的定義

首先我們先來定義何謂「一杯酒」（one drink），根據美國國家酒精濫用與酒癮研究院（American National Institute of Alcohol Abuse and Alcoholism）的定義，適當飲酒的一個單位應是以提供14.4公克酒精的酒類，即約120mL的葡萄酒為基礎單位，換算成MONICA的研究結果，所謂的適量飲酒應該是指每日攝取10～40公克的酒精，也就是1～4杯的葡萄酒，但也有學者認為這個量可以再放寬成每日2～5杯的量，換算成每日午、晚兩餐，因此可以說是每餐約1～2杯的量。除了葡萄酒外，其餘的各種酒類如烈酒和啤酒各有其基礎單位，所依據的就是酒中所含的酒精量，因此我們喝一杯葡萄酒所攝取的酒精含量相當於在用純飲杯喝一份（one shot）酒精度40%的烈酒或喝了一罐酒精度4%的罐裝啤酒（**表**2.1）。

雖然每個人對酒精的接受程度不一樣，受酒精影響的程度也各不相同，但在這樣的飲酒量之下，一般人的身體通常不會有酒醉反應，對自己的行為可以理性的控制，相反的還會感覺到心理的愉悅以及生

表2.1　「一杯酒」的定義

酒類	葡萄酒	烈酒	啤酒	含酒精量
含酒精比例	12%	40%	4%	
容量（公制）	124mL	36mL	354mL	14.4g
容量（英制）	4oz	1.25oz	12.5oz	14.4g
常用單位	1 glass	1 shot	1 can	

理的舒適，同時所攝取的酒精量在餐後一至兩個小時內，就會完全被人體所代謝。警方取締酒後駕車，一般是依據儀器所測到的呼氣值來換算血酒精濃度（Blood Alcohol Content, BAC）作為標準。

　　血酒精濃度受到性別、體重、飲酒量和時間的影響，可以用查表的方法取得。**表2.2**和**表2.3**分別是男性和女性的血酒精濃度的換算表。表中用以估算血酒精濃度的飲酒單位是以前面所提的「一杯酒」為單位，由這兩張表，我們可以依照個人的性別、體重、飲酒量以及飲酒後的時間估算出自己在飲酒之後的血酒精濃度。雖然每個人因體質和飲酒當時的身體狀況的差異，在飲酒之後的清醒程度各不相同，並且如果以實際抽血檢驗所測得的血酒精濃度也可能和查表所得之血酒精濃度不同，但是使用這張表，卻可以在非常短的時間內推算出自己的酒醉程度和所需要的休息時間以恢復清醒，對於餐飲業者和一般消費者而言，確實是一個非常好用的一種工具。

　　由於酒精在人體內會慢慢的被身體所代謝，因此血酒精濃度在停止飲酒之後會慢慢地降低，速率約為每四十分鐘降低約0.01%。因此依照這張表，你可以估算自己飲酒之後需要幾個小時，血酒精濃度才會回到正常值；換句話說，你可以算出自己約需要多久休息時間來恢復體力，或進行如開車之類的活動。例如一位65公斤的男性，在一個小時內飲用一瓶紅葡萄酒（750mL，Acl.12%）之後，體內的酒精度約達到0.21%，因此他如果想要等血酒精濃度降到0.03%以下後再開車，他大約必須等十五個小時以上的時間。如果他必須開車，但他又想喝

表2.2 男性飲酒後一小時內之血酒精濃度估計值

男性										
血酒精濃度估計值（％）										
體重（kg）										
杯	45	50	55	60	65	70	75	80	85	90	影響
1	0.04	0.03	0.03	0.02	0.02	0.02	0.02	0.01	0.01	0.01	顯著影響駕駛技巧並
2	0.09	0.08	0.07	0.07	0.06	0.05	0.05	0.05	0.04	0.04	有可能受法律制裁
3	0.15	0.13	0.12	0.11	0.10	0.09	0.08	0.08	0.07	0.07	
4	0.20	0.18	0.16	0.15	0.14	0.13	0.12	0.11	0.10	0.09	
5	0.26	0.23	0.21	0.19	0.17	0.16	0.15	0.14	0.13	0.12	
6	0.31	0.28	0.25	0.23	0.21	0.20	0.18	0.17	0.16	0.15	違反法律，處以刑法
7	0.37	0.33	0.30	0.27	0.25	0.23	0.21	0.20	0.19	0.18	
8	0.42	0.38	0.34	0.31	0.29	0.27	0.25	0.23	0.22	0.20	
9	0.48	0.43	0.39	0.36	0.33	0.30	0.28	0.26	0.25	0.23	
10	0.53	0.48	0.43	0.40	0.36	0.34	0.31	0.29	0.27	0.26	可能會死亡

資料來源：GlobalRPh.com.

表2.3 女性飲酒一小時後之血酒精濃度估計值

女性										
血酒精濃度估計值（％）										
體重（kg）										
杯	35	40	45	50	55	60	65	70	75	80	影響
1	0.07	0.06	0.05	0.05	0.04	0.04	0.03	0.03	0.02	0.02	顯著影響駕駛技巧並 有可能受法律制裁
2	0.16	0.14	0.12	0.11	0.13	0.09	0.08	0.07	0.07	0.06	
3	0.25	0.22	0.19	0.17	0.15	0.14	0.13	0.12	0.11	0.10	
4	0.34	0.29	0.26	0.23	0.21	0.19	0.17	0.16	0.15	0.14	
5	0.43	0.37	0.33	0.29	0.27	0.24	0.22	0.20	0.19	0.18	違反法律，處以刑法
6	0.51	0.45	0.40	0.36	0.32	0.29	0.27	0.25	0.23	0.22	
7	0.60	0.53	0.47	0.42	0.38	0.34	0.32	0.29	0.27	0.25	
8	0.69	0.60	0.53	0.48	0.43	0.40	0.36	0.34	0.31	0.29	
9	0.78	0.68	0.60	0.54	0.49	0.45	0.41	0.38	0.36	0.33	可能會死亡
10	0.87	0.76	0.67	0.60	0.55	0.50	0.46	0.43	0.40	0.37	

資料來源：GlobalRPh.com.

酒，最好的辦法就是最多只喝兩杯，同時停止飲酒之後，休息一小時以上的時間以後再開車。

二、酒精生理反應

接下來，讓我們再來看看如果某人飲酒之後達到如**表2.2**和**表2.3**所列的各種血酒精濃度時，酒精所導致的生理反應情形將會如何：

(一)0.02～0.03BAC

對於體重較輕的女性或體重在50公斤以下的男性而言，只要喝半杯酒就會達到這樣的血酒精濃度，但對於大多數的男性以及體重超過50公斤的女性而言，這可能是飲用一杯酒之後才會到的血酒精濃度。在這樣的血酒精濃度下，除了體質上對酒精較敏感的人以外，一般人並不會失去對自己感官功能的協調能力，但他也許會較平常多話些、也較不容易感到羞赧與壓抑，換言之，這是一個理性而愉快的人。

(二)0.04～0.06BAC

對於大多數體重中等以下的女性而言，大約一杯的量就會達到這樣的血酒精濃度，但對於大多數的男性而言，2～3杯的飲酒量才會到。在這樣的範圍內的血酒精濃度的人，已經可以感覺到酒精的作用，處於我們俗稱的「微醺」的情形，心理上較容易有幸福感，心情容易放鬆，對許多情緒的壓抑感較低，很容易感覺到人情的溫暖與熱情，所以他基本上可以被說成是個快樂的人。然而處於這種狀態下的人，理智依然清醒，也具有未喝酒時的完全行為能力，但話卻會變得比平時多很多，人也變得較不小心謹慎。世界上多數的國家法律，對於血酒精濃度在這樣範圍以內的駕駛人不會處罰。

(三)0.07～0.09BAC

血酒精濃度落在這個範圍內的人，大多數神智依然清醒，但平衡能力卻變得較平時來得差，話多但口齒卻變得較不清楚，視覺與聽覺也稍微退步，肢體感官對於外界刺激的反應較慢，注意力、判斷力與自制能力開始降低，理性與記憶能力也較平常稍差；換言之，這個人已經開始表現出酒醉的現象。

雖然各國有關酒後開車的規定，對於這種酒醉程度的駕駛人是否適宜開車的認定，各不相同，但是飲酒量到達這種程度的人，在進行需要較佳注意力的活動之前，無論如何都應該要有一段充足的休息時間。

(四)0.10～0.12BAC

神智可能開始不清楚，注意力、判斷力與自制能力開始明顯變差，對於機械控制與協調能力的活動也顯著變差。話很多但不僅話說得開始變得不清楚，邏輯能力也開始變差，平衡、視力與聽力的退化程度較之前嚴重。各國法律皆認為在這樣的狀況下開車是違法的行為，在美國許多州，血酒精度0.10%被視為是酒精中毒（intoxication），操作動力車輛或船舶都可能會被捕入獄；在台灣則可能因此觸犯刑責。

(五)0.13～0.15BAC

血酒精濃度達到這樣的水準，應該已經完全無法開車，對於自己的肢體也已失去控制，同時由於視覺模糊，身體也已無法平衡，因此幾乎連行走也有困難。情緒上開始會變得煩躁不安。先前的多話已少見，此時卻變得安靜。

葡萄酒賞析

(六)0.16～0.20BAC

各種醫學上所謂的煩躁不安症候群（dysphoria）的症狀明顯，情緒失控，而且噁心想吐。表現出我們平常俗稱的「爛醉」的各種現象。

(七)0.25BAC

需要有人協助才能走路，神智完全混亂、煩躁不安、頭痛、噁心，許多人會開始嘔吐。

(八)0.30BAC

不醒人事。

(九)0.40BAC以上

昏迷不醒，有可能因急性酒精中毒、呼吸停止而死亡。

由以上所列的酒精濃度與人體生理反應情形，我們可以知道，適量飲酒，可以使人感覺愉快，增進人與人之間的感情，所以「酒能助興」。與三五好友共享美食且同喝好酒，是許多人的最大享受；對餐飲業者而言，這也是供餐必須同時賣酒的原因。

但如果飲酒過量則會造成身體的傷害，短時間內大量飲酒，超過人體所能負荷的酒精量過多，除了可能造成個人身體的傷害外，更可能因而衍生意外而傷害他人。根據美國聯邦政府的統計，在美國每年有超過140萬人因為酒後駕車被捕，2010年酒後駕車造成的死亡人數高達13,365人，占當年所有交通事故死亡人數的42.5%，造成的整體財物損失超過五百一十億美元。相同地，在台灣因為酒後駕車所造成的社會成本也非常驚人，2011年之前酒後駕車占台灣所有道路交通事故原因的20%以上；由此而衍生的社會成本每年損失更高達三千億

元以上。依據內政部警政署的統計，2013年A1類交通事故死亡人數為1,928人，其中酒後駕車失控死亡人數為245人，占總數12.71%；另2014年A1類交通事故死亡人數為1,819人，其中酒後駕車死亡人數為169人，占總數9.29%，取締酒後駕車違規計115,253件，移送法辦計67,932件。

三、長期酗酒所造成的身體傷害

長期飲酒過量，即所謂的「酗酒」，則可能傷害到人體的各個部位，其中最常在肝臟、消化系統、神經系統和心血管系統等器官發生病變，最嚴重的還會引起癌症。根據醫師的建議，酗酒造成的身體病變情形如下：

(一)喝酒對肝臟的影響

長期酗酒的結果，最後容易引發酒精性肝炎、脂肪肝、肝硬化等疾病。文獻指出長期酗酒，以上症狀合併慢性C型肝炎發生率高達8～45%。有慢性C型肝炎或B型肝炎的發病病人，就算每天只喝一杯酒，都會較不喝酒者容易加重病情，尤其正在接受干擾素治療者，治療前及治療中更應戒酒，否則會影響治療結果。肝硬化病人如再嗜酒，則可加速肝硬化的癌變，而轉變為肝癌。經研究人員追蹤，嗜酒是肝硬化演變為肝癌的重要原因之一。

(二)喝酒對消化系統的影響

酗酒者的胃腸黏膜長期受到酒精的刺激與傷害，而容易引起慢性胃炎、食道靜脈曲張、食道出血、胃潰瘍、十二指腸潰瘍。長期酗酒更易引起急性與慢性胰臟炎，嚴重者甚至會有糖尿病發生。

(三)酒對神經系統的影響

　　酒精會加速腦部老化過程、損傷智力、情緒不穩定、注意力分散，甚而有精神方面焦慮、抑鬱等症狀。酒精中毒者，酒癮發作時，若不喝酒會引起戒斷症狀，如幻覺、顫抖、步履不穩，甚至類似癲癇大發作等。

(四)酒與癌症的關係

　　酗酒者身體許多部位癌症的發生率較一般人為多，尤其是口腔、咽喉、食道、肝臟等器官。根據統計，國內酗酒者患口腔癌發生危險機率為十倍。

(五)對泌尿系統的影響

　　酒精進入人體後，會抑制抗利尿激素的產生，進而影響腎臟對水分的重新吸收，所以飲酒者往往有頻尿的現象，造成身體水分大量流失、體液電解質不平衡，而有噁心、眩暈與頭痛等症狀出現。

(六)對生殖系統的影響

　　長期酒精濫用會破壞生殖系統，導致男性精子數量減少，致使不育。

　　此外，根據統計顯示，酗酒者自殺比一般人高六倍，而且平均壽命比一般人少十至十五歲。另一方面酗酒者情緒較容易激動、失控、亂發脾氣而產生暴力行為，所以在家庭生活中，較容易有各種婚姻暴力的行為。在社會活動中，酗酒者一般有較高的犯罪率，最後造成親友疏離，使酗酒者心理承擔更大的挫折與壓力，而更加自暴自棄惡性循環。許多發生在我們身邊的凶殺案、強暴事件及交通事故等都可能和飲酒過量有關，而這些事件會衍生包括醫療成本、受傷後生產力的耗損和家庭付出照護成本等社會成本，對國家造成沉重的財政負擔。

第二節　警方取締酒醉駕車之標準與罰責

　　由於酒後駕車所導致的交通意外事故，造成社會與國家的嚴重負擔，近年來各國都將取締酒後駕車視作是重要內政，立法也因此日趨嚴格，唯各國警方取締酒醉駕車的標準寬嚴不一。由**表2.4**可知，現行我國所採用的酒後駕車取締標準，是世界各國之中最嚴格的，但酒後駕車所造成的交通事故仍然層出不窮，因此政府、學校、社會各界，乃至於所有餐飲業者等，都應該積極地宣導有關酒後駕車的各項法規。

　　自2013年起，我國酒駕取締標準為呼氣酒精濃度達0.15mg/L，即可開罰新台幣一萬五千元以上九萬元以下罰鍰；如果達到0.25mg/L，就可依公共危險罪移送法辦，取締標準全球最嚴，相當於體重60公斤的成年男性，喝大約1.5杯酒之後接受酒測，就會超出每公升0.15mg的標準。警政署持續每月兩次在全國各地同步舉行擴大酒駕取締，在各

表2.4　各國取締酒後駕車之標準

國家	呼吸酒精濃度標準	血酒精濃度標準
瑞典	0.25 & 0.40mg/L	0.05 & 0.08%
瑞士	0.40mg/L	0.08%
英國	35ug/100dL	0.08%
挪威	0.25mg/L	0.05%
德國	35ug/100dL	0.08 & 0.11%
荷蘭	220ug/L	0.05%
澳大利亞	0.10 & 0.25mg/L	0.02 & 0.05%
法國	0.40mg/L	0.08%
美國	0.10 & 0.08g/210L	0.08 & 0.10%
新加坡	0.40mg/L	0.08%
加拿大	0.08g/210L	0.05 & 0.08%
日本	0.25mg/L	0.05%
中華民國	0.15mg/L	0.03% (0.11%)

資料來源：交通安全入口網（胡守任，2008）；全國法規資料庫（103年最新法規）；Drinkdriving.org（2010網站最新公布資料）。

葡
萄
酒
賞
析

縣市易發生酒駕地區、路段與時段進行取締。部分縣市更訂有「酒駕防制自治條例」，訂有較道路交通安全法更嚴格的規定，例如在台中市，如果乘客明知駕駛喝酒仍搭車罰一萬元，把車借給喝酒者罰一萬五千到六萬元，同時吊扣汽車牌照三個月。

依「道路交通安全規則」第114條規定：

「汽車駕駛人有下列情形之一者，不得駕車：
一、連續駕車超過八小時。
二、飲用酒類或其他類似物後其吐氣所含酒精濃度超過每公升○‧二五毫克或血液中酒精濃度超過百分之○‧○五。
三、自中華民國一百零二年一月一日起，未領有駕駛執照、初次領有駕駛執照未滿二年之駕駛人或職業駕駛人駕駛車輛時，飲用酒類或其他類似物後其吐氣所含酒精濃度超過每公升○‧一五毫克或血液中酒精濃度超過百分之○‧○三。
四、吸食毒品、迷幻藥、麻醉藥品或其相類似管制藥品。
五、患病影響安全駕駛。
六、計程車駕駛人未向警察機關請領執業登記證，或雖已領有而未依規定放置車內指定之插座。」

根據依「道路交通安全規則」，警方依法執行取締酒後駕車的行為。如果發生交通意外事故，如果駕駛人因為交通事故死亡或受傷送醫急救，處理人員對駕駛人執行檢測吐氣所含酒精濃度有困難時，可請醫院抽血做血液中酒精濃度之檢驗。

在處罰方面，如果所測得的呼氣酒精濃度超過每公升0.15毫克以上，採行政罰。依「道路交通管理處罰條例」第35條規定：「汽車駕駛人，駕駛汽車經測試檢定有下列情形之一者，處新臺幣一萬五千元以上九萬元以下罰鍰，並當場移置保管該汽車及吊扣其駕駛執照一年；附載未滿十二歲兒童或因而肇事致人受傷者，並吊扣其駕駛執照

二年；致人重傷或死亡者，吊銷其駕駛執照，並不得再考領。……汽車駕駛人於五年內違反第一項規定二次以上者，處新臺幣九萬元罰鍰，並當場移置保管該汽車及吊銷其駕駛執照；如肇事致人重傷或死亡者，吊銷其駕駛執照，並不得再考領。汽車駕駛人，駕駛汽車行經警察機關設有告示執行第一項測試檢定之處所，不依指示停車接受稽查，或拒絕接受第一項測試之檢定者，處新臺幣九萬元罰鍰，並當場移置保管該汽車、吊銷該駕駛執照及施以道路交通安全講習；如肇事致人重傷或死亡者，吊銷該駕駛執照，並不得再考領。汽車駕駛人肇事拒絕接受或肇事無法實施第一項測試之檢定者，應由交通勤務警察或依法令執行交通稽查任務人員，將其強制移由受委託醫療或檢驗機構對其實施血液或其他檢體之採樣及測試檢定。汽車所有人，明知汽車駕駛人有第一項各款情形，而不予禁止駕駛者，依第一項規定之罰鍰處罰，並吊扣該汽車牌照三個月。」

　　同時如果所測得之酒精呼氣含量達0.25毫克，或血液酒精濃度達0.05%以上者，被認為已達「不能安全駕駛」之標準，應該負擔刑責。若未逾0.25毫克標準，但輔以其他客觀事實（如蛇行）判斷「不能安全駕駛」時，亦應移送法辦處以刑罰。因此，任何人都應該瞭解自己的生理飲酒上限，也應該知道自己的酒量，同時更應該養成飲酒絕不過量的習慣，無論飲酒多少，都應該儘量避免開車。如果確定自己只有淺酌，血酒精濃度尚在安全範圍內，且必須開車，則最好還是飲酒之後休息過相當長的時間再開；如果已超過法定飲酒上限，那就絕對不要開車了。

　　對於政府大力取締酒後開車的問題，對於許多餐飲業者，特別是以販售含酒精飲料為主要收益來源的酒吧業者而言，無疑的是一大限制。對於其他有賣酒的餐廳業者也會造成酒類銷售的情形，也會有所影響。但基於餐飲業者對社會所應負擔的責任，業者應支持政府的政策，勸告來店消費的客人不要飲酒過量，也不要酒後開車。

在美國還有所謂的「酒店法」（Dramshop Law）和「第三人責任保險法」（Third-Party Liability Insurance）來規範酒類服務事業，法條中規定，業者不可將酒賣給已經明顯喝醉的客人，如果知道這個客人有開車來，業者有義務在這名客人離去時，阻止他開車或通知警方，否則會吃上官司。如果這名客人在未被阻止的情況下開車且肇事，賣酒給他的人也應負擔連帶責任。當被害者向肇事者求償時，如肇事者無力賠償時，他可以向賣酒給肇事者的人要求連帶賠償，而且賠償金額沒有上限，換言之，業者應負有連帶賠償責任之義務。由於歷來相關事件的賠償金額都相當龐大，常常不是餐飲業者所能負擔，因此為了保障受害人的權益，確保受害人能得到合理的賠償，因此美國法律規定所有持有酒牌可以合法賣酒的餐飲業者，必須投保第三人責任險，當業者無力負擔賠償金額時，由保險公司負責理賠。

 ## 第三節　葡萄酒與健康

一、MONICA的論點

前面一再提到的MONICA計畫，全名原本叫做Monitor Trends in Cardiovascular Diseases，這是世界衛生組織（World Health Organization, WHO）自1980年代初期開始到1990年代末期所推動執行的一個跨國性的研究計畫。在這個計畫之下，來自於二十一個國家的三十二個醫學研究中心的醫生和科學家，同時針對世界各個不同文明的人們的生活型態做研究，以瞭解為何心血管疾病的發生率有地區性，而人們的生活與飲食習慣如何能影響這些疾病的致死率。在這個計畫之下，各國研究人員收集1970年代中期以來，區域內25～64歲的成年各項飲食與生活型態的資料，總計二十年的時間內共有超過1,000

萬人次參與這項研究計畫。

1991年美國CBS電視台以French Paradox（paradox意為爭議與矛盾）為題，報導了MONICA的研究結果。為何叫做French Paradox，是因為這項流行病學的研究結果顯示，法國人的美食總是非常油膩而且熱量很高，理論上心血管方面的疾病發生率應該很高，但是統計的結果卻是完全不是那麼回事，法國人有著違反常理的心血管疾病的低發病率。從流行病學的角度研究法國人的飲食與生活習慣，可以發現法國人與其他國家的人們最明顯的不同，在於他們有每日飲用1～2杯紅葡萄酒的習慣；因而推論紅葡萄酒在預防法國人動脈硬化性心血管疾病的發生方面，具有相當的功效。這項研究的結果，也可以印證在環地中海地區的各國人民身上。這個地區的人們普遍享有較其他地區的人們更高的壽命，究其原因在於他們的心血管這方面疾病的發生率很低，而這個地區的人們的飲食之中最大的共通點就是每日適量飲用葡萄酒。

這樣的論點對於一些戒酒的學者而言，並不完全贊同，他們提出一些證據，顯示這個地區的人們之所以長壽，應該和他們的其他生活習慣有關，例如他們的日常飲食以高纖維的蔬果穀物為主，食用不為人體所吸收的橄欖油，同時多吃乳製品和白肉，很少食用紅肉，平日大多熱衷勞動，而紅葡萄酒只是整體健康生活中的一項不健康的嗜好，而非主要的健康因素，同時所研究的個案之間的飲食習慣的差異都很大，因此他們認為紅葡萄酒有益健康的論點，應該只是個由流行病學研究結果所得的假設而不應該是個結論。

二、相關理論

1993年以後哈佛大學公共衛生學院等醫學研究機構陸續肯定了MONICA的研究結果，並綜合各項飲食與生活習慣，提出了健康的

「地中海生活型態金字塔」，肯定每日適量飲用葡萄酒，是眾多可以有效預防心血管疾病的發生率並延長人類壽命的重要因素之一。

學者們並提出所謂的心血管疾病發生率的J型理論，如英文字母J的字型一般，一個從不飲酒的人，由於各項環境、壓力、飲食和遺傳等因素而發生心血管疾病。適量飲酒，特別是飲用葡萄酒，可以相當程度的降低心血管疾病的發生率；然而長期飲酒過量則又會因酒精的作用，造成血管的硬化而使心血管疾病的發生率大大的升高。

分析葡萄酒中的各種成分，可以發現影響人體健康的最主要分子為酒精（8～15% by vol.）、多酚類（polyphenols）與酚酸（phenolic acids）。其中酒精的對生命期望值的影響作用，符合另一個J型理論（J-shape theory for mortality），長期適量飲酒的人，死亡率遠較酗酒者為低，甚至較完全不喝酒的人低。所謂的適量飲酒（moderate alcohol intakes），是指每日酒精攝取量在10～40g之間，而酒精來源則無顯著差異。但如果是喝葡萄酒，則每日2～5杯的飲用量，可以降低各種飲食原因所造成的死亡率約24～31%。

在適量飲酒的狀況下，酒精對健康的幫助最主要在於可以幫助提高血漿中的高密度脂蛋白膽固醇的量，從而有效降低動脈硬化性心血管疾病如高血壓和中風的發生率，而其他與高血壓有關係的慢性病如糖尿病的發生率也因而得以降低。研究顯示，雖然在地中海型生活型態中，不同酒精來源的適量飲酒所達成的健康效果相近，但在其他地方如丹麥，則明顯的可以看出葡萄酒在預防心血管疾病方面的效果優於其他酒類。

三、癌症預防學觀點

從癌症預防的角度看來，紅葡萄酒無疑是所有酒類之中最健康的一種。因為在過去的研究中發現，酗酒固然是許多癌症發生的成

因，每日1～2杯的適量飲酒，也可能引起乳癌等癌症，但如果每日飲酒所飲用的是紅葡萄酒，則可以預防因酒精所引起的乳癌等癌症的發生。為何如此？這是因為葡萄本身就是一種營養價值很高的水果，無論在果皮、果肉及種子，都含有豐富β-胡蘿蔔素、維他命C及其他營養成分。葡萄果實中還含有豐富的逆轉醇（resveratrol）、花青素（anthocyanin）、兒茶素（catechin）、櫟皮酮（quercetin）、類黃酮（flavonoids）等多酚類化合物。這些化合物在葡萄酒製酒過程中非但不會減少，還因為發酵和熟成等製酒過程，而使得葡萄果實中較大的分子團被分解成各種小分子，而產生更多的小分子多酚類化合物，越小的分子也因此越具有生物可利用性（bioavailability）；同時經由酒精的作用，來自於橡木桶的多酚類物質也同時溶解於酒精之中。以上這些溶解或懸浮於酒中不同來源的小分子多酚類化合物，在酒中持續進行各種化學反應，因而產生更多的小分子化合物。

　　葡萄酒與其他酒類最大的不同，就在於其成分的複雜性。任何一支葡萄酒中總有數以萬計的不同化合物存在，這些化合物除了帶給葡

紅葡萄酒含有豐富的葡萄多酚，具有抗氧化、促進血液循環的作用

萄酒特別的顏色，也造就了葡萄酒特殊的香氣和風味，而味覺中最常被人所感覺到的澀味就是來自於酒中的鞣酸類（tannin; gallic acid）、兒茶素和單酚（phenolics）等多酚類化合物分子所造成。

這些存在於葡萄酒中的多酚類化合物的另一個特性，就是具有很強的抗氧化活性，根據研究顯示，一杯150mL的紅葡萄酒具有相當於12杯白葡萄酒，兩杯綠茶、5顆蘋果、5份（每份100g）的洋蔥，3.5杯黑醋栗汁、7杯柳橙汁，500mL的啤酒或20杯蘋果汁的抗氧化活性。另一份研究顯示，葡萄酒中所含的多酚類化合物所具有的抗氧化活性，相當於同質量的維他命C的五十倍或維他命E的二十倍。

由於動脈硬化的主要原因之一，是因血漿中的低密度脂蛋白膽固醇（LDL-C）氧化之後，在血管內壁與血管內壁的表皮細胞結合形成堆積，因而使微血管的內壁增厚，縮小了血液的通道，因此導致血壓增高，如果在腦部的微血管有部分被完全阻塞，造成腦部局部缺氧，就會引起所謂的中風；發生在冠狀動脈，則會造成動脈硬化性心臟病。而紅葡萄酒中所含的多酚類與酚酸類化合物，由於具有很強的抗氧化能力，可以避免低密度脂蛋白膽固醇（LDL）被氧化，因此而能降低動脈硬化的發生機率。另一方面葡萄酒中所含的酒精，則可以刺激肝臟對極低密度脂蛋白膽固醇（VLDL）的代謝，提高血中HDL的量，使血液中膽固醇的運送順暢，降低了低密度脂蛋白的密度與累積。

紅葡萄酒的抗氧化活性，除了可以預防冠狀動脈硬化和動脈粥狀硬化（atherosclerosis）外，也可以預防如過氧化氫等自由基所引起的細胞核傷害，這樣的傷害往往就是癌症的成因，因此紅葡萄酒有相當程度的防癌效果。其他已經科學界證實的健康功效，還包括能抑制沙門氏菌屬（salmonella）、志賀氏菌屬（shigella）和大腸桿菌（escherichia coli）等病源菌在腸內的生長，因此可以幫助消化。國外也有研究報告發現紅葡萄酒可以預防老人癡呆症（Alzheimer's disease）。

雖然紅葡萄酒的飲用可能會有以上種種有益人體健康的好處，但也可能會引起胃痛、胃酸逆流（gastroesophageal reflux disease）、偏頭痛（migraine headache）和過敏（histamine intolerance）等症狀。因此，紅葡萄酒的飲用仍然必須秉持適量原則。

 ## 第四節　如何無負擔的享受飲酒的樂趣

　　綜合以上各點，我們可以知道葡萄酒，特別是紅葡萄酒對於人體健康有許多幫助，長期適量飲用，可能可以有效預防許多疾病，但葡萄酒絕不是萬靈藥，每日喝葡萄酒的同時，還應該養成多運動等健康的生活態度。同時葡萄酒畢竟還是酒類，酒精進入體內對人體健康會造成一定的傷害，如果攝取的酒精量超過人體代謝能力，自然會傷害到人體健康。

　　所以「多喝葡萄酒，有益健康」這絕對是錯的。只有適量喝酒，才能避免酒精的傷害，保障你的健康，同時讓紅葡萄酒中許多有益健康的物質（如類黃酮和多酚）類化合物發揮其預防疾病的效果。

　　如何享受飲酒的樂趣並預防酒精對人體的傷害，綜合多位醫師的建議：喝酒時不可牛飲猛灌，濃度越高的酒越要淺斟慢酌。因為酒精對人體的影響是直接而且快速的，酒精可在胃中直接被吸收，所以一喝進胃中不到幾分鐘就可經胃傳到血液中，再從血液上傳到大腦，一般人的血中酒精濃度應該為零，當短時間內血中酒精濃度升高到每公升0.40毫克以上時，此時喝猛酒的人可能會出現行動不穩、認知錯誤等變化，若不及時停止喝酒而讓酒精濃度繼續升高，就會造成所謂的酒精中毒現象，小腦運動失調、走路東倒西歪、意識模糊、語無倫次、心跳加快等現象，若再不停止則心臟會負荷不了，可能出現心臟震顫、心律不整，導致昏迷，甚至死亡。

　　從上述酒精在人體胃中的吸收效率來看，不難聯想若是空腹飲酒當然很容易醉，因為空腹時酒精吸收快，而且空腹喝酒對胃、腸道的傷害很大，容易引起胃出血、胃潰瘍，所以飲酒之前最好先進食並且儘量避免喝酒精濃度很高的酒類，還要注意不要和碳酸飲料如可樂、汽水等一起喝，因為碳酸飲料在胃裡放出的二氧化碳氣體，迫使胃跟小腸之間的幽門開放，讓酒精很快就進入小腸，而小腸吸收酒精的速度，比胃要快得多，從而進一步加速酒精的吸收。啤酒和葡萄酒裡都溶有二氧化碳，所以人們常說酒混著喝更容易醉，道理便在於此。

　　喝酒時不要乾杯，不要跟人比酒或拚酒，更不要有灌人飲酒的勸酒行為，與人飲酒要慢慢的品嘗酒，享受酒的美味也讓身體可以有充分的時間把酒精分解掉，酒精的產生量少也就不容易喝醉也較不會傷身體。因此喝酒盡性就好，不可強人所難。作東請客時，不要認為勸客人多喝酒才是善盡主人之誼，應主隨客便。由於酒量依個人的體質、胖瘦、年齡而有所不同，每個人都應瞭解自己的飲酒上限，儘量不可過量飲用，可以參考本章表2.2與表2.3並衡量自己飲酒狀況酌量飲酒。

　　喝酒後，應多攝取開水，或喝烈酒時加冰塊或水調和，以減輕肝臟負擔。切忌喝酒消愁，切記藉酒消愁愁更愁。不要太常喝醉，特別是喝到吐，容易造成酒醉性胃炎和脫水症。若爛醉之後，應多休息，不要喝牛奶，否則可能會嘔吐不止。想要解酒，任何解酒液都沒用，最佳方法只有多休息，飲酒之後，要記得讓身體充分休息。

　　如果喝酒後一定要開車，必須經過適當休息時間，讓體內血液酒精濃度慢慢降到不會影響自己的判斷力，可以不違法且能安全駕駛時再開車。常喝酒的人，應定期做健康檢查。

　　如果遇到身體不適，正在服用各種藥物如感冒藥、安眠藥、鎮靜劑時，不可喝酒，這是由於喝酒會促進血液循環，與藥物一起食用可能會加速藥效的產生，例如使用降血糖藥或降血壓藥又喝酒的話，

可能使血糖或血壓降太快,就可能造成服用者暈倒或其他危險的事發生;酒也會抑制大腦中樞神經系統的運作,此時如果合併服用鎮靜安眠藥,可能會造成過度昏睡等作用;而感冒藥的主要成分為乙醯胺酚(acetaminophen),會威脅肝臟功能,如果摻酒,損傷會更嚴重。因為它要依賴肝、腎代謝,服用過量會有生物毒性;而每公斤體重服用超過150毫克就會對肝臟產生嚴重傷害,甚至致命。也就是說,以市售325～500毫克的乙醯胺酚,一般人服用二、三十顆以上,就會有生命危險。如果在服藥時再合併喝酒,酒精則有使藥物毒性加乘的作用。其他如阿斯匹靈、水楊酸鎂、水楊酸鈉等其他類解熱鎮痛劑,若與酒精併用,也可能引發胃出血的問題,因此衛生福利部已要求這些產品,應加註同樣的酒精警語。

另外,孕婦及患有胃潰瘍、糖尿病、心臟病、高血壓、痛風、肝病等症的人,請不要喝酒;孕婦飲酒除了容易造成早產之外,所生下的嬰兒也容易出現胎兒酒精症候群(fetal alcohol syndrome)造成嬰兒智力障礙、生成遲緩、顏面短小、心臟缺損等;胃潰瘍患者不能喝酒的原因是酒精對胃酸的正常分泌和胃黏膜的防禦系統起了很強的破壞作用,因此胃已經有損傷者不應該再喝酒;痛風患者則是因為酒中含有嘌呤(又稱為普林,purine),嘌呤會分解成尿酸加重痛風症狀;而罹患肝病的人不要喝酒的原因在於,酒的主要成分是乙醇,飲酒後酒在腸胃道內很快就被吸收,僅2～10%從腎臟排出體外,所以90%以上的乙醇要在肝臟內代謝,通過肝細胞的胞漿乙醇脫氫酶催化成乙醛,乙醇與乙醛都具有直接刺激並損害肝細胞的毒性作用,能使肝細胞發生變性、壞死,對肝病患者來說,肝臟本身就已經由於實質性損害而引起解毒功能降低,使酒精代謝所需要的各種酶的活性和分泌量降低,若加上食慾不振、偏食等情況,使得蛋白質、維生素攝入不足,再加上飲酒,即導致胺基酸、葉酸、維生素B_6、B_{12}等吸收不良,嚴重影響肝臟的正常代謝,促使肝病拖延不癒、病情加重,甚至會發

展為肝硬化或重症肝炎。

　　秉持以上所述,喝酒永遠以適量為原則,則每個人都可以快樂的享受葡萄酒帶給我們的人生樂趣,畢竟微醺的感覺讓人感到愉快,而喝酒所帶來的傷害卻非我們所想看到的。養成這樣的良好飲酒習慣,每次飲酒時,自然就不會有任何心理負擔。

　　葡萄酒是一種可以「玩」的嗜好品,因為葡萄酒的內容複雜,因為葡萄酒的風味變化無窮,更因為葡萄酒可以刺激人的嗅覺與味覺等各種感官,讓我們的精神感到無比的喜悅。葡萄酒也可以是每餐必飲的佐餐飲料,葡萄酒可以讓許多美食的味道更好,所以也可以讓用餐者有個快樂的用餐情緒。所以對於葡萄酒,我們應該有正確的觀念,喝酒時不要猛灌,不要乾杯,而要細細地品味葡萄酒中的每一種味道,就像看一幅名畫或聽一首名曲一般,好好地享受葡萄酒優遊在人體身心靈之間美好的互動。

美食大師安德烈‧西蒙曾說——葡萄酒會使每一張餐桌更優雅,每一天更文明

Part 2

葡萄酒品評

Chapter 3

品酒前的準備
Preparation for Wine Tasting

　　葡萄酒品評是任何一位以葡萄酒為專業的人所必須具備的技能，但這項技能卻就像開車或使用電腦一樣，任何人只要有心學習都可以辦得到。大多數的人都有本能可以將車開得非常好，也都有可以將電腦用得不輸任何電腦工程師的潛力，然而並非每個人都需要靠開車或用電腦來生活，因此葡萄酒品評是每個人都可以學習且有機會專精的技術，只要你能分辨得出桃子和梨子的味道差異，或是橘子和檸檬的風味的不同，那恭喜你，你將可以很容易的學會葡萄酒的專業品評方法，日後常常品酒和勤作筆記，你也將有機會成為一位葡萄酒專家。

 第一節　品酒的場所

　　葡萄酒品評基本上可以在任何地方進行，但最常品酒地方還是葡萄酒專賣店、葡萄酒廠、酒窖、餐廳、葡萄酒吧以及一般人家的客廳，當然品酒最理想的地方，還是在專門的葡萄酒品酒室或是更專門的感官分析室裡進行。由於各個品酒場所的環境條件各不相同，品酒的目的也有所不同，所要求的品酒嚴謹程度也有差異。最嚴謹的感官分析實驗室，對於所有可能對於品評結果有影響的因素，例如光線、溫度和品酒時間等，都應該加以嚴格控制，每位品酒者坐在獨立的品評間裡，針對只知編號的葡萄酒樣品，作科學性的品評分析試驗，以提供產品開發者或風味研究人員客觀的科學數據。然而，除了專門的研究機構如加州大學釀酒系，或一些有研發能力的大公司，如Ernest & Gallo以外，葡萄酒業者很少會設置這樣的實驗室，有的只是在酒廠或專賣店裡設置一間專門的品酒室，能有不受干擾的舒適品酒空間就夠了，至於環境條件的控制精確與否，則不太重要，因為在真實世界中，品酒不只是一種科學，更是一種藝術，所以大多數的品酒活動，都是隨時隨地，興之所至到處進行，不必去管周遭環境的影響。

一、在酒窖內品酒

在葡萄酒出廠前，釀酒師需要常常在釀酒用的桶槽裡取樣品酒，也常常要進到酒窖裡對存放在酒窖裡的酒抽樣品酒，這樣他才能隨時掌握他所釀的葡萄酒的風味變化情形，以決定是否應該做一些調整，以及何時應該貼上標籤後出廠。許多葡萄酒的大盤商（négociant），也常會進到酒窖裡品酒，以決定是否要將整批的葡萄酒標購下來，但受限於酒窖內的光線，酒窖內品酒通常只對葡萄酒的風味、香氣和口感作品評。

二、酒廠品酒室

一般葡萄酒廠裡都設有一個對外開放的品酒室，這個品酒空間的設置目的在於讓來參觀酒廠的客人在參觀完酒廠之後，可以有一個品酒的機會，所以功能上比較像是葡萄酒的展售會，但在這個品酒室之外葡萄酒廠總還是需要另外一個環境較佳的房間，除了可以提供給大宗買主品評之用外，也可以用作釀酒師以及其他員工的訓練之用。有些較專業的葡萄酒大盤商或專賣店，也會設置有如葡萄酒廠一般的專業品酒室，在這種品酒室內的品酒，對於環境的要求比較嚴格，而且由於他們往往每天需要品評數十種不同的葡萄酒，所以對於品酒設施和環境的要求甚至更嚴格。

一般葡萄酒的零售商總是會提供客人品酒機會，目的還是在於希望客人於品酒之後能多買幾瓶酒，但基於成本考量，每一瓶被開來讓客人品嚐的酒，必須盡可能的提供給最多人品嚐，因此每一位客人能喝到的酒的量非常有限。而如果客人很多的話，也很難讓每位客人用葡萄酒杯來品酒，所以品酒的過程不容易做到很嚴謹，只要讓客人能品出個直接的喜惡就夠了。

三、在餐廳內品酒

在餐廳點酒以佐餐,品酒除了是一個必要的儀節外,還有品管的目的,因為餐廳裡的葡萄酒的售價,動輒超過餐廳原本售價的兩、三倍,這些差額除了是餐廳應有的利潤之外,也是一種品質的保證。消費者在這家餐廳裡可以喝到經過特別挑選的葡萄酒,能與這家餐廳的菜色相搭配,其中有許多是別處買不到的酒,這些酒的品質受到餐廳的保證,消費者有權利退回他認為品質有瑕疵的酒。所以在餐桌上品酒的客人,除了是主人對他表示特別的尊重與信任之外,也應該負責對這支酒的品質作把關。而在用餐過程中飲用葡萄酒,享受到的是餐飲相互協調下的感官享受,所品嚐到的不再只是葡萄酒的獨特味道,而是一個整體的感官盛宴。

四、專業品酒室

一個專業的品酒室裡,採光和通風都必須非常良好,最好有自然光源,但室內照明也應充足,而且應是白色的燈照光線。室內的相對溼度最好能控制在60～80%之間,而且室內溫度最好能維持在20～22℃之間,在濕熱多雨的亞熱帶台灣,要達到這樣的溫濕度條件,通常只能靠空調。此外,品酒室所設置的地方,附近必須沒有空氣的汙染源,同時噪音也常會影響品酒者的情緒,所以應該儘量遠離噪音來源。

品酒室內應設置水槽,以方便清洗品酒器皿,同時每一位品酒者的座位旁,最好有可以讓品酒者吐酒的小型吐酒水槽(spittoon)。簡單一些的品酒室,可能無法設置吐酒水槽,但也要有類似痰盂一般的吐酒器皿,且數量要夠,原則上每一位品酒者都應有一個自己的吐酒皿。

此外，理論上，每日品酒最佳的時間是上午10～11點前後，次佳的則是下午4～6點；在這兩個時段裡，人的味覺最敏感，最適合品酒。然而下午時候可能光線不足，而經過一天的工作，生理上的疲倦也可能影響品酒的結果，而且到了冬季，來自室外的自然光線可能不足，所以也會影響對於葡萄酒顏色的判斷，因此品酒的最佳時段還是每日上午10～12點之間。

第二節　葡萄酒開酒器

「工欲善其事，必先利其器」，所以在開始介紹葡萄酒的品評方法之前，必須先知道品酒時需要哪些工具，首先要介紹的就是用來拔除塞在瓶口的軟木塞所用的開酒器（corkscrew）。

由於設計的原理不同，葡萄酒的開酒器有許多種類別，但其設計的最終目的還是要能很方便的將軟木塞從瓶口拔起，所以有的書本將之稱作「軟木塞起子」或「拔塞器」。儘管從古至今，葡萄酒開酒器有過許多不同的設計，許多設計特別精美的甚至還可以讓博物館收藏，但至今人們常用的還是以下幾種簡單的設計：

一、Waiter's Friend/Waiter's Knife（服務用開酒器）

中文的直接翻譯名稱叫做「侍者之友」或「侍者刀」，這可能是最常見，也是餐飲業的從業人員最常用的一種葡萄酒開酒器，所以有許多餐飲業的從業人員喜歡叫它作「專業開酒器」。Waiter's Friend的設計實際上包括三件工具：一個可以當支點的鐵蓋開瓶器，一根用以鑽入軟木塞中的金屬螺旋針，和一把可以割開葡萄酒瓶上的鋁箔封套的小刀；這三件工具基本上可以讓一位餐廳的侍者開啟他在從事餐飲

服務時所碰到的各種瓶裝飲料。而Waiter's Friend的最大好處就在於這三樣工具都可以收納入作為本體的把手，所以收納後的體積不大，而且所有可能會割傷人的部分都被完全保護，因此很適合放在侍者的口袋，可以隨時對客人提供服務，又不會因為口袋裡放了這個工具而影響制服的美觀。但在選購這類葡萄酒開酒器時，應該注意金屬螺旋針的材質，品質不良的很容易在開幾瓶酒之後就彎曲變形了，所以應該選擇不易變形的合金或鋼材製品；此外螺旋要盡可能越多圈越好，而且寬度也要盡可能的越寬越好。使用這類開酒器拔起軟木塞時，應該要始終維持金屬螺旋針垂直向上。

服務用開酒器

二、Wing Screw（翼型開酒器）

這是常被暱稱為「蝴蝶」（Butterfly）的一種開酒器，因為這種開酒器有兩支像翅膀般相互對稱的把手，利用槓桿原理，可以較省力的將軟木塞拉起。一把好用的Wing Screw，最重要的還是位在中心的一支金屬螺旋針。如Waiter's Friend，螺旋要盡可能的多圈，且寬度也要盡可能的寬。一端的橢圓形把手，通常都被設計成金屬玻璃瓶蓋的

開瓶器。然而這種設計卻少了可以割開鋁箔封套的刀片，體積較大，不容易放在侍者的口袋。同時螺旋針的針頭容易滑出割傷使用者，因此這種開酒器大多是家庭使用，很少用於餐飲服務。

翼型開酒器

三、Double-Action Screw（雙螺旋開酒器）

這是一種源於法國的古老設計，對於取出老舊軟木塞非常好用的一種開酒器，但由於金屬螺旋針會凸出於下方的木柄支架，所以對於侍者而言，也不方便放在口袋。這種開酒器有許多種不同的設計，但其基本設計包括兩支把手，上把手連著一根金屬螺旋針，開酒時可直接插入軟木塞內，下把手連著一個空心的圓筒，螺旋桿經過這個圓筒，伸出逆時針方向的金屬螺旋針。所以當扭轉下把手時，可以將其插入軟木塞的上把手拔出酒瓶，而較寬的下把手設計可以提供很好的槓桿作用，所以可以很輕易的將軟木塞拔起。此外木質的中央圓筒設計，則可以讓中間的金屬螺旋桿維持在軟木塞的中心，所以較不會使軟木塞因受力不均而斷裂。

雙螺旋開酒器

四、Double Screw with Locking Top（有橫檔雙螺旋開酒器）

這種開酒器的設計原理改良自傳統的雙螺旋開酒器，但利用一個可以自動上鎖的橫檔巧妙的讓中央螺旋桿的把手，在不同階段扮演一般雙螺旋開酒器的內外把手的功能，所以當頂端的橫檔鎖上以後，旋轉把手就可以將螺旋桿藉由扭力壓入軟木塞，而下方的圓柱型支架可以讓螺旋桿保持在軟木塞的中心位置，當下方的螺旋針完全插入軟木塞以後，上方的螺旋桿會完全沒入把手中而使橫檔鬆開，因此如繼續向同方向旋轉，這個把手的功用就變得像是一個螺母，所以當把手與支架接觸之後，繼續向順時針方向旋轉，可以帶動底下的螺旋針和上面的軟木塞向上，最後可以將軟木塞拔出瓶口，這個設計的一大特點就是軟木塞不會隨著螺旋桿轉動，而是直接的垂直向上，所以這種開酒器是一種經過精密設計的工具。

有橫檔雙螺旋開酒器

五、T-Shaped

這是最簡單的一種開酒器，有許多種不同的設計，但基本上就是一根把手，和附在把手上且與把手垂直的一根金屬螺旋針，傳統的設計螺旋針沒辦法收起來，看起來就像英文字母的T一般，所以叫做T型酒器。有另一種是經過改良的，螺旋針可以收納入把手內，以方便攜帶，但由於螺旋針與把手之間無法固定，所以也可能不是很好施力。這型開酒器的最大缺點還是在於開酒時不容易固定施力方向，只能靠

傳統的T型開酒器

改良的T型開酒器

人手腕的力量再向上或向下施力時同時控制方向，所以很容易使軟木塞因受力不均而斷裂。而且由於完全靠人的蠻力拔起軟木塞，在軟木塞拔起的一瞬間，總會有砰地一聲響起，而劇烈震動軟木塞的結果，留在軟木塞上的沉澱物將會被抖落，所以絕對不要用來開陳年老酒，特別是餐飲業者更不應使用這類開酒器。

六、Screwpull Corkscrew

Screwpull是一家著名的法國開酒器製造公司，他們所設計和製造的產品，一般被公認為是最佳的開酒器。對於葡萄酒的專業人士而言，這應該是必備的工具之一。Screwpull的開酒器有幾個特色，就是都有一根非常細長而且螺旋很寬的金屬針，這支螺旋針所用的材質很好，可以禁得起長期使用，同時開酒之後，軟木塞可以保持完整，利於重複使用。雖然Screwpull有許多種不同的設計，但所採用的原理都只是非常簡單的將螺旋針依順時針方向旋轉插入軟木塞中，螺旋針穿過軟木塞後繼續向同一方向旋轉，產生扭力將軟木塞旋出酒瓶，因此要退軟木塞時只要向反方向轉就可以很輕鬆的做到。Screwpull開酒器有三種：

（一）Table Model（餐桌型）

　　這型的開酒器外觀類似前述的雙螺旋開酒器，但在下方的握柄中間，有對應瓶口的支撐點，較新的設計，在支撐點下方有兩片可以整齊割開鋁箔封套的刀片。上方的把手也有幾種不同的設計，主要在於變換施力的方向。

餐桌型Screwpull Corkscrew
資料來源：https://www.galaxus.ch/en/s2/product/screwpull-soft-classic-set-gs-110-corkscrew-218294

（二）Pocket Model（口袋型）

　　為了方便餐飲業攜帶，避免螺旋針頭傷人，所以有改良自餐桌型的口袋型問世。控制螺旋針的把柄，除了可以伸長以提高力矩，讓開酒更方便外，這個把柄中空的設計，在拆卸後就是下方螺旋針的保護套。經由這樣的改良，專業的葡萄酒服務人員也可以安全方便的攜帶和服務。

口袋型Screwpull Corkscrew
資料來源：http://www.amazon.co.uk/Screwpull-Classics-PM-100-Corkscrew-Pocket/dp/B007IERJUA

(三)Lever Model（槓桿型）

如圖所示，將上方的把手向前推，可以將螺旋針拉出，利用槓桿原理，將金屬螺旋針旋入並拔出軟木塞，由於設計優良，所以幾乎沒有任何打不開的軟木塞。這種開酒器的體積較大，不適合隨身攜帶。但專業性的葡萄酒服務場所，最好有類似的開酒器。

槓桿型Screwpull Corkscrew

(四)Bench Corkscrew（吧檯開酒器）

對於一個以服務葡萄酒為主的吧檯而言，裝置在吧檯上的開酒器是較為理想的一種裝置，這種開酒器的設計原理類似槓桿型的Screwpull開酒器，但有一個可以安裝在吧檯桌邊的基座，所以可以很容易的施力，為了要更省力，有的吧檯開酒器的設計還有氣壓裝置。以這型開酒器開酒的速度也很快，而且非常省力，唯一的缺點就在於體積大重量重，除非是有大量開酒需求的吧檯或餐廳，否則是不需要購置的，因此這種開酒器大多經過特殊美觀的設計，除了實用性以外，也考慮到商業性吧檯的展示功能。

吧檯開酒器

(五)Two-Pronged Extractor (Ah-So)

　　這種開酒器，是利用兩根鐵片插入瓶口軟木塞的兩側，再利用旋轉向上時所產生的扭力拉起軟木塞，需要特別的技巧。用這種開酒器開酒的好處，在於可以完全不破壞軟木塞的情形下將軟木塞取出，有利於軟木塞的重複使用。

Ah-So開酒器
資料來源：http://www.loewen-versand.de/ah-so-two-prong-cork-puller-corkscrew

 第三節　酒杯與各種器皿及工具

一、酒杯

(一)合格的酒杯

　　一支合格的葡萄酒杯（wine glasses）還必須符合以下幾點條件：

1.無色（colorless）。

2.透明（transparent）。

3.沒有任何裝飾構造（unadorned）。

4.杯身構造均勻且壁薄（thin-walled）。

5.杯口磨光平整（with a cut and polished lip）。

6.杯身為鬱金香型（tulip-shaped）。

7.高腳（stemmed）。

8.不含鉛（made of lead-free crystal）。

(二)酒杯的材質

　　葡萄酒品評時所使用的杯子，對於品酒的結果會有非常重要的影響。如果使用紙杯或塑膠杯，除了無法看到葡萄酒的顏色外，也可能會因酒精的溶解能力，而造成塑膠杯中的有害物質的溶出或是紙杯表層防水塗料的溶解，除了葡萄酒的味道會因此改變之外，對於人體健康可能有害，所以葡萄酒品評時必須使用玻璃製的酒杯。

　　選購葡萄酒杯時，有許多要點，首先必須避免含鉛的材質，玻璃加入氧化鉛（SiO_2）後，成為所謂的鉛玻璃，這種玻璃密度高，硬度低，折射率高，所以視覺上很容易讓人覺得像水晶一般光彩奪目，所以商人常稱之為水晶玻璃。利用水晶玻璃可以製作的各種器皿，特別是常用來製作各種造型美麗的葡萄酒杯或酒瓶，用來盛水，一般還不至於引起鉛中毒，但如果用來盛裝酸的果汁或飲料如葡萄酒，玻璃內的鉛就會被溶出，長久之後會造成鉛中毒，酒精本身的溶劑性質也會造成水晶玻璃製品中的鉛溶出，而且酒對鉛元素的溶解量與時間成正比，即盛酒的時間越長，酒中的含鉛量就越高。有報告指出，用水晶容器盛酒，一小時後，酒中的含鉛量升高一倍。另一項實驗報告的結果也顯示，把1L白蘭地酒置於水晶器皿中，五年後，酒中的含鉛量可高達20,000mg/L，遠超過國際間對於飲料含鉛量50mg/L的上限。由於水晶杯大多造型美麗、做工精細，且外觀晶瑩剔透，光彩奪目，所以是個「美麗的毒品」。

(三)酒杯的形狀

　　葡萄酒杯通常都是高腳的，但也有的地方如德國使用厚底的非高腳葡萄酒品評杯，品評者可以握著增厚的杯底，不會因手溫而影響葡萄酒的溫度與品評特性。如果是高腳杯，杯腳最好要高於5公分，以免手部於持握時接觸到葡萄酒杯而使得手溫傳導到葡萄酒。無論是否為高腳杯，葡萄酒杯的杯身必須是卵型或鬱金香型，如此當葡萄酒倒入酒杯，香氣揮發以後可以聚留在酒杯之中。

　　而葡萄酒杯的形狀，隨著各個葡萄酒產區的不同而有所差異，依據專業酒杯製造商的說法，每一種葡萄酒都應該用它所相對應的酒杯來配合其品評特性，然而各個葡萄酒杯製作廠商對於酒杯的形狀、大小、設計和定義都有所出入，因此除了一些特別有研究的人以外，一般人很難弄得清楚，也很少有餐廳可做到，當你點了某種葡萄酒，就提供這種特別的酒杯。許多五星級飯店或頂級餐廳，為了顯示他們對於葡萄酒的專門，所以在餐桌上通常會有紅葡萄酒杯與白葡萄酒杯的區分，一般而言，飯店裡所常用的紅葡萄酒杯的杯身較短、較寬，容積也較大，而白葡萄酒杯則較瘦長，但容積則較小；然而為了要因應業界的不同需求，各種型態的葡萄酒杯也會有不同的容量。無論是白葡萄酒或紅葡萄酒，在服務時都必須在200mL以上，常見的葡萄酒杯容量為215mL（7.25oz）、310mL（10.5oz）和410mL（14oz）。有關服務用的器皿和杯子，在後面談到葡萄酒服務的有關課題時，會有更詳細的討論。

　　其實一般人對於葡萄酒的品評，不管是用廠商所謂的紅葡萄酒杯或白葡萄酒杯，只要是合格的葡萄酒杯就可以了。近年來由於葡萄酒的飲用已日趨普遍化，大多數人品酒時不會特別區分紅葡萄酒杯或白葡萄酒杯，而一般餐飲業者也越來越傾向於使用同一種杯子來同時服務紅葡萄酒和白葡萄酒，所以各個葡萄酒杯製造商都有融合傳統紅葡

萄酒杯與白葡萄酒杯特性的一般葡萄酒杯製品，這類的酒杯的價格通常也較便宜，對於一般人而言，可能也是最常用的杯子，用這些葡萄酒杯來進行專業品酒其實已經足夠。

然而為使國際間葡萄酒品評的結果，可以不受所使用的杯具的影響，國際標準組織（International Organization for Standardization, ISO）也有專門為葡萄酒品評而設計的葡萄酒杯（ISO 3591, 1977），這種葡萄酒杯是被國際所共同接受的標準葡萄酒杯，外型有點像一般的雪莉杯，有著由下而上漸細的圓錐形杯身但杯口較小，這種較一般葡萄酒杯來得細長的設計，可以讓葡萄酒在其中很容易地旋轉搖晃，而不會濺出，葡萄酒的香氣在這樣的杯子裡，可以留存很久，因此可以對於品評時的各種感官的刺激也有強化的作用。ISO的葡萄酒品評杯的標準容量是215mL（7.25oz），但有的廠商依據ISO葡萄酒杯的形狀設計而有不同的容量，較為ISO所認可的有120mL、310mL和410mL等。對一般品酒者或專業品酒人員，ISO的葡萄酒杯都是比較理想的品酒杯。

二、各種器皿及工具

(一)水杯

由於品酒時通常不會只品一種酒，所以品酒時一定要準備水杯，為不影響品評結果，品評每一支葡萄酒之前一定要先漱口。水杯的材質還是以玻璃或陶瓷較好，但如果用一般的紙杯或塑膠杯也無妨。

(二)水瓶

準備水瓶的目的如水杯一般，也是為了品酒時漱口之用。

(三)吐酒皿或痰盂

　　由於品酒時，常常在短時間內必須品評許多種葡萄酒，如果每一份葡萄酒樣品都全部喝下去的話，品酒者很快就會有醉意，而使人的感官變得遲鈍，影響後面品評的結果，所以品酒後應該將口中還剩下的葡萄酒樣品吐掉。然而在大多數的狀況下，品酒的場所沒有專供品酒者吐出品評過的葡萄酒樣品的水槽，所以就需要有一個像痰盂一般的容器可以讓品酒者吐酒。雖然任何容器都可用來盛裝品酒者所吐出的酒，但為了美觀和顯示葡萄酒品評的專業性，市面上也有許多專門為葡萄酒品評所用的吐酒皿。

(四)葡萄酒品評表

　　每次葡萄酒品評的結果，都應該做成紀錄留存。為協助品評者，在品酒時可以精確並快速的將品酒結果記錄下來，幾乎每一個酒廠或盤商都有自己的葡萄酒品評結果紀錄表（wine tasting notes or wine tasting sheets）（**表**3.1、**表**3.2）。這些葡萄酒品評紀錄表國際間並無任何統一的標準，可以用各種方式呈現，但都必須依據葡萄酒的標準品評程序中，視覺、味覺和觸覺等感官的接觸順序編排；且由於品酒人員的經驗與專業背景差異甚大，因此葡萄酒品評表的繁簡程度也應有所區別。由葡萄酒的專門研究機構，如加州大學Davis分校釀酒系等所開發出來的葡萄酒品評表，由於有學理作依據，較可以作為製作自己的品評表的範本。由於葡萄酒品評表是品酒時輔助品酒者感官認知的主要工具之一，也是訓練葡萄酒專業品評的重點，因此本書第4章將以專章討論葡萄酒品評時所用的語言和葡萄酒品評表的內容。

表3.1 葡萄酒品評表

品評日期＿＿＿＿＿＿＿＿＿＿＿＿＿＿＿＿ 地點＿＿＿＿＿＿＿＿＿＿＿＿＿＿＿＿

葡萄酒標籤＿＿＿＿＿＿＿＿＿＿＿＿＿＿＿＿＿＿＿＿＿＿＿＿＿＿＿＿＿＿＿＿

酒名＿＿＿＿＿＿＿＿＿＿＿＿＿＿＿＿＿＿＿＿＿＿＿＿＿＿＿＿＿＿＿＿＿＿＿

產地＿＿＿＿＿＿＿＿＿＿＿＿＿＿＿＿ 國籍＿＿＿＿＿＿＿＿＿＿＿＿＿＿＿＿

酒廠＿＿＿＿＿＿＿＿＿＿＿＿＿＿＿＿ 裝瓶者＿＿＿＿＿＿＿＿＿＿＿＿＿＿

法定分級＿＿＿＿＿＿＿＿＿＿＿＿＿＿＿＿＿＿＿＿＿＿＿＿＿＿＿＿＿＿＿＿

年份＿＿＿＿＿＿＿＿＿＿＿＿＿＿＿＿ 酒精含量＿＿＿＿＿＿＿＿＿＿＿＿＿

品評表＿＿＿＿＿＿＿＿＿＿＿＿＿＿＿＿＿＿＿＿＿＿＿＿＿＿＿＿＿＿＿＿＿

		Superior to Outstanding	Very Good to Above Average	Good to Average	Acceptable	Unacceptable	Motivation
Eye	Clarity						
	Color						
Nose	Trueness to Type						
	Maturation Bouquet						
	Purity						
Palate	Acidity						
	Fullness						
	Flavor						
	Astringency						
	Bitterness						
Overall Impression	Harmony						

Comment ＿＿＿＿＿＿＿＿＿＿＿＿＿＿＿＿＿＿＿＿＿＿＿＿＿＿＿＿＿＿

＿＿＿＿＿＿＿＿＿＿＿＿＿＿＿＿＿＿＿＿＿＿＿＿＿＿＿＿＿＿＿＿＿＿＿＿

＿＿＿＿＿＿＿＿＿＿＿＿＿＿＿＿＿＿＿＿＿＿＿＿＿＿＿＿＿＿＿＿＿＿＿＿

＿＿＿＿＿＿＿＿＿＿＿＿＿＿＿＿＿＿＿＿＿＿＿＿＿＿＿＿＿＿＿＿＿＿＿＿

＿＿＿＿＿＿＿＿＿＿＿＿＿＿＿＿＿＿＿＿＿＿＿＿＿＿＿＿＿＿＿＿＿＿＿＿

表3.2 葡萄酒品評表

DamnGoodWine.com™ Wine Tasting Scorecard DamnGoodWine.com™											
	SIGHT				SMELL		TASTE				
The Damn Wine	Clarity	Depth of Color	Color	Viscosity	Aroma	Bouquet	Acidity	Sweetness	Taste	Body	Balance	Finish
Vineyard, type, year, etc.	*Cloudy hazy, clear, brilliant*	*Thin, pale, medium, deep, dark*	*Describe shade, color and concentration*	*Effervescent, thin, normal, heavy, syrupy*	*Oak, fruit, spice, floral, wood, veggie, chemical*	*Weak, nice, complex, brawny, powerful*	*Flat, fresh, tart, sour*	*None, dry, med. dry, med. sweet very sweet*	*Oak, fruit, spice, floral, wood, veggie, chemical*	*Light, medium, full, huge*	*Not balanced, Well ballanced, Perfectly balanced*	*None, short, long, never-ending*

(五)專用溫度計

　　由於各種葡萄酒的適當飲用溫度都在5～18°C之間，所以用來測量葡萄酒的溫度計只需有0～20度的範圍，因此專門為葡萄酒品評所設計溫度計通常只有0～30度的刻度範圍。溫度會影響人體對於葡萄酒風味的感受程度，因此品酒之前，應將酒溫調整到接近理論上這支葡萄酒的最佳飲用溫度。由於品酒室的理想溫度約在20°C左右，所以對於需要較高飲用溫度的葡萄酒，如波爾多的陳年葡萄酒而言，自酒窖（10～15°C）中取出後置放在室內一段時間之後，就可將酒溫提高到所需溫度；而香檳（champagne）等需要較低飲用溫度的葡萄酒，則可以利用冰箱或冰桶內置放冰塊和水的方式來降低溫度。

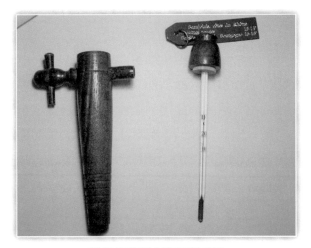

測量葡萄酒之專用溫度計

(六)葡萄酒桶與冰桶

　　有的葡萄酒桶（wine cooler）有真空夾層的設計，且桶徑只比葡萄酒的寬度大一些，所以不需放入冰塊，就可以讓葡萄酒保持在相同溫度最長達兩小時之久。這種葡萄酒桶的主要用途在於隔絕外界空氣的溫度，以保持已經冷卻到適當飲用溫度的葡萄酒的溫度。有的葡萄酒桶事實上是一個冰桶（ice buckets），桶中可以視需要放入冰塊，但為方便傳導，所以還必須加入適當的水（當葡萄酒放入後，可達到酒瓶的腰部之上）。葡萄酒在冰水中可以很快的降溫，但由於溫度較難控制，所以冰桶比較適合用在需要很低飲用溫度的甜酒或香檳等氣泡酒。一般葡萄酒最好在降至適當溫度後，先擦乾外表，再移到葡萄酒桶內保溫。

葡萄酒桶

(七)電子控溫酒窖或冰箱

　　品酒室裡最好有一個電子控溫酒窖（electronic wine cellar），預計將要進行品評的葡萄酒應於品酒前二十四小時被放入電子控溫酒窖之中，使葡萄酒的內外溫度都能達到適合品評的溫度。然而由於電子控溫酒窖價格昂貴，因此許多地方都以冰箱代替，讓葡萄酒的溫度降到一般冰箱內冷藏室的溫度（7～10°C），需要較高品評溫度的葡萄酒，在回溫之後再進行品評，冰箱同時可以用來存放要品評的葡萄酒以外的許多東西。

(八)筆（pen or pencil）

　　用來填寫葡萄酒品評表。

(九)餐巾紙（Tissue or Paper tower）

　　用以擦拭。

第四節　認識你的感官

　　當我們品酒的時候，最常用到的感官包括視覺、嗅覺、味覺和口腔與嘴唇的觸覺，特別是嗅覺與味覺的品評結果，更是大多數人對於葡萄酒品質的主要評鑑因素，每位從事品酒的人都應該在品酒之前，先瞭解自己的感官，如味覺和嗅覺的靈敏程度與感知極限。

　　然而對於大多數的味道，有的人雖然可以感覺得到，但卻由於不曾存在於過往人生的記憶裡，因此總是無法適切地形容與描述，自然無法印記在腦海之中，因此這些短暫的感官刺激，很快就會為人所遺忘；因為人體的感官對於外來的刺激，在最初接觸時最為強烈，之後便會慢慢的鈍化，如果在腦中沒有相對應的記憶，很快的便會被人

的意識忽略掉，這就是所謂的「習慣」，誠如古人所言「如入鮑魚之肆，久而不聞其臭」，就是這種情形。

就嗅覺來說，人類的嗅覺在哺乳動物中，已經算是較不靈敏的，但是大多數人稍微用力呼吸，就可以判別周遭空氣的味道，例如附近的空氣是清新或汙濁，有無異味，是否舒適宜人。理論上，一般人的鼻子可以聞到超過一萬種以上不同的味道，而且這些味道的來源物質通常不一定要有很高的濃度，就可以被人所感覺到。

我們所謂的味道其實都是一些很輕的化學分子，揮發後經由擴散作用進入鼻腔；鼻腔裡的嗅覺感受器（olfactory receptors）接觸到這些化學分子後，產生嗅覺訊息，再經由神經傳導到腦部的嗅覺區，也就是大腦組織中最接近身體外界的部分的大腦皮質和下視丘。大腦皮質是記憶中樞，負責解釋訊息；下視丘則可將訊息調節與轉換，再送到大腦的其他區域，如視神經和腦下垂體。由於腦下垂體控制甲狀腺、腎上腺和性腺等荷爾蒙的分泌。因此嗅覺藉由腦神經系統傳導可以刺激人體各部位，因而可以影響人的心理、生理與各種行為。

每個人對於氣味的敏感程度都不一樣，嗅覺較靈敏的人無時無刻都可以聞到身邊各種不同味道，如花香、香草、木頭香、動物和人的體味、油煙味、排水溝的汙水，還有遠方工廠傳來的廢氣。但大多數的人雖然可以聞得到這些味道，但由於沒有經過學習而無法辨識，於是習慣性地將其忽略掉，久而久之嗅覺就會變得遲鈍，因此靈敏的嗅覺可以經由訓練而來。

而味覺的產生，主要發生在舌頭上的味蕾（taste buds）。味蕾是橢圓形小體，係由兩種細胞構成，中央為數個味細胞，周圍則有多個支持細胞。味細胞即為味覺接受器，游離端有毛狀突起，味孔為味蕾在舌表面的開口。口腔內的食物，必須先溶於水中，才能刺激味細胞，然後經由神經元傳到大腦而產生味覺。不同的味蕾，分別可以接受酸、甜、苦及鹹等四種不同滋味的食物刺激，這些味蕾在舌頭表面

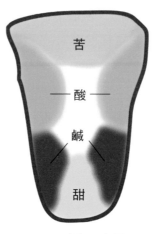

舌頭味覺分布圖

的分布密度因區域而不同。其中舌頭前部的味蕾對甜或鹹味較敏感，兩側對鹹或酸味敏感，舌根則對苦味較敏感。

味覺一如嗅覺，可以經由學習而變得更敏銳，所以也是可以被訓練。感官訓練主要內容，還是在於喚起許多被人所長期忽略的感官本能，並對於每一個可感知的味道或氣味，加以界定並作成解釋，使這些味覺或嗅覺的感官訊息，可以存在人腦的記憶區裡，以後再聞到這些味道，很自然的就可以辨別。

感官的敏銳度和人的身心狀況有很大的關聯性，身體健康、情緒穩定且生活作息正常的人，味覺與嗅覺都比較靈敏。酗酒和抽菸的人，味細胞與嗅細胞長期受到酒精與尼古丁的傷害，因此敏銳度會降低。因此，以葡萄酒為專業的品酒人，必須像香料公司的品香師一樣，認知自己的感官就是自己賴以維生的工具，除了要常常自我訓練品評各種香氣和風味外，也要保持身心的健康，品酒而不酗酒、不抽菸，同時早睡早起，飲食均衡且營養，永遠保持身心靈在最佳的狀態。以葡萄酒品評為嗜好的一般品酒人，也應該認知品酒是一種高尚而且健康的享受，讓我們更能享受葡萄酒的美妙之處，為了達到更高的享受，品酒時保持一個健康快樂的身心狀態是非常有必要的。

Chapter 4

葡萄酒品評方法
Wine Tasting Method

　　在完成前章所介紹的各項準備後，本章將介紹葡萄酒的正確品評方法，讓每一位對於品酒有興趣的人，都可以開始探索葡萄酒中豐富且奧妙的風味世界。雖然這本書書名為「葡萄酒賞析」，但在此所將介紹的葡萄酒品評方法卻不只可以用於品酒，亦可用於對所有的飲料的品評，無論茶、酒、咖啡、果汁或碳酸飲料，這種品評方法都可以一體適用。

 第一節　品酒前置作業

一、取酒注意事項

　　陳年的紅葡萄酒自酒窖取出後，必須盡可能的避免搖晃酒瓶，同時最好使用葡萄酒籃來搬運，以免沉積於瓶口或下層的沉澱物因劇烈震動而浮起，汙染了葡萄酒。陳年葡萄酒應有二十分鐘以上的醒酒時間，因此品酒前半小時最好先開酒，讓欲品評的葡萄酒的風味趨於安定後再進行品評。年輕的紅葡萄酒或白葡萄酒，醒酒的時間則不必太長，同時也因為年輕的葡萄酒瓶口不太容易有沉澱物，所以運送時可以不必一定使用酒籃，但也要注意盡可能不劇烈搖晃酒瓶。

二、溫度控制

　　如果欲品評的葡萄酒的溫度太高，應該在品酒之前利用冰箱或冰桶來降低溫度；溫度如果太低，則應將葡萄酒置於室溫下回溫，等溫度達到所需溫度時，再進行品酒。現在有些餐廳及酒廊還會購置專門給紅酒保溫的溫控機，可以在服務前讓葡萄酒保持在適當的溫度範圍內。

　　一般而言，可長期儲存的紅葡萄酒，通常在風味與口感方面，強調酒體醇厚度以及風味餘韻的延長性，所需的品酒溫度約在16～18°C

之間，而不需熟成、強調果香以及年輕的紅葡萄酒，通常厚實感較低，需要的品酒溫度則在12～14℃之間。因此可以說，醇厚度越高的葡萄酒，適當的飲用溫度也越高。

白葡萄酒的適當飲用溫度都較低，所以都應該先將溫度調整到適當的品評溫度。一般而言，厚實感程度較高或可以長期儲存的白葡萄酒的適當品評溫度約在12～14℃之間；而較甜或較強調果香的酒，則應先將溫度降到6～9℃之間，至於法國波爾多地區的Sauternes、德國和加拿大所生產的冰酒（Eiswein/Ice Wine），以及各種貴腐酒（如德國的TbA）等甜味重，但強調其酒體的醇厚度，而且可以長期存放的葡萄酒則需要在較低的溫度下飲用，大約是6～8℃之間。

玫瑰紅酒的厚度，遠較於一般紅葡萄酒為低，雖然顏色依然帶點紅色，但性質上較接近白葡萄酒，因此無論製作的風格與甜度為何，其飲用溫度也大多落在6～9℃之間較佳。強化酒如Madiera、Sherry及Port，除了酒精度較一般葡萄酒高外，通常甜度也很高，因此厚度較一般葡萄酒為高，但由於用途多在作為餐後的甜點酒，所以最佳飲用溫度，大約都是12～16℃之間，相當於窖藏溫度，但如果是強調年份的強化酒，則可以視之為一種厚實度極高的酒類，因此服務與飲用的溫度大約介於18～19℃之間。

氣泡酒中，標示有年份的法國香檳，稱為Vintage Champagne，由於採用同一年份的葡萄酒來混合製作，因此強調年度與土地特性等特色，性質上與經過橡木桶儲存的白葡萄酒一般，因此飲用溫度也在12～14℃之間較佳，不計年份的法國香檳（Non-Vintage Champagne），強調的則是葡萄酒香氣、製酒廠的製酒風格和葡萄酒的風味特性，因此可以將溫度降低，以保持香氣的延長性，最佳飲用溫度約在6～9℃之間，至於其他地方所產的各種甜度的氣泡酒，如義大利的Asti Spumante，以及西班牙的Cava和各種德國氣泡酒如Sekt和Pearlwein等（**表**4.1），則應該在更低的溫度如4～7℃品飲。

葡萄酒賞析

表4.1　葡萄酒的適當飲用溫度

紅葡萄酒		
葡萄酒特性	代表性的酒名或葡萄品種	適當飲用溫度（°C）
成熟、富單寧、酒體醇厚、橡木桶味道重，可長期保存	Bordeaux Barolo Barbaresco Shiraz Cabernet Sauvignon Merlot Zinfandel	17～18
顏色、單寧和厚度中等，橡木桶味道中等，可長期保存	Rioja Chianti Pinot Noir/Red Burgundy Cote-du-Rhone/Hermitage	15～17
未經橡木桶存放、酒體厚實度較輕薄，但可長期保存	Loire Beaujolais Villages	13～15
強調果香，不需長期保存的紅葡萄酒	Beaujolais Nouveau	10～13
白葡萄酒		
強調厚度、橡木桶味道重，可以長期存放	Chardonnay/White Burgundy Sauvignon Blanc	12～14
帶有特殊香氣、酒體中等	Pinot Blanc Pinot Gris White Rioja	8～10
強調果香、酸度高、酒體輕	Muscadet Riesling Chenin Blanc Müller-Thurgau Sancerre Alsace New World Sauvignon Blanc	6～9
強調厚度、甜味重，可以長期存放	Sauternes Ice wine Noble Rots/TbA Tokaji	6～8

（續）表4.1　葡萄酒的適當飲用溫度

玫瑰紅酒		
各種甜度	White Zifandel Vin Gris Anjou Tavel	6～9
氣泡酒類		
標示年份的法國香檳	Vintage Champagne	12～14
不標年份的法國香檳	Non-Vintage Champagne	6～9
其他各種甜度的氣泡酒	Asti Spumante Vin Mousseux Cava Sekt	4～6
強化酒		
強調年份，甜或不甜	Vintage Port	19
不計年份，甜或不甜	Sherry Tawny/NV Port Madeira Voumouth	12～16

三、儘快進行品評程序

　　無論用何種方法，當葡萄酒的溫度被調整到最佳品評溫度時，就應該儘快進行葡萄酒的品評程序。但如果同時要品評多支葡萄酒，則在品酒前將已經達到適當飲用溫度的葡萄酒，放在可保溫的葡萄酒桶中，置於品評桌上，依序給予編號。而每一位品評者的桌面上，可以放一張白色的紙，對應當日所將品評的葡萄酒，依序排列葡萄酒杯，並在紙上標明編號。同時也應將品酒日期、標號與標籤上的資料記載在葡萄酒品評表上，如果是Blind Tasting（盲目品評試驗），則只要標示日期與編號。

　　品評多支葡萄酒時，應依以下先後順序品酒：

　　1.先喝白葡萄酒，再喝紅葡萄酒。

2. 喝同種顏色的葡萄酒時，應該先喝年份新的酒，再喝年份較老的酒。

3. 喝同種顏色且相同年份的葡萄酒時，應該先喝顏色淺的酒，再喝顏色深的酒。

4. 喝同種顏色的葡萄酒時，應該先喝不需要長時間熟成的葡萄品種所製的酒，再喝需要較長存放時間的酒。

5. 無論何種顏色的葡萄酒，一定要先喝不甜的酒，再喝甜的酒。

 第二節　品酒程序

一、開酒與倒酒

無論用何種開酒工具，開酒和倒酒時都應該避免劇烈震動瓶身，以免酒中的沉澱浮起。同時也應該注意品酒的主要目的並不在於喝酒，如果酒杯中有太多的酒，在品酒過程中旋轉酒杯時，很容易噴出杯口，所以每次品評，只需要約30mL（1oz）的量就夠了。如果需要多一些酒以方便品評，最高的液位也不可超過酒杯容量的1/4，換言之，如果是使用215mL的標準品酒杯，最多只能倒大約50mL的酒到酒杯裡。同時品評多支葡萄酒時，每一支酒杯裡葡萄酒的量最好一樣，以免因為酒量的不同而影響到品評的結果。

二、用眼睛觀察

(一)觀察葡萄酒的清澈度

品酒的第一個步驟就是用眼睛來觀察，每一杯葡萄酒，都應該先靜置於桌面，由各個角度觀察酒杯中葡萄酒的純淨程度與顏色，看看

面對光源觀察葡萄酒的外觀與顏色

這杯酒的顏色,是否符合品種特性,酒中是否有含有許多雜質,是否帶有應有的光澤。觀察之後,將結果記在葡萄酒品評表上。

(二)觀察葡萄酒的光澤

接著將酒杯拿起,舉高到與眼睛同高,對著光源繼續觀察;透著光源,可以較容易辨別葡萄酒的清澈度、透光性、光澤和顏色,以及有無懸浮物。拿酒杯時,要注意手一定得握在酒杯的基座上,如此除了可以避免因為手部溫度傳導給杯中的葡萄酒影響到葡萄酒的風味外,手印與汗氣等也可能影響視覺的觀察。

(三)觀察葡萄酒的顏色

將酒杯放下,換個角度再繼續觀察顏色。此時將葡萄酒杯向前傾45度,由外而內將這杯所要品評的葡萄酒的表面分成邊緣線(rim edge)、邊緣層(rim proper)和中心區(又稱為酒碗或酒眼,bowl or

兩種正確的持葡萄酒杯方法

eye）等三個區域，檢視葡萄酒的顏色。為方便觀察顏色，酒杯之後可以襯上一張白紙做背景。

(四)旋轉酒杯

　　在後面的每一個品酒步驟中，要不斷地重複將酒杯以順時針或逆時針方向在同一平面上旋轉（swirl）的動作，如此可以使杯中的葡

為方便觀察顏色，酒杯之後可以襯上一張白紙做背景

萄酒隨著同一方向快速流動，並在杯中形成漩渦。酒中的香氣物質在旋轉的過程，可以加速揮發，讓品酒者較容易聞。在用眼睛看的過程中，旋轉酒杯也是有必要的。

(五)觀察葡萄酒的淚滴以辨識這支酒的酒精純度

旋轉之後將酒杯舉高，對著光源可以看到酒杯的內側，有幾滴殘留的酒會沿著酒杯被酒浸濕的線慢慢留下。這些慢慢流下的酒，被稱之為酒的「腿」（legs）或尾巴（tail），由於看起來也像人的淚滴一般，所以又稱之為酒的「淚滴」（tears）。

葡萄酒的淚滴，在含有較多量的天然甘油（glycerin）的葡萄酒中較明顯，年輕的葡萄酒卻有完整而緩慢留下的淚滴，可能代表這將會是一支厚實（full-bodied）且甘美的酒。然而含糖或含酒精量較高的葡萄酒，由於黏度較大，淚滴流下的速度也因此較慢。

由各種角度觀察葡萄酒的色澤

葡萄酒成熟程度可以由最外緣與內層顏色判斷

三、用鼻子聞香氣

(一)聞香氣的方法

　　葡萄酒中的氣味（smell）或稱酒香（bouquet）與香氣（aroma）的來源，都是一些微量但容易揮發的化合物，這些化合物的組成會影響葡萄酒的品質與價格。雖然在本書所列的品酒程序中，用鼻子聞香氣的程序較用眼睛看的程序後面，但許多時候葡萄酒一經開瓶，香氣便已瀰漫整個空間，所以在審視葡萄酒顏色和外觀時，要不聞到酒的香氣是不可能的。第一次聞葡萄酒的香氣之前，不應旋轉酒杯，所以應該在觀察淚滴的步驟之前。

　　在這裡所說的「聞香氣」，指的是嚴謹地使用人的嗅覺來辨識葡萄酒的味道。聞香氣時，要將葡萄酒杯朝向自己的方向斜45度靠近鼻部，品酒時頭微向前傾，直至鼻子完全伸入酒杯中，短暫用力深吸氣後，抬頭讓鼻子離開酒杯後，慢慢將氣呼出。

　　鼻子與酒的距離和相對位置，影響到氣味的濃度和嗅覺所感知的香氣組成。因此在品評時，鼻孔位置依序可放在下列三個位置：

1.酒杯內接近液面。
2.酒杯口的上方內側。
3.酒杯口的中央外側。

幾種常用的聞香氣方法如下：

1.短而敏銳的吸氣，適合用來讓我們給這支葡萄酒一個立即的印象，或用來確認這支酒有沒有像過量二氧化硫殘留等缺點。
2.深而綿長的吸氣，可以讓我們對這支葡萄酒有個完整的印象，但一開始就用這種方法，卻可能會使嗅覺由於吸入太多強烈的香氣分子而疲憊，影響以後的品評。

在酒杯口內側近酒面處聞香氣

在酒杯口內上部聞香氣

在酒杯外側聞香氣

3.短而輕柔的吸氣，可以嗅出一些存留短暫但精細的香氣。

4.綿長而清柔的吸氣，可以讓人聞到最多的香味，也最能讓人體會到何謂精巧的葡萄酒芳香，也由於沒有過度使用嗅覺，嗅覺疲勞的情形不容易發生，所以應該是最常用的一種聞葡萄酒香氣的方法。

(二)形容你所聞到的味道

在品酒過程中，「聞香氣」的程序要重複許多次，隨著在酒杯中的時間越長，葡萄酒和空氣的接觸時間也越長，同時酒的溫度也會有所變化，揮發在酒杯中的香味物質的組成會有些微的改變，啜飲以後口中含有酒的許多味道，也會影響鼻腔內的感官，因此每一次所聞到的香味都會不同，但每一次聞過香味之後，都應該想一想有什麼形容詞或有哪些眾所熟知的物質名詞，如汽油、打火石或水蜜桃等，可以用來形容你所聞到的香味。

然而如何找尋並使用適當的形容詞來形容所喝到的酒，卻是最難的部分。我們換一個角度來看這個問題，每當吃到某種不熟悉的食物時，我們習慣上總會拿其他較熟悉的味道作為標準，用以鑑別其風味。雖然對於味道的感受因人而異，但有許多味道屬於大多數人的共同記憶，所以在分享飲食經驗時，這些眾所熟知的風味可以成為我們品酒時所使用的共同語言，用來形容新的食物或新的風味。在葡萄酒品評的每一個步驟中，我們必須不斷地重複搜尋可以作為鑑別風味的語言，來解釋我們對這支葡萄酒的品評結果。

(三)旋轉酒杯

如先前所提到的，除了第一次聞香氣以外，每次聞香氣之前要旋轉酒杯數次，讓葡萄酒在杯中形成漩渦，如此酒中的香味物質可以加速揮發，讓品酒的人可以很容易地聞香氣。

四、用口腔中的每一部分品酒

(一)舌尖淺嚐

觀察過葡萄酒的顏色和外觀，也依序聞過葡萄酒的香氣以後，可以以舌尖沾酒的方式淺嚐杯中的葡萄酒，這樣做的目的在於可以對這支葡萄酒有個很簡單而直接的印象。這一點點在舌尖的葡萄酒中的香味，在口中會很快的被體溫蒸發，擴散到口腔裡的每一個地方，這時可以感覺到口腔接觸到葡萄酒後，最初的風味變化情形。想想有哪些形容詞可以用來描述你所品評到的風味。

(二)品酒時口鼻兼用

繼續後面的品評步驟之前，要再聞一次香味，感覺一下來自口腔受溫度影響而揮發的氣味，與來自鼻腔的香味，彼此之間相互協調後的感官結果。

(三)啜飲

品酒時的飲酒方法應該是小口啜飲（sip）。嘴巴微開，將酒杯放在下嘴唇上，將杯柄舉高，使杯中的葡萄酒輕微接觸到舌尖，然後以口稍微用力吸氣，杯中的葡萄酒會伴隨空氣被吸入口腔，每次攝入口中的葡萄酒量約10～15mL。此時必須注意吸氣的力量不可過猛，以免吸入太多的酒或將葡萄酒直接吸入到舌根部位，嗆到喉嚨引起咳嗽，反應劇烈者可能會將口中的酒噴出。葡萄酒入口後，應停留在口腔之中至少三十秒以上，利用舌頭攪動以及重複吸氣，讓葡萄酒在口中上下前後翻攪四處流動，接觸舌頭與口腔內各部位，換言之，有點像漱口，但酒在口中快速來回的程度，較漱口和緩，如此品酒的目的在於使葡萄酒與口腔內壁與舌頭之間有最大的接觸面積。

啜飲葡萄酒時應同時運用味覺、嗅覺以及口腔內壁皮膚的觸覺，感覺這杯酒的香氣（aroma）、風味（flavor）、口感（mouth feel）與質地（texture）；想想該如何描述口中葡萄酒的滋味，並將你對於這支葡萄酒的體會與感覺記錄在葡萄酒品評表上。

品酒時，葡萄酒輕輕接觸嘴唇，雙唇微開，用力吸入口腔之中

(四)吐酒

　　品酒過程中，或多或少都會將部分口中的葡萄酒喝進腹中，如果短時間內要品評多支葡萄酒，每一支葡萄酒喝入食道內的量越少越好，以免因酒醉而影響後面品評的結果，每一次品評之後，最好將口中剩餘的酒吐掉。

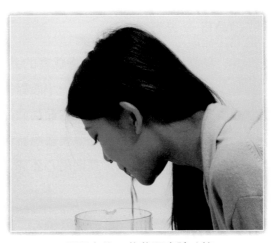

品評之後，葡萄酒應該吐掉

(五)感覺餘韻

　　經過喉嚨進入食道的葡萄酒，在食道內仍然會持續揮發，散發出這支葡萄酒的特別味道，由食道經喉嚨傳入口中的味道，有時可以持續很久，這就是所謂的aftertaste，中文可以翻譯成「餘韻」、「餘味」或「回味」，食品飲料業常用的專業名詞叫做「延長性」；也有

英文著作中稱之為「finish」，以強調這個步驟是葡萄酒品評的最後階段。有的葡萄酒更可以讓品評者感覺到有所謂的第五味覺，即酸、甜、苦與鹹味之外的所謂「甘味」（umami taste）的存在，葡萄酒中的甘味可能是來自於發酵或橡木桶中熟成，類似的口感在中文裡一如上品茶的「回甘」滋味，而餘韻中令人感到豐厚、甘美而回味無窮的葡萄酒，就是一般人公認的所謂的好酒。因此品評過每一支葡萄酒之後，無論喝進肚子裡或是吐出來，在品評下一支葡萄酒之前，都應該等過了一會兒再漱口，如此才可以感覺到葡萄酒的延長餘味。餘味當然不一定都是好的，縱然是品評時的各種風味良好，如果有著任何不良的餘味，往往令人生厭，而推翻先前的各項良好評語，所以如果沒有令人滿意餘味的葡萄酒，便不會是一支可以讓人接受的酒。

(六)用心去體會

　　品酒結束後，除了要將感官的品評結果記錄在葡萄酒品評表中外，最好要在品評表中加入一小段對這支葡萄酒的整體印象的評論和品評心得。如果採用量表式的葡萄酒品評表，可以合計各項得分之後給予評分。每次的品酒紀錄表都應該保存下來，並與歷次相同葡萄酒的品評結果相互比較，長期用心品評，對於葡萄酒的認識與評鑑能力必能大為精進。

 第三節　品評結果描述

　　關於葡萄酒的品質，幾乎所有的人都能由自己的直接感覺來辨別好壞，好酒喝起來令人感到快樂，不好的葡萄酒卻會令人感到不舒服甚至作嘔。就算要鑑別日常飲用的葡萄酒的高下也不難，其實只要是你喜歡的酒，對你而言就是一瓶「好酒」，你不喜歡的，對你而言就

是「不好的酒」，葡萄酒品質的高低之別其實只存在於人們心中的直覺判斷。因此即使一個人很少接觸到葡萄酒，對於葡萄酒的知識也很貧乏，但他卻可以非常清楚葡萄酒的優劣好壞，因此任何人只要能夠誠實的面對自我感官的喜惡，都有機會可以成為一位葡萄酒專家。

然而一位葡萄酒專家，除了有敏銳的感官功能外，也應該具備豐富的葡萄酒知識，可以精確的解釋每一支葡萄酒之所以為人喜愛或厭惡的原因，換言之，他可以解釋為何人們會喜歡或為何會不喜歡任何一支葡萄酒。他所憑藉的就是他自己在品評這支葡萄酒時，利用他自己那些曾經受過訓練的感官，在酒中探索所得來許許多多的線索。

這些線索，有的來自於眼睛所能看到的葡萄酒外觀和顏色，有的來自於看不到卻聞得到的香氣，更有看不到也聞不到但能喝到的各種味道，以及喝完每一支酒之後口中不斷回味的餘韻。這些來自於葡萄酒的訊息，經過專家們的整理，可以成為一種精確而有系統的資料，讓人們可以很容易地清楚分辨每一支葡萄酒所有的特殊風味，由此人們可以知道他們喜歡或厭惡一支葡萄酒的真正原因，或者可以說出個所以然來支持他們所作的選擇。對於餐飲業者與餐飲消費者而言，依據葡萄酒專家們對於葡萄酒風味的系統性解釋，可以讓他們較具信心的判斷一支葡萄酒是否已經熟成到最佳的狀態，以及應該和哪些餐點菜色相互搭配。

對於葡萄酒品評結果的描述，由於每個人生活經驗的不同，所以當形容某一種抽象的感覺，如味道或香氣時，可能會有許多不同的形容詞，往往彼此使用不同的語彙作成的解釋，可能都在描述一件相同的事情。因此所謂的專業葡萄酒品評，品評者必須使用共同的語言來描述他所品評得到的結果。

這些用來形容葡萄酒品評結果的詞彙，必須是來自於大多數人的共同生活經驗，也必須是廣為人知的淺顯語言，同時更重要的是，這些味道必須是在某些葡萄酒中明顯可以聞到或喝到的；然而要能符合

以上幾個特點的詞彙,在各國語言中其實並不太多。

我們最常用來形容葡萄酒風味或香氣的詞彙,是一些眾所熟悉的物質名詞;當我們品酒時,總有某種特別的味道可以讓我們想起這些名詞所代表的物質,如某種水果等;味道上通常不會和這些物質完全一樣,但只要有某種程度的相近,我們就可以用來描述我們所喝到或聞到的味道,如「這支葡萄酒有青蘋果的香氣」,或是「這支葡萄酒有著近似醬油的發酵味」。

因為葡萄酒的風味和香氣的來源,就像任何一種水果一樣,一定不會是單純一種化合物,所以造成一種葡萄酒在人們心中的風味印象,必定是許多種化合物的組合,只不過每一種葡萄酒都有某些含量特別高的風味化合物,足以塑造這支葡萄酒的特別之處。

要整理這些所謂明顯可辨別的風味,需要品評大量的葡萄酒,由品評結果中找出多數人可以明確分辨的味道,工程上極為浩大,一般人因此也很難自行發展出一套獨特的葡萄酒語言,必須仰賴大眾所接受的一些詞彙,作為描述其品評結果的工具。因此要成為一位葡萄酒專業人士,必須學習並能使用這些葡萄酒詞彙。

對於風味的認知,由於共同生活經驗的不同,會有地區性的差異,例如在台灣香蕉和百香果的味道眾所皆知,但許多住在波蘭或烏克蘭的人卻可能不知道,而榛果、橡實、蔓越莓等溫帶常見的植物味道,對從小生長在台灣的人而言,卻很難有所體認。即使如此,在對品酒結果作描述的過程中,我們仍然可以利用由國外學者所研發出來的一些輔助工具,如葡萄酒的風味與香氣環形表(Flavor/Aroma Wheel)(圖4.1),來幫助我們解釋我們的品酒結果。

但由於全球葡萄酒的主要生產地區大多是溫帶,主要的生產和消費國也多半是歐美國家,因此目前國際間常用的葡萄酒風味表上,有許多都是溫帶地區常見的花草與水果的味道,對生長在亞熱帶的台灣人而言可能會有點陌生,所以如果要成為一位葡萄酒專業品評者,訓

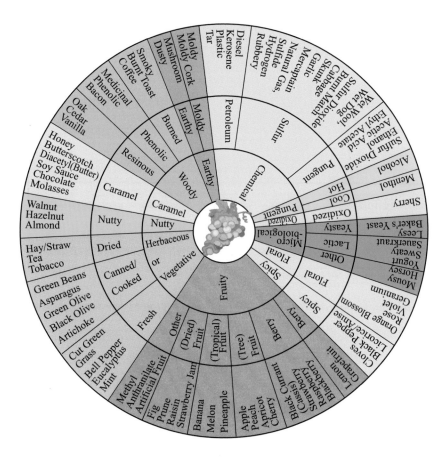

圖4.1　葡萄酒的風味與香氣環形表

練自己熟悉葡萄酒的風味與香氣環形表的各種味道是絕對必要的。

　　葡萄酒的風味與香氣環形表是專家們整理葡萄酒中最常可以被
人們所喝到或聞到的各種味道和香氣，配合分析化學的檢驗結果，所
整理出來的一張表，可以作為葡萄酒品評時一個有力的工具。利用這
張表上所列的標準化專門名詞，可以幫助品評者更容易地溝通彼此對
於風味與香氣的感官認知與經驗。有的表只列出各種嗅覺可感知的香
氣，所以稱作是Aroma Wheel，有的表只列出味覺可感知的風味，也

有的作者將紅、白葡萄酒的香氣分開列表。無論這個風味環形表表中列的是風味或香氣，文字必須是非常具體明確而且簡單易懂的分析性名詞或形容詞，而非一些嗜好性或主觀判斷性的形容詞，盡量避免讓人混淆。例如：floral（花的）就是一種通用詞而非分析性的描述名詞；fragrant（芬芳的）、elegant（優雅的）或harmonious（協調的）等形容詞，不是不夠精確就是過於含糊，或是容易失之於主觀判斷，而不能用在風味表中。

一般的風味表，由內而外通常分成二至三層，最內層是一些一般性的名詞，最外層所列的則是一些最特定的名詞。雖然並非只有這些名詞可以被用來描述葡萄酒的品評結果，但這些名詞所代表的卻是人們在品酒過程中最容易遇到的風味。

缺少經驗的品評者常會抱怨他們聞不出任何味道，或是想不到應該如何描述他所聞到的味道，因此他們要成為一位合格的專業品酒者之前，必須先接受嗅覺的認知訓練，訓練他們的鼻子和腦如何去辨識所聞到的味道，同時也應學會如何將這些味道和某些代表性的專有名詞建立關聯。這種訓練對大多數人而言，通常都不是一件難事，其中最快速有效的方法，就是拿一些具體的物質作為標準品來說明葡萄酒香氣中最主要和最重要的特徵標記，這些作為標準品的風味物質，除了少數例外，必須是一般市場裡可以找到的物品。

Part 3

葡萄酒介紹——
從葡萄到葡萄酒

Chapter 5

葡萄品種介紹
Introduction to Grape Variety

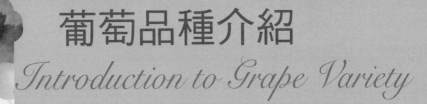

　　為了要更深入地鑑賞葡萄酒，瞭解各種葡萄的特性是一種必要的訓練，葡萄酒的品評員必須能分辨不同葡萄品種間的性質差異，同時也必須瞭解每一種葡萄的水果性質將會帶給由這種葡萄所釀製的葡萄酒何種風味與品質。因為對於葡萄農夫來說，良好的葡萄種植園藝始於慎選葡萄品種，唯有種植所謂「正確」的葡萄品種，才能確保日後在種植、照料與收成各項工作的順利進行，如此也才能得到良好品質的葡萄。葡萄釀酒工藝的首要條件也是必須依據葡萄品種的特性來選擇釀酒的方法，如此才能得到高品質的葡萄酒。

　　對選購葡萄酒的消費者而言，瞭解葡萄的品種特性，是認識標籤的最基礎入門。葡萄的品種特性還關係著葡萄酒是否適宜長期儲存，對於餐飲消費者而言，葡萄品種在酒中的風味特性，是選酒搭配餐點的首要依據。

　　本章將整理並介紹幾種世界上各主要葡萄酒產區所最普遍栽種的葡萄品種，如Cabernet Sauvignon、Gamay、Nebbiolo、Pinot Noir、Sangiovese、Syrah、Tempranillo和Zinfandel等二十種紅葡萄栽植品種與Chardonnay、Chenin Blanc、Traminer、Müller-Thurgau、Muscat Blanc、Pinot Gris、Pinot Blanc、Riesling、Sauvignon Blanc、Sémillon等十四種白葡萄栽植品種的品種特性。

第一節　釀酒葡萄的品種分化、果實與品種特性

一、品種分化

　　葡萄藤在生物學的分類地位上屬於Vitaceae科，Vitis屬，主要的歐系釀酒葡萄品種是Vitis vinifera。在北美洲為抵抗當地嚴寒的氣候以及葡萄蟲（phylloxera）害，也有以當地原生的葡萄品種如Vitis labrusca、Vitis rupestris、Vitis aestivalis與Vitis riparia等，或以美洲系葡萄品種嫁接Vitis vinifera的混合種（hybrid）製酒，在世界各地的其他地方，也有許多不屬於Vitis vinifera，而且歷史悠久的當地地區性傳統葡萄品種，如中國大陸的「龍眼」等。

　　而Vitis vinifera在不同的生產環境下自然演化與人為育種篩選下產生了許多變種（variety），或者應稱作栽培品種（cultivar），已知的葡萄藤品種的變種約有一萬五千種之多。無論如何，當今世界上所種植的釀酒用途的葡萄，幾乎完全都屬於Vitis vinifera，由Vitis vinifera所釀製的葡萄酒，香味、口感和各種品質都遠較其他品種所製作的葡萄酒為佳，而Vitis vinifera的栽培品種所產製的葡萄之間，也有許多性質的差異，例如外觀、顏色、果實多寡、大小，以及釀製成為葡萄酒之後的顏色、風味、口感、厚度和單寧（tannin）含量，這些正是決定了一瓶葡萄酒是否可以長期儲存與否的性質（**表5.1**）。

二、葡萄果實

　　由葡萄的橫切面，每一粒葡萄果實，由內向外，可分成以下四個部分：

葡萄皮

莖

果肉

種子

葡萄構成部分

表5.1　葡萄品種決定葡萄酒是否適宜長期存放

白葡萄酒			
可以長期存放的品種 （通常熟成與有時在橡木桶裡發酵）		不需長期存放的品種 （製酒過程中很少與橡木桶接觸）	
葡萄酒中不易喝到葡萄品種的風味特徵	葡萄酒中通常保有葡萄品種的風味特徵	葡萄酒中不易喝到葡萄品種的風味特徵	葡萄酒中通常保有葡萄品種的風味特徵
貴腐酒類 （Botrytised wines） 義大利（Vernaccia di San Gimignano） 葡萄牙（Vin Santo）	Chardonnay Riesling Sauvignon Blanc Sémillon Parellada	Trebbiano Muscadet Folle Blanche Chasselas Aligoté	Pinot Blanc Chenin Blanc Seyval Blanc Kerner Müller-Thurgau
紅葡萄酒			
可以長期存放的品種 （通常熟成與有時在橡木桶裡發酵）		不需長期存放的品種 （製酒過程中很少與橡木桶接觸）	
大型橡木桶中熟成 （以義大利和西班牙葡萄酒為代表）	小型橡木桶中熟成 （以法國和美國等新大陸葡萄酒為代表）	葡萄酒中不易喝到葡萄品種的風味特徵	葡萄酒中通常保有葡萄品種的風味特徵
Tempranillo Sangiovese Nebbiolo Garrafeira	Cabernet Sauvignon Pinot Noir Syrah/Shiraz Zinfandel	Dolcetto Grignolino Baco Noir Lambrusco	Gamay Grenache Carignan Barbera

(一)種子

　　葡萄的種子（pips）中，含有許多養分，但因為葡萄籽內含有一些味道非常苦的油，如果留在葡萄酒中，會帶給葡萄酒苦味，破壞葡萄酒的風味，所以擠壓榨汁時，一般都會儘量避免壓破葡萄籽，或將葡萄籽留在果汁裡。但由於葡萄籽內含有許多抗氧化物，因此葡萄籽的抽出物成為一種健康食品，也成了許多葡萄酒廠的一項製酒之外的副產品。

(二)果肉

　　由葡萄的果肉（pulp）可以榨出葡萄汁，是製酒的主要原料，在

法文和英文裡都叫做Must，義大利文和西班牙文叫做Mosto。在製酒過程中，葡萄汁提供酒中所有水分、糖分、各種酸和許多風味物質。果汁的含糖量也決定了發酵完成後，葡萄酒的最終酒精含量。

(三) 葡萄皮

白葡萄酒一般都先去皮再進行發酵，葡萄皮（skin）的成分較不會影響釀酒的結果；紅葡萄酒與玫瑰紅酒則是先擠壓在製酒後去皮，所以葡萄皮裡的色素和單寧則會留在酒汁裡，帶給葡萄酒顏色、厚度和風味的複雜性。每一粒葡萄的皮外，還有多達10^5的酵母菌與細菌存在。

(四) 莖

通常去除連接葡萄的莖（stalk），是葡萄採摘之後立即要進行的步驟。但有些地方的製酒者在製作紅葡萄酒時，會將這些莖與擠壓後的葡萄一起發酵，可以讓葡萄酒含有更多的單寧及厚度。

三、葡萄的品種特性

這裡所謂的品種特性（varietal characteristics），指的是同一種葡萄來自不同產區，或是來自相同產區卻用不同方法製酒，表現於其所產製的葡萄酒中的風味，雖然彼此間會有很大的差異，但總還是有一些源自於共同遺傳基因裡的相似風味特性，例如Cabernet Sauvignon、Merlot和Zinfandel等都是紅葡萄品種，但彼此的風味特質卻非常不同，如Muscat應該是有點辛辣，Sauvignon Blanc帶有青草味，而Zinfandel總帶有著一些像胡椒的刺激性與漿果的風味，Cabernet Sauvignon則有著李子、醋栗與黑櫻桃的味道及堅實的單寧。要想瞭解一種葡萄酒如何才能達到其最佳狀況，必須先從瞭解這些品種的風味性質下手。

葡萄酒賞析

Cabernet Sauvignon和Merlot都是紅葡萄品種

(一)歐洲地區

　　在歐洲，最好的葡萄酒總是以它的產區作為命名與分類的依據。這是因為當地製酒歷史源遠流長，各個葡萄酒產區的土壤與氣候條件的資料完備，每一個地區適合種植哪些葡萄品種已經有較確定性的結論，例如Chardonnay和Pinot Noir是勃根地（Burgundy）地區的主要葡萄品種；Cabernet Sauvignon、Merlot、Cabernet Franc、Malbec和Petit Verdot適合種在波爾多地區；Syrah適合種在隆河（Rhône）地區的北部；義大利皮埃蒙特（Piedmont）的著名葡萄酒Barolo與Barbaresco則是由Nebbiolo所製成。不同產區可以製作出不同風格的葡萄酒，在義大利托斯卡尼（Tuscany），Sangiovese是製作Chianti的主要葡萄，然而不同變種的Sangiovese卻是用來製作Brunello di Montalcino，兩者的風味性質迥然兩異。因此許多歐洲葡萄酒只是利用產區的地名（regional names）來命名，而不管品種，因為他們認為土地等地區性環境因素（即所謂的le Gout de Torroir），對葡萄酒的風味性質的影響要較葡萄品種來得大得多。

(二)歐洲以外地區

在歐洲以外的葡萄酒產國，如美國、澳洲、南非和紐西蘭等地所產製的葡萄酒卻是依據品種名稱來命名（varietal names），其中美國是最先利用葡萄品種來命名葡萄酒的地方。這是因為這些地區都是比較新的葡萄酒產區，當地大多數的酒廠仍在嘗試找出在他們的葡萄園較適合種植哪些葡萄品種。在發展葡萄酒事業的初期，產地的名聲未建立，當地的特色品種也未確立，所以以葡萄品種來命名與分類，可以方便行銷，由消費者對當地葡萄酒的選擇來決定當地所產的何種葡萄酒最受消費者歡迎。

隨著時間的演進，新大陸的許多地方逐漸對於當地最適宜種植的葡萄品種有了更確定的答案之後，葡萄酒的命名系統也將會像歐洲一般，慢慢地轉變為以地名為主，例如美國加州的Carneros和Santa Maria Valley等產區慢慢地會成為Chardonnay和Pinot Noir的代名詞，奧勒岡州的Willamette Valley以Pinot Noir著名，而澳洲的Hunter Valley則適合種Shiraz（Syrah）。在這些葡萄產區的酒廠，為了更大的商業利益，而將行銷的重點放在強調哪些葡萄品種特別適合種在他們的酒廠所在的地區，從而可以得到更佳的葡萄酒品質，逐漸地一個葡萄酒的產區系統將會逐漸形成。而產區本身也將會決定有哪些葡萄是值得被特別認可的本地特優品種。

 第二節　重要的釀酒紅葡萄品種

一、Barbera

Barbera是在義大利的皮埃蒙特地區最成功的紅葡萄品種，用來製作許多當地著名的紅葡萄酒，如Barbera d'Asti、Barbera del Monferrato

和Barbera d' Alba。這些葡萄酒的共同特色在於都帶有深紅寶石的顏色、很高的酸度、明亮且有力的口感、較低的單寧與飽滿的厚度,同時有漿果般的風味。在義大利皮埃蒙特以外的地方,種植不多。只有在美國和阿根廷有少量種植,多用來與別種葡萄混和製作紅葡萄酒,只因為Barbera即使種在很熱的環境下,仍能維持很高的天然酸度,讓所製成的葡萄酒得以維持醇厚。所以有的專家預言,隨著義大利式的葡萄酒日漸受到消費者的喜愛,與較熱的地方開始葡萄酒的生產,這種葡萄的種植將有很大的發展潛力。

二、Cabernet Franc

這種葡萄品種是Cabernet Sauvignon的一個近親,最早在波爾多被用來作為混和製酒的一個重要成分,以強化葡萄酒的香氣、風味與細緻程度,如在著名的St-Emilion A級Premier Grand Cru Classe酒廠Château Cheval Blanc的葡萄酒中,Cabernet Franc即是一種重要的釀酒葡萄。因此近年來,這種葡萄在其他產區也有越來越多的酒廠將其製作成為強調品種特色的單品葡萄酒,例如在法國的羅亞爾河谷區(Loire),Chinon、Saumur Champigny與Bourgeuil等厚度較低但果香明顯的葡萄酒即是由Cabernet Franc所製成;在義大利的東北部,也被廣為栽種,但常被稱作Cabernet Frank或Bordo;其他如美國加州與紐約州、阿根廷與紐西蘭等地也有栽種。由於這種葡萄的醇厚度較弱,因此在製作單品葡萄酒時,必須加入少量的Cabernet Sauvignon或Merlot來充實厚度,然而隨著存放時間的延長,風味上原有的醋栗與漿果的果香特色會漸漸失去,而代之以草稈的青澀味道,因此並不適合長期存放。所以Cabernet Franc目前多半還是用來輔助Cabernet Sauvignon所製的葡萄酒,帶給未成熟的Cabernet Sauvignon有著明顯的果香與青草味。

三、Cabernet Sauvignon

　　這應是世界上最常見的釀酒紅葡萄品種，因為它的環境適應能力很強，無論種在哪一個葡萄酒產區，都能得到一個起碼合格的品質，所以許多的葡萄種植者都喜歡種這個品種，最著名的產區有法國的波爾多與普羅旺斯、美國加州的納帕谷、西班牙、智利、保加利亞與澳洲等地。

　　這種葡萄的果實小而多子，味道酸，表皮顏色深，且多單寧，適宜用來製作可長期存放的葡萄酒。如使用在良好的條件下所生長的葡萄果實所釀製成的葡萄酒會帶有杉木、黑醋栗或紫羅蘭的香味；而用較不良的環境下所生長的葡萄果實，所釀製成的葡萄酒中則常有青椒的味道。在波爾多與其他產區，有越來越多的製酒者在以Cabernet Sauvignon製酒時，混入它的近親如Cabernet Franc和Merlot，以中和其單寧，並加速熟成；無論利用何種製酒方法，優越的深度、醇厚度、濃度與風味持久性都是Cabernet Sauvignon葡萄酒的普遍性質。

　　由於各地廣為栽種，因此品評各地所產的Cabernet Sauvignon，可以很容易地比較出各地的土地特性（Gout de Terroir），例如典型波爾多葡萄酒的杉木與黑醋栗香味即來自於Cabernet Sauvignon，而納帕谷所產的Cabernet Sauvignon則較其他地方來得豐厚；天氣寒冷的紐西蘭所產的Cabernet Sauvignon帶著有如青椒般氣味；其他地方所產的Cabernet Sauvignon也各有特色。

　　波爾多自18世紀開始大量栽種

Cabernet Sauvignon被譽為「紅葡萄酒之王」

Cabernet Sauvignon，至今依然總是與Cabernet Franc、Merlot和少量的Petit Verdot一起混和製酒，從而造成波爾多葡萄酒的特色，這種特色的建立除了來自消費者對於複雜葡萄酒的需求外，也來自於製酒者需要利用不同葡萄品種的不同成熟期，來帶給葡萄酒一個更好的色澤、單寧與結構。

在世界各地，Cabernet Sauvignon除了作為單一製酒品種外，也常常像在波爾多一般與別種葡萄混和製酒，但混和的對象與原因不同，例如在義大利的托斯卡尼，Cabernet Sauvignon的主要用途是與Sangiovese混和製酒，在澳洲與普羅旺斯地區的混和對象是Syrah，南非也是Merlot及Cabernet Franc。

未混和的Cabernet Sauvignon也可以製作出深度與風味良好的葡萄酒。這類單一品種葡萄酒的典型風味，包括黑醋栗、李子、黑櫻桃與香料，其他常用的形容名詞還包括香草、橄欖、薄荷、菸草、杉木和大茴香，以及果醬的味道等。在較溫暖的地方所產的酒較為柔順與細緻，在較冷的地方所產的酒則有較明顯的植物風味，像是青椒、牛至（oregano）和焦油的味道。最好的Cabernet Sauvignon通常在年輕的時候會是帶紫的鮮紅色、堅實的酸度與單寧、飽滿的醇度和濃郁的香味，需要放在橡木桶裡熟成約十五至三十個月，所以在成熟的葡萄酒中，單寧的口感軟化，且帶有杉木或香草香氣與烘烤過的橡木桶香味。

四、Carignan

這種葡萄在加州被稱為Carignane，在義大利也稱作Cirnano。曾經是用於製作廉價葡萄酒的主要原料之一，但現在的栽種面積大為減少，重要性不如以往。如今只在一些老酒廠的混和酒中可以見到，在可見的將來，應會被其他強度與風味更佳的葡萄所取代。

五、Carménère

　　Carménère和Cabernet Sauvignon、Cabernet Franc、Merlot、Malbec以及Petit Verdot等六種葡萄品種被認為是原產於法國波爾多的六大原生品種，在Médoc地區曾經被廣為栽植。過去Carménère也稱為Grande Vidure，雖然這個品種在智利栽種較廣，但歐洲聯邦要求進口的Carménère不得標示為Grande Vidure。Carménère約在1850年左右，與Merlot及Cabernet Sauvignon一同被引入智利，在當地常被誤認為與Merlot同種，直到近年才有較正確的標示。Carménèrer在美國加州也有少量種植，在中央谷地（Central Valley）地區，常用來作為與其他品種混和釀酒之用，其中與Cabernet Sauvignon的混釀最受歡迎。義大利東Veneto地區及Friuli-Venezia Giulia地區，以及美國西北部與南非也都有生產。

　　雖然Carménère現在主要用來混釀之用，但用這種葡萄所製作的單一品種葡萄酒，單寧強度適中，酒體柔和，色澤深紅，有著櫻桃般的水果味道，帶著淡淡煙燻味、辛香味、菸草味、皮革味與土壤味道，適合及早飲用，不須長期儲存。

六、Charbono

　　如今僅見於少部分加州的葡萄酒中，如納帕谷的Inglenook酒廠有以Charbono釀製的單品葡萄酒，這種葡萄所釀製的酒，一般而言富含單寧但缺乏果香，很少成為可存放的好酒。

七、Cinsaut

　　Cinsaut也有地方寫作Cinsaultis，是一種耐熱的品種，因此多見於法國南方Languedoc-Roussillon、義大利東南方的普利亞（Apulia；義

大利語是Puglia）地區，以及北非的阿爾及利亞與摩洛哥等地。常用來與Grenache和Carignan混和製酒。在義大利被稱為Ottavianello，因此有一個稱為Ostuni Ottavianello的DOC產區。在南非被稱為Hermitage，因此常被誤以為是Pinotage。

八、Dolcetto

Dolcetto幾乎都種在義大利皮埃蒙特地區的西北部。帶有甘草與杏仁的香味，可用來製作柔和、圓潤與果香濃郁的葡萄酒。唯其香氣在瓶中不耐久放，所以最好在三年內飲用。對於種植Nebbiolo和Barbera等需要較長時間熟成的葡萄的酒廠來說，Dolcetto可以作為較早適宜飲用的產品，生產Dolcetto的義大利DOC產區有：Acqui、Alba、Asti、Diano d'Alba、Dogliani、Langhe Monregalesi和Ovada。

九、Gamay

Gamay的最主要產區在法國勃根地地區的Beaujolais一帶，是製作近年來國際間甚為有名的薄酒萊新酒（Beaujolais Nouveau）的主要葡萄品種；在Beaujolais當地有個較長的名字Gamay Noir à Jus Blanc，意思是「紅色果皮中有白色的葡萄汁的Gamay」。在環境相似的羅亞爾河谷一帶也有少量栽種，法國以外的地方則較少見，只有美國與瑞士的部分地區有少量栽種。在瑞士Gamay常被混入Pinot Noir製酒，且採用Chaptalization方法製酒，在美國加州所栽種的品種叫做Gamay Beaujolais。單純由Gamay所釀製的葡萄酒有很濃的水果香、相對高的酸度與較低的酒精度，主要的香氣近似櫻桃和草莓；在Beaujolais Nouveau中還可能有類似梨子及口香糖般的味道。由Gamay所釀製的葡萄酒強調其果香，儲存時間過久會失去應有的香氣，因此最好在裝

Gamay是釀製薄酒萊新酒的主要葡萄品種

瓶後儘快喝掉。Beaujolais Nouveau採全球同步，於每年11月第三週的星期四上市，近年來在台灣因為行銷方法成功，且因風味特性適合與中國菜搭配而廣受歡迎，加上每年上市的時間正值年底到春節的消費旺季，所以是消費量相當大的一種季節性葡萄酒。

十、Grenache

　　這是一種耐旱與耐熱的葡萄品種，可以用來製作一種果香濃郁、風味特殊與柔和單寧的中等厚度葡萄酒。Grenache的用途很多，是目前世界上僅次於Cabernet Sauvignon，種植最廣的紅葡萄品種。在隆河河谷的南部種植最多，用來和其他品種的葡萄混和製作當地著名的Châteauneuf-du-Pape葡萄酒，也常作為單一葡萄品種釀製Tavel和Lirac地方所出產的玫瑰紅酒，同時也是法國著名甜酒Banyuls的原料。在西

班牙被稱作Garnacha Tinta，也是一種重要的葡萄品種，常用在西班牙的代表性葡萄酒Rioja與Priorato的釀製。曾經是澳洲最主要的葡萄品種之一，但近年來已逐漸被Syrah（當地稱為Shiraz）所取代，只有在Barossa Valley還有一些酒廠利用這種葡萄來製作Châteauneuf-du-Pape風格的葡萄酒。在美國加州，除了極少部分的老酒廠還維持製作單一品種葡萄酒外，Grenache的用途只用在一些較廉價的混和品種葡萄酒。有的專家也預言，隨著Rhône風格的混和品種葡萄酒再度受到消費者的青睞，在許多地方如加州與澳洲等地，Grenache的種植有可能會隨之增加。此外，在隆河河谷南部也利用Grenache的白色變種來製作Grenache Blanc白葡萄酒（西班牙稱為Garnacha Blanca）。Grenache Blanc也可見於法國南方的Roussillon與Languedoc，以及許多西班牙白葡萄酒裡，如Rioja的白葡萄酒。

十一、Malbec

這曾經是波爾多和羅亞爾河谷區中極常見的一種葡萄，但近年來已逐漸被Merlot與Cabernet Sauvignon等葡萄所取代。然而在阿根廷卻成為一種非常成功的品種，許多著名的阿根廷葡萄酒都是由這種葡萄所製成，尤其在Mendoza高原，更是主要的品種。在美國等其他地方目前已不多見，只用在某些波爾多風格的葡萄酒中混和釀造之用。所製成的葡萄酒儘管厚度不高，但單寧深厚，仍然深具窖藏潛力。

十二、Merlot

由1990年代初期以來，各地大量增加的栽種面積，可以發現這是近十年以來相當成功的一種葡萄品種，在法國波爾多地區，除了Médoc和Graves兩地以外，都已成為最主要的栽植品種，特別是Pomerol和Saint Emilion兩區所出產的優質葡萄酒，如Château Pétrus

等，大多都以Merlot為主成分。雖然Merlot的主要用途還是用在調製波爾多風格的混和品種葡萄酒，在義大利、加州、南美洲及南非等地也被用來製作單一品種葡萄酒，而有大規模的栽種。在義大利雖然隨處可見，但除了Ornellaia與Fattoria di Ama兩地所產的品質較佳外，其餘普遍味道清淡、品質平平。Merlot的風味近似Cabernet Sauvignon，但是單寧酸的澀感較低，有玫瑰花和李子的香味，也常帶有如水果蛋糕般的豐富滋味，較少薄荷香，也無鉛筆味；與橡木桶的互動良好，具長期存放的潛力，唯長期存放之後單寧的口感雖然可以被軟化，但果香的風味會被青草味道所取代。由於Merlot的主要用途是作為混和品種葡萄酒的一種原料，因此產生許多以Merlot為主的製酒風格，如Cabernet風格的Merlot，在與低於25％的Cabernet Sauvignon混和後，帶有醋栗與櫻桃的風味以及強勁的單寧，很適合長期存放。另一種風格的Merlot則加入較少的Cabernet Sauvignon，所以較為柔軟溫和，中等厚度，口感上較不酸澀，風味則近似櫻桃、巧克力與花草。還有一種非常簡單清淡而平易近人的製酒風格，讓許多人能非常容易親近葡萄酒，也因此帶動了Merlot的全球消費量的增加。白葡萄品種Merlot Blanc與Merlot無關。

十三、Mourvèdre

　　Mourvèdre喜愛生長在較溫暖的天氣環境，對於土質倒是較不挑剔，因此在法國南方的普羅旺斯與隆河地區等地方廣為種植，尤其在Châteauneuf-du-Pape與Languedoc等地常常可見，甚至還有些酒廠將其作成單一品種葡萄酒出售。西班牙的Valencia等地也有生產。這種葡萄帶有令人喜愛的櫻桃與漿果的風味、中等的厚度與適度的單寧，也很適合存放。與Grenache及Syrah等兩種品種混釀被認為是絕佳組合，並簡稱為GSM。

十四、Nebbiolo

被公認為義大利北部皮埃蒙特和Lombardy等地最著名的葡萄品種，由Nebbiolo所釀製的Barolo和Barbaresco DOCG葡萄酒，長期以來被認為是義大利葡萄酒中最具代表性的優質葡萄酒。當地利用傳統製酒方法所產製的葡萄酒，顏色非常深，單寧酸含量很高，必須要經過多年的熟成，才能得到芳醇的口感。典型的Nebbiolo的風味有焦油、紫羅蘭、甘草、玫瑰、梅乾、藥草及松露等。加州如今也有少量生產，但品質與醇厚度都遠不如義大利的原產區。

十五、Petite Sirah

Petite Sirah以其深色調及堅實單寧著名，常用來與Zinfandel等其他葡萄，調和製酒，以增強葡萄酒的顏色與結構。如作為單一品種時，由Petite Sirah可釀出很濃稠、辛辣，值得長期存放的葡萄酒。對於Petite Sirah的來源，目前並未有定論，加州大學的研究證實與Syrah之間只有些許關聯，與Durif和Peloursin等品種之間的關係卻更為密切。

十六、Pinot Noir

這是製作著名的勃根地紅葡萄酒的主要品種，因此又稱作Red Burgundy。在法國香檳（Champagne）地區也有大量種植，用以混和釀造許多著名的香檳葡萄酒。在法國阿爾薩斯（Alsace）是唯一可以種植的紅葡萄品種。這是一種對生長環境的要求極為敏感的葡萄品種，只適合生長在像勃根地等溫度較低的地方。在良好環境下生長的Pinot Noir，有著典型的黑櫻桃、香料、覆盆子與醋栗的風味，香氣

則近似凋謝的玫瑰，或焦油、青草與可樂。在較不良的環境下生長的 Pinot Noir的味道則較清淡、簡單，青草類的植物味道較重，缺少花香與果香。在其他更不適宜的環境下所種植的Pinot Noir，則可能帶著穀倉裡令人感到刺鼻的異味。對於短期過冷或過熱的環境反應劇烈，所以不適合種在天氣不穩定的地區。在東歐、南美、澳洲、以及美國的加州和紐約州也有生產，但因這些地區的氣候不如勃根地穩定，所以品質很難和勃根地相提並論。有許多變種，例如果實色素的變異造就白葡萄品種的Pinot Blanc和Pinot Gris。單位產量越小的變種，較適宜用來製造味道較重的紅酒；單位產量越大的變種，較適宜用來製造氣泡酒以及玫瑰紅酒。對於許多製酒者而言，這是一種非常難纏和嬌貴的葡萄品種，果皮很薄所以很容易在採摘及運送過程中碰傷，流失果汁；製酒過程中，非到最後無法判斷結果好壞。為提高Pinot Noir所製葡萄酒的單寧厚度，製酒者常會將葡萄藤莖放入一起發酵，以提高主要口感的強度與耐久性。

美國加州Napa Valley的Pinot Noir葡萄栽種園區

十七、Sangiovese

　　義大利全境最重要的一種葡萄品種，在許多著名的義大利葡萄酒中最主要的釀酒葡萄，如著名的Chianti、Brunello di Montalcino與許多托斯卡尼優質葡萄酒。在美國加州也有栽種，常與Cabernet Sauvignon、Merlot和Zinfandel等葡萄混和製酒。Sangiovese的特色在於它的質地柔順、中等以上的純厚度，風味中帶有香料、覆盆子、櫻桃和大茴香的味道，當與Cabernet Sauvignon調和製酒時，Sangiovese的加入可以弱化單寧口感，使其質地柔和，所以是一種非常好的調和方法。Brunello是Sangiovese的一個亞種，是釀造Brunello di Montalcino的唯一合法葡萄品種。

十八、Syrah/Shiraz

　　Syrah的原產地在法國隆河河谷地區，是釀造著名的Hermitage與Côte-Rôtie等葡萄酒的主要葡萄。近年來在澳洲大量栽種，稱之為Shiraz，逐漸成為釀製當地葡萄酒的最主要葡萄品種。可用來製作顏色深，醇度厚，單寧強而有力的葡萄酒，且所製成的葡萄酒甚具長期儲存的潛力。一般認為所需的熟成期短，但熟成後可存放的時間卻可達五十年之久。Syrah對惡劣環境的抵抗力很強，在各種天候與土質都能被製作成豐厚、複雜與特色明顯的葡萄酒。主要的風味特色有胡椒、香料、黑櫻桃、焦油、皮革與烤核仁的味道。在法國南方也可見於Châteauneuf-du-Pape與Languedoc-Roussillon等產區。在澳洲原本是作為量產的葡萄品種，但近年來在Barossa Valley等地已有品質非常好的單一品種Shiraz。在美國加州也有生產，許多當地的製酒業者認為這是一種很好照顧與製酒的品種，且與別種葡萄如Pinot Noir、Zinfandel與Merlot混和調製，可以使葡萄酒熟成時間縮短。

Shiraz已逐漸成為澳洲釀製當地葡萄酒的最主要品種

十九、Tempranillo

　　Tempranillo是西班牙的土生葡萄品種，也是當地最主要的葡萄品種，用以釀製西班牙著名的Rioja與Ribera del Duero紅葡萄酒，在西班牙以外的地方很難找到。在西班牙以當地的傳統方法所釀製的葡萄酒帶有石榴紅的色澤，酒中帶有茶、黑糖和香草的味道。如今部分地區也引進較現代的製酒技術，所得的葡萄酒風味大不相同，帶有李子、菸草和黑醋栗的香味，顏色較深且單寧較厚，更具長期儲存的潛力，風格近似Cabernet Sauvignon。無論以何種方法製酒，Rioja總有中等厚度、酸度高、單寧少等特點。而Ribera del Duero的風格分成傳統與現代兩種，但都近似Rioja。在西班牙Tempranillo有許多品系的分化如Cencibel、Tinto del Pais、Tinto Fino、Ull de Llebre與Ojo de Liebre。在葡萄牙，延Douro河畔也有近似的品種，如製作Port的Tinta Roriz和Tinta Aragonez。

二十、Zinfandel

根據近年來的基因圖譜檢定，確認Zinfandel來自義大利南方的Puglia，是當地著名葡萄Primitivo的後代，然而無論其來源為何，Zinfandel是目前加州種植最多且最具代表性的葡萄品種，可以作為單一品種產製各種不同風格的葡萄酒，如厚度溫和、顏色深紫、果香味濃郁、單寧溫和的葡萄酒，或是非常醇厚與成熟、單寧堅實、風味複雜的葡萄酒；也可以與其他葡萄品種如Cabernet Sauvignon與Petite Sirah等混和製酒。Zinfandel紅葡萄酒通常必須經過約二至三年的熟成才適宜飲用。除了紅酒，加州人還利用去皮的Zinfandel釀製White Zinfandel白葡萄酒、甜酒以及Port類的強化酒。Zinfandel的風味豐富且帶有刺激性，帶有覆盆子、辣椒、櫻桃、野莓、李子的香氣以及焦油、土壤和皮革的味道特徵。在同一串年輕的Zinfandel植株上的葡萄會有大小不等的問題，造成每一顆果實的成熟時間不同，所以必須等到盡可能多的果實成熟後再採摘，如此容易造成品質上的不穩定。老葡萄藤的果實平均體積較小，但大小較一致，較容易控制成熟度，所以較能做出高品質的葡萄酒。

 ## 第三節　重要的釀酒白葡萄品種

一、Aligoté

Aligoté是勃根地地區的一種白葡萄品種，因為較能耐寒，因此在東歐的羅馬尼亞、俄羅斯、烏克蘭、摩達維亞與保加利亞等地種植頗廣。Aligoté在勃根地地區常用來做成單一品種白葡萄酒，也會用在氣泡酒Crémant de Bourgogne的製作。近年來在勃根地地區的種植已逐漸

被Chardonnay等優勢品種所取代，因此品質與產量都大不如前。單位
面積產量中等，Aligoté所產製的白葡萄酒酸度強，酒體輕薄，風味中
有花草、蘋果與檸檬的香氣，不須長期存放。

二、Chardonnay

　　這應該是目前世界上最有名的釀酒白葡萄品種，如Cabernet
Sauvignon般，Chardonnay之所以有名是因為在世界各葡萄酒產區
幾乎都有栽種。如果說Cabernet Sauvignon是「紅葡萄酒之王」，那
Chardonnay就應該被稱作是「白葡萄酒之王」，其果實豐厚，果香
濃郁，可以用來製作各種風味複雜，酒體醇厚適合長期存放的白葡
萄酒，也可以用來製作氣泡酒。Chardonnay是一種單位產量大，環
境適應力強的白葡萄品種，在世界上許多地方都能生長良好，最著

Chardonnay被譽為「白葡萄酒之王」

名的產區包括法國的勃根地與香檳地區，以及澳洲與美國的加州等地。特別是勃根地地區，許多著名的白葡萄酒都是由Chardonnay所製作，如Montrachet、Meursault和Pouilly-Fuissè以及所有的Chablis，所以Chardonnay又被稱作White Burgundy。在香檳地區則常被標示作Blanc de Blancs，意思是指由Chardonnay這種白葡萄所製作的白色香檳葡萄酒。法國之外，Chardonnay在澳洲的種植最多。美國加州的Chardonnay自1930年代開始種植，目前以Anderson Valley、Carneros、Monterey、Russian River、Santa Barbara與Santa Maria Valley等臨海而氣溫較低的地區為主要產區。

製作良好的Chardonnay有著渾厚、成熟、豐富且濃郁的水果香味，其中較常被人們提及的果香包括蘋果、無花果、香瓜、梨子、鳳梨、檸檬和葡萄柚；果香之外還常有香料、蜂蜜、奶油、牛奶糖和榛果風味。Chardonnay是一種很容易被製成好酒的葡萄品種，製酒師可以利用一些傳統的製酒方法，如橡木桶發酵（barrel fermentation）、未過濾熟成（sur lie aging）和蘋果乳酸發酵（malolactic fermentation）就可以製作出風味複雜多變的葡萄酒。相較於其他經過橡木桶儲存的紅葡萄酒，Chardonnay的葡萄需經過擠壓與榨汁的步驟，讓果汁與果皮分離後才發酵，葡萄酒中的風味絲毫未受葡萄果皮的影響，因此Chardonnay葡萄有著相當純淨中性的葡萄原味，在橡木桶中發酵與存放後，來自橡木桶的味道，使Chardonnay葡萄酒的味道變得豐富，也使其口感變得複雜；沒有其他任何一種葡萄品種所做的酒比Chardonnay酒得之於橡木桶的風味更多。此外，Chardonnay還有一個好處，就是產量大，每英畝葡萄園大約可以產出約4～5噸高品質的果實，種植這種葡萄，簡直就是一個下蛋的金雞母，所以農民也喜歡種這種葡萄，製酒者喜歡製作這種酒。然而在美國和澳洲的許多地方所出產的Chardonnay出廠時非常炫耀華麗，有著很好的橡木桶香味，但卻缺少長期存放所需的豐富性、濃度和深度，在存放一、兩年之後，

就會盡失其風味的強度與厚度。由於認知這種問題的發生可能和過高的單位面積產量有關,所以近年來,許多葡萄園將單位面積產量大幅降低到大約每公畝2～3噸左右以提升葡萄酒的濃度。如此一來,葡萄酒的品質變好了,但產量卻變少了,連帶的使得上述地方所產的Chardonnay的價格也變高了。總而言之,Chardonnay葡萄酒的種類極多,品質也參差不齊,選酒時應注意其產地來源、出品廠牌與價格。

三、Chenin Blanc

Chenin Blanc的原產地在法國羅亞爾河谷區,是釀製當地許多著名白葡萄酒,如Vouvray、Anjou、Quarts de Chaume和Saumur等的主要葡萄品種。這些葡萄酒都以果香見長,常常可以存放多年,而不失其風味。在其他地方所產的Chenin Blanc多用在製作廉價的混和品種葡萄酒,鮮少做成單一品種酒,且由於果香不耐久,Chenin Blanc的葡萄酒也不耐久存,主要產地包括美國加州、南美洲、澳洲和南非。在南非被稱作Steen,是當地最主要的釀酒葡萄品種。Chenin Blanc需要充足的陽光來發展其特有的果香,所以在加州等陽光充足的地方,應該也可以得到很好的品質。如果生長條件良好,由Chenin Blanc所釀製的葡萄酒,可以製作從不甜到很甜,酸度強,味道持久,風味上帶有精巧的香瓜、梨子、香料和檸檬的風味特色的各種葡萄酒。在南非甚至還有酒廠利用Chenin Blanc來製作烈酒與強化酒。

四、Gewürztraminer

灰色果皮略帶粉紅的Gewürztraminer能製成極為動人的白葡萄酒。Gewürz在德語意謂香料,此品種葡萄的香氣芬芳由此可見。最有名的產地是法國阿爾薩斯,當地的酒廠利用這種葡萄來製作各種不同

甜度與風格的葡萄酒。這種葡萄需要生長在較冷的天候環境下，是一種性情多變的葡萄品種，往往因為某些疏忽，使其濃郁的香味過度失控。然而如果控制得宜，這種葡萄可以製成一種充滿花香、帶有爽快清爽酸性的葡萄酒，很適合用在與香辣食物相搭配；如果留待較晚採摘，可以做成非常芳醇誘人，風味複雜的餐後甜酒。重要的產地還包括東歐、紐西蘭和美國的西北部。

五、Grüner Veltliner

簡稱作Gruner，這是奧地利種植最廣的葡萄品種，在東歐其他地方也有少量種植。最好的Grüner Veltliner種在Vienna的多瑙河（Danube）左岸的Wachau、Kremstal和Kamptal等地區。這種葡萄帶著獨特的白胡椒、菸草和柑橘類的風味與香氣，同時有著很高的酸度，很適合用來佐餐。Gruner有著很獨特的味道，與奧地利的Riesling在風味上大不相同，但在醇厚度與口感質地上則無分軒輊。

六、Marsanne

Marsanne的主要產地在隆河河谷，分部的區域大致與Grenache Blanc、Roussanne和Viognier等葡萄差不多。此外在澳洲，特別是Victoria省也有少許種植。最好的Marsanne可以是酒體醇厚，強度適度，帶有香料、梨子和柑橘風味特色的白葡萄酒。

七、Muscat

Muscat也是一種全球各個主要葡萄酒產區，皆有生產的白葡萄品種，在法國又被稱為Muscat Blanc或Muscat Canelli，在義大利被稱作

Muscato或Muscato Bianco，在西班牙和葡萄牙則被稱作Moscatel。有許多變種，所釀製的葡萄酒帶有特別的風味稱作Muscaty，香料與花草的香味濃郁，但有點苦，帶點被氧化的味道，常用來製作甜酒。這種葡萄自世界各地被製成各種型態的葡萄酒，例如在義大利是釀製低酒精度、低甜度和低含氣的Asti Spumante與Muscat de Canelli Asti氣泡酒的主要品種，到了法國，則被製成十分乾的白葡萄酒Muscat d'Alsace，以及強化酒Beaumes de Venise。

八、Pinot Gris

是Pinot Noir的一個白色變種，味道柔軟溫和，充滿香氣，同時帶有較其他白葡萄品種更深的顏色，可用來製作一般不甜的白葡萄酒、氣泡酒或貴腐酒。在原產地的勃根地和羅亞爾河谷等地目前已不多見，在法國只剩阿爾薩斯地區種植較廣，又被稱作Tokay。在義大利則被稱作Pinot Grigio，是義大利東北部著名的Collio白葡萄酒以及其他許多不特別顯眼的乾白葡萄酒的主要原料葡萄。在德國南方，又被稱作Ruländer。

九、Pinot Blanc

因為其風味與口感與Chardonnay近似，所以常被稱作是窮人的Chardonnay。Pinot Blanc常被用在法國香檳、勃根地、阿爾薩斯、德國、義大利和加州的葡萄酒製作。品質良好的Pinot Blanc有著強烈濃郁和複雜的風味，近似成熟的梨子、香料、柑橘和蜂蜜。雖然也可以存放，但最好喝的還是在它年輕果香濃郁的時候。

十、Riesling

　　這是一種帶著很淡黃綠色的葡萄，葡萄藤非常硬，可以抵抗霜害等惡劣的天氣環境與各種疾病，因此有很多人認為這是世界上最優良的葡萄品種之一。Riesling喜歡在較冷的天候下生長，葡萄藤發芽較晚，葡萄需要的成熟期較長，因此葡萄成熟得較同地區其他品種的葡萄要晚了許多。多數的Riesling還是被製成強調果香、不甜或半甜的酒。由於這類Riesling葡萄酒的高酸度與適當的糖酸比，獨特的花卉、柑橘、桃子和礦物香味，可以巧妙地彰顯產區土地的特性，無論用來佐餐或單獨飲用都很適合，因此吸引了許多的愛好者。

　　越晚採摘的White Riesling葡萄，含糖量越高，很適合用來製作餐後甜酒，例如德國的Beerenauslese、Trockenbeerenauslese和Eiswein葡萄酒和阿爾薩斯地區著名的Selection de Grains Nobles甜酒，這些酒都可以幾乎無限期地儲存，因而價格昂貴。而更晚採摘的Riesling果實很容易被貴腐黴（Botrytis cinerea）所感染，黴菌的菌絲進入葡萄果實後，將果汁裡大多的水分吸走，使果皮枯萎，果實中糖的濃度提高，並帶來許多特殊的風味，這就是所謂的貴腐酒（Noble Rot）。

　　Riesling是德國葡萄酒的代表品種，由Riesling所釀製的葡萄酒約占德國葡萄酒總產量的20％。許多德國的GmP產區，如Mosel-Saar-Ruwer、Pfalz、Rheinhessen和Rheingau都以當地所產的Riesling著稱。德國Mosel地方所產的Riesling可能是這種葡萄最純粹的味道：酒體輕巧芳醇，帶有萊姆、派皮、蘋果與蜂蜜香味。Rheinhessen、Rheingau和Pfalz等地所產的Riesling有著相同的特質但醇厚度與香氣更佳。

　　而法國的阿爾薩斯和奧地利所產的Riesling品質也不遑多讓。在阿爾薩斯，Riesling常被製成醇厚不甜，帶有特殊汽油味道的白葡萄酒，在奧地利Riesling則是僅次於Grüner Veltliner最重要的品種。Riesling在其他地方如美國的加州、紐約州的Finger Lakes和西北部各州，以及澳

德國Rheingau的Riesling葡萄產區

洲、紐西蘭、南非、南美洲和加拿大等地也有出產,但常被稱作White Riesling、Rhine Riesling或Johannisberg Riesling。

十一、Sauvignon Blanc

又稱Fumé Blanc,原產地在法國羅亞爾河谷區,製成單一品種的Sancerre和Pouilly-Fumé葡萄酒。在波爾多地區,則是成為Pessac-Léognan、Graves、Médoc與Sauternes等地所出產的混和品種白葡萄酒的原料之一。法國之外,紐西蘭的Sauvignon Blanc也非常成功,以建立了自己的花香與果香濃郁的特色。美國加州、智利與澳洲等地也有生產。由Sauvignon Blanc所釀製的葡萄酒酸度高,帶有刺鼻的青草與蔬菜味道,與類似麝香與醋栗的風味,這種特殊的味道常被形容為Grassy或Musky。

在加州有許多製酒者將Sauvignon Blanc也稱作窮人的Chardonnay,利用傳統製作Chardonnay的方法如橡木桶發酵和儲存與

蘋果乳酸發酵來製酒。與Chardonnay一樣，這也是一種產量很大的葡萄品種，而且製酒成本較Chardonnay低，讓製酒者可很容易獲利，因此廣受製酒者喜愛，而量產之下所製成的葡萄酒清爽可口，可以佐餐且價格低廉，所以也廣受消費者喜愛。

然而Sauvignon Blanc所製的葡萄酒，即使品質再好，也很難有Chardonnay的深度、厚度和風味複雜性，雖然也可以經過橡木桶儲存，或加入Sémillon或Chardonnay來強化厚度，Sauvignon Blanc所釀製的酒最好還是趁年輕果香依然濃郁時飲用。製成晚採摘的葡萄酒時，也可以是支風味複雜且酒體豐厚的葡萄酒。

十二、Sémillon

由Sémillon所釀製的白葡萄酒，無論是以單一品種或混和品種形式，都可以被長期存放的。Sémillon最常和Sauvignon Blanc互相混和，彼此可以相互截長補短，以提升品質。如製作Sauvignon Blanc時加入部分Sémillon，可以提升這支酒的醇厚度、風味與口感；而釀製Sémillon時加入Sauvignon Blanc，則可以讓這支酒帶來清爽的花草香味，讓葡萄酒的風味結構更完整。在波爾多及其周邊地區，一向以生產紅葡萄酒著稱，唯有Sauternes、Graves和Pessac-Léognan這三個地方的白葡萄酒較為著名，而這些地方所生產的白葡萄酒即是以Sémillon中加入Sauvignon Blanc調和釀製而來，所釀出的葡萄酒大多風味豐富、酒體醇厚，像蜂蜜般香甜，幾乎可以無限期地長期存放，因此也屬於高價位的波爾多葡萄酒。

此外，由於Sémillon也像Riesling一樣容易受到Botrytis cinerea的感染，因此也非常適合用來製作貴腐酒。在澳洲的Hunter Valley生產厚度完整的單一品種Sémillon葡萄酒，有時也將之命名為Hunger Riesling、Chablis或White Burgundy。在南非被稱為「釀酒葡萄」，曾

經被大量栽種，但近年數量已經減少許多。在美國加州及華盛頓州，Sémillon大多被製成晚採摘的半甜或甜白葡萄酒，這些酒通常都以口感勻稱，帶有豐富且複雜的無花果、梨子、菸草和蜂蜜的味道特徵著稱。也有的製酒者將Sémillon和Chardonnay混和製酒，除了可以增加產量外，對於葡萄酒的品質並不能有所改善。

十三、Trebbiano（Ugni Blanc）

這種葡萄在義大利叫做Trebbiano，在法國叫做Ugni Blanc。這是一種產量極大、酒精度低但酸度很高的一種白葡萄，幾乎可以在任何一種基本的義大利白葡萄酒中發現它的蹤影。它也是許多義大利紅葡萄酒如Chianti和Vino Nobile di Montepulciano中合法可用為原料的一種白葡萄，然而今日大多數托斯卡尼紅葡萄酒的製酒者已不太將它加入作為原料。在法國也被用來製作Cognac和Armagnac等地所產的白蘭地酒。

十四、Viognier

Viognier是法國隆河河谷所生產的一種稀有的葡萄品種。不容易種植與照料，但愛好者喜歡它的花香和風味，所以在法國南部部分地區，還是有少量生產但都缺少醇厚度，較重要的用途在於製作隆河北部Condrieu的稀有白葡萄酒或和紅葡萄酒混和製酒。美國也有少量的Viognier生產，但品質不佳，過度辛辣而缺少應有的風味複雜性。

Chapter 6

葡萄種植
Viticulture

　　葡萄酒是一種農產加工品，最重要加工的方法是釀造，葡萄汁經由酵母菌的作用，發酵成為葡萄酒，在這個過程中，可能影響葡萄酒品質好壞的因素有很多，從葡萄種植、採摘、釀酒加工、儲存運送、服務與飲用，幾乎每一環節都不能出錯，其中最重要的還是作為釀酒原料的葡萄本身，只有高品質的葡萄才能做出高品質的葡萄酒。種植釀酒葡萄和種其他用途葡萄的技術很不相同，作為水果的葡萄，以量產為目的，而製酒用途的葡萄，除了產量外更重視葡萄的果汁品質，需要的生長期較長，在品質與產量之間，往往必須捨產量就品質，兩者的種植目的不同，田間種植技術也很不相同。每一位葡萄酒的鑑賞家，必須對釀酒葡萄的種植技術與生產過程有所瞭解，才能瞭解形成每一支葡萄酒的風味特性、個性與品質的原因。

　　在介紹過釀酒葡萄的種類以及各種葡萄品種的特性之後，本章將介紹葡萄的種植園藝（viticulture），探討氣候、天氣、土質、坡度、面向、種植技術與葡萄園管理等對葡萄品質的影響。經由對葡萄園藝的認識，我們可以瞭解為何有些地方所生產的葡萄酒特別好，而緊鄰的區域卻無法產製相同品質的葡萄酒？各個葡萄酒的產區所產的葡萄為何會不同？在同一產區裡，儘管氣候相同，有些土地卻為何無法種植釀酒葡萄？什麼樣的葡萄園才能種出好葡萄？葡萄園藝技術如何影響葡萄的品質？我們如果將法國波爾多（Bordeaux）的葡萄品種引入台灣，請五大酒莊的釀酒師來台，用和他們完全一樣的設備和技術來製酒，我們有沒有機會做出和他們一樣品質的葡萄酒？

第一節　世界葡萄生產的概況

　　根據聯合國糧農組織（Food and Agriculture Organization of the United Nations, FAO）的統計，2002年全世界的葡萄總產量約為

61,018,250公噸,這個數據包括各種用途的葡萄,其中提供作為製酒用途的約占71%,供人直接食用的水果葡萄約占27%,此外,還有2 %用來製作葡萄乾。相較於同年度柑桔類水果的104,505,157公噸、香蕉69,832,378公噸和蘋果57,094,939公噸,葡萄是世界上產量第三大的水果園藝作物。然而由於大多數的葡萄是用來釀製高單價的葡萄酒,所以總產值遠較其他項目的水果為高,因此將葡萄列為全世界最重要的一種經濟水果並不為過。依據國際葡萄與葡萄酒組織(International Organization of Vine and Wine, OIV)最新的統計資料,2014年全球約有750萬公頃左右的葡萄園;當年全球葡萄酒的總產量約為271億公升的葡萄酒,相較2003年的高點,都有很大幅度的下滑,**表6.1**是2008~2012年世界各主要葡萄生產國家種植面積比較,可見其趨勢。

表6.1　2008~2012年世界各主要葡萄生產國家種植面積比較

2012年葡萄酒生產面積(單位:公頃)		與2008年比較
西班牙	1,018,000	-13%
法國	800,000	-7%
義大利	769,000	-7%
中國	570,000	+19%
土耳其	517,000	+1%
美國	407,000	+1%
葡萄牙	239,000	-3%
伊朗	239,000	-18%
阿根廷	221,000	-2%
智利	205,000	+4%
羅馬尼亞	205,000	-1%
澳洲	169,000	-2%
南非	131,000	-1%
希臘	110,000	-4%
巴西	91,000	-1%
匈牙利	64,000	-11%
紐西蘭	37,000	+7%

資料來源:OIV annual report

 第二節　氣候因素

理想的釀酒葡萄種植區應該符合以下幾點氣候條件：

1. 年均溫約在14～16℃（57～61℉）。
2. 年降雨量在690公釐以上，且希望降雨的季節集中在春天或冬天。
3. 夏天葡萄收成的7～8月間不可以是雨季。
4. 每年日照應在1,400小時以上。

以下將分別敘述影響葡萄種植的氣候因素。

一、氣溫（temperature）

葡萄藤（vine）是一種對氣候條件要求相當嚴格的植物，生長環境既不能太熱也不能太冷，最好是在10～20℃的溫度範圍內，因此世界上主要的釀酒葡萄生產區域，無論南北半球，都在10～20℃等溫線的範圍內，地理上的分布則相當於北緯30～50度，以及南緯30～50度所涵蓋區域，其中最適合釀酒葡萄生長的溫度，約在年均溫14～16℃（57～61℉）範圍裡。表6.1所列的世界上種植葡萄最多的三十個國家，大致都分布於這樣的溫度範圍內。

就像最好的蘋果要出自於較冷的地區一般，品質最好的葡萄必須要產在高緯度、氣溫低但日照充足的地方，如法國勃根地北部的Chablis，或是緯度較低，氣候較溫暖地區裡的最冷區域，如澳洲的Adelaide Hill和加州的Carneros。

葡萄藤必須生長在四季分明的地方，冬季的來臨，可能會讓葡萄園帶來意想不到的霜害或寒害，但是冬季的低溫卻可以讓許多病菌或害蟲死去，葡萄藤並且可以得到一段休眠時期，讓次年的葡萄藤生長

得更健康，葡萄的品質更好。如果冬季不夠冷，許多病蟲得以生存，反而會為下一年帶來許多病蟲害，而影響葡萄的品質。

大體而言，白葡萄品種比較喜歡生長在較冷的環境，而紅葡萄則比較喜歡溫度較高的氣候。然而每一種葡萄對於氣溫等氣候條件的要求都不相同，有的葡萄品種需要較熱的環境，有的則需要比較低的溫度環境，每一種葡萄都有其所要求的最適生長溫度需求，例如Riesling需要比較冷的溫度環境，而Zinfandel則需要在較溫暖氣候下生長才能得到最好品質的葡萄。

二、日照（sunshine）

除了氣溫之外，日照長短也是決定葡萄品質的一個重要因素。日照時間的長短除了和緯度有關外，和土地所座落的位置、坡度與面向也有很大的關係。在北半球越偏北的葡萄園，應面向南邊，反之，南半球的葡萄園則應向北以便接受到更多的日光照射。

理想的葡萄園所座落的地區，每年總日照時間最少必須超過1,400小時以上，一年之中最少必須有85～100天的晴天。而日照時間的長短除了會影響溫度外，日光的照射更是葡萄賴以進行光合作用的能量來源，就像其他的水果作物一般，葡萄也需要得到充足的日照才能成熟。日照如果不足，葡萄的含糖量便會不夠，含酸量則會太多；而日照過度，則會使葡萄的甜度過高，酸度太低，造成鬆軟無力（flabby）的缺點。然而法國的阿爾薩斯、德國和許多較偏北的歐洲國家，當地寒冷的氣候使得大多數的葡萄不容易成熟，所以他們必須種植一些如Riesling等較耐寒的品種。這些地方較短的日照時間，雖然使葡萄無法完全成熟，但可以讓葡萄帶有鮮綠清新的水果味道，是形成這些葡萄酒特色的重要因素。如果這些葡萄種在較熱且日照較多的地方，葡萄可以在短時間內充分成熟，卻會使這些葡萄的味道變得單

調沉悶，特色盡失。因此雖說日照必須充足，因品種的特性差異，製作各種類型的葡萄酒所需要的葡萄，需要的可能不只是「充足」，而是「適當」的日照。

三、降雨（rainfall）

就像其他植物一般，葡萄藤的生長，除了土壤外最需要的還是日光、空氣和水。正如前面所提到的，葡萄園必須座落在陽光充沛的地方，讓葡萄藤的葉能得到充足的日光行光合作用，而地球上的自然環境中，空氣的供給自然不會有什麼問題，只有水是大多數葡萄園所必須面對的重要問題。

水的來源有很多種，例如河水、湖水、地下水和雨水。其中雨水更是大多數葡萄園最重要的水源，因為雨水是上天的賜與，是成本最低的水源。生長季節裡適度充沛的雨水可以滋養葡萄植物，葡萄藤的枝葉茁壯結實累累，葡萄成熟的季節，適當的降雨能讓葡萄果實內帶有足夠的水分，可以長成碩大完整的體型，並發展出完整的風味。

降雨應集中於葡萄藤的生長季節，換言之，大約是春季的3～5月，到了北半球晚春的5、6月葡萄開花的季節之後，最好不是雨季，因為下雨將會使葡萄的花無法充分授粉，造成產量下降或品質變差。到了葡萄成熟的6～9月，如果雨水不足，葡萄無法正常生長，不是生長停滯就是成熟的果實顆粒過小，同時缺少應有的風味。這個時節如果雨下得太多又會使果汁裡的風味被稀釋，水分過多的葡萄果實將會造成風味薄弱的葡萄酒。過多的雨量，伴隨著溫暖的天氣，也將會帶來病蟲害，讓收成減少。

然而許多地方的葡萄園都面臨了水源有限且雨水不足的問題，最嚴重的缺水情形，則會造成乾旱，使葡萄藤整株枯死，讓過去幾年的努力與投資化為泡影，葡萄藤要再重新種植恢復舊觀並得到原有的良

好品質，起碼要再等五至十年。因此優質的葡萄園附近必定有河川或湖泊，以提供充足的水源，以備不時之需，因此一套良好完整的灌溉系統也是一個管理良好的葡萄園必備的設施。

四、天氣（weather）

　　地球上大多數的釀酒葡萄生產地區，都有著多變的氣候，正因為每年不同的天氣變化情形，讓當地所生產的葡萄酒的品質變得不可預測，也讓葡萄酒的風味品質每年不同。由於葡萄產區大多位於四季分明的溫帶地區，在春夏交替的時節，各地常常會有不可預期的天氣變化，其中霜害最令葡萄農害怕。特別是晚春的霜害，會傷害剛長出的嫩芽，而使這一年的收成大打折扣，近年來最有名的例子就是1991年德國與法國北部地區的嚴重霜害，使當年葡萄的品質與產量大為降低，與前一年的大豐收形成強烈的對比。因此各個產區採用許多不同的方法來降低霜害所造成的影響，如在法國的香檳、勃根地、波爾多等地區、德國的萊因（Rhein）河谷、加州的納帕谷等地，所最常用的方法是在葡萄園裡，兩行葡萄藤之間，置放稱為smudge pot的火爐，利用油料燃燒所產生的熱，提高周邊空氣的溫度，再以大型風扇將暖空氣吹向葡萄藤，使葡萄藤的嫩芽上不會結霜，這種方法所費不貲，且容易對環境造成汙染，所以農民仍希望能有別種替代方法。

　　另一種方法則是在寒流來襲，氣溫開始下降接近零度時，對葡萄藤噴水，讓水在葡萄藤的表面結冰，這些冰在周邊空氣的溫度持續下降時，仍然可以保持零度，而能保護葡萄藤不受低於零度的冷空氣的傷害。此外霜害是由停滯的冷空氣所造成，因此使用大型風扇讓空氣流動，不必使用火盆就可以有效降低傷害的影響程度。同時田間雜草與間種的植栽也容易使冷空氣停留，所以現在的葡萄園，平時就必須常常清除葡萄園裡的雜草，以預防突如其來的霜害。

加州納帕谷所使用的smudge pot，用以保
護葡萄不受霜凍危害

　　葡萄藤開花的時候，太冷或下太多雨，會造成部分的花無法授
粉，葡萄生長不良或是落果，法文裡稱這種現象為coulure，如此會造
成葡萄歉收，但對其他葡萄的品質並無影響。Millerandage是另一個因
花季時天氣太冷或下雨所造成的問題，有許多葡萄果實受天氣影響而
發育不良，因此會有同串葡萄大小不一樣的情形出現，降低葡萄酒的
產量。

　　北半球的葡萄成熟期，通常在每年的6月到9月之間，而南半球
通常在每年的11月到2月之間，這段時間裡，如果天氣不佳造成日照
不足，會造成果實含糖量不足的問題。而成熟期的天氣如果太常下雨
又會造成果實的含水量太高，稀釋了果汁濃度，讓所製出的酒平淡且
不醇厚。冰雹會造成葡萄藤受傷害斷裂，黴菌更會在傷口上生長，最

後使葡萄藤生病壞死。到了收成的季節，濃霧與下雨又容易阻礙採收的順利進行，或是延誤了葡萄應採收的時機。過熟的果實留在葡萄藤上，除了品質會降低外，灰腐病等細菌或黴菌所引起的病害也容易發生，使一年辛勞所得化為烏有。

　　所謂的好年份，通常就是風調雨順的一年，在良好的天氣裡生長，自然可以得到品質良好的葡萄。而較差的年份裡，總有某些令人意想不到的不良天候，如冬季過長、夏天過熱、嚴寒、霜害、暴風雨、降雨量過多或不足、日照不足或過度，以及其他許許多多陰晴不定的天氣；正因有這些不好的年份，才讓好年份的葡萄酒更令人期待。偶然有的特別好的天氣，使某些年的葡萄酒的品質有令人意外的驚喜，正是讓某些葡萄酒從單純的飲料變成可以收藏的藝術品的原因。在南半球的智利，享有全球各地葡萄產區所沒有的穩定天氣，每年的葡萄酒品質安定，自然沒有人期待所謂好年份的智利葡萄酒，所以得天獨厚的良好天氣，對智利葡萄酒的發展可能反而是一大限制。

五、微氣候（microclimate）

　　因為葡萄園座落位置的特殊地理環境，如海拔高度、地勢高低、坡度與面向、距離海洋或河川湖泊等大面積水的距離等，都會造成小區域的葡萄園與鄰近葡萄園之間的氣候差異，如日照程度、降雨多寡、風向與風量，甚至氣溫變化情形，因此每一塊葡萄園，都有其獨特的氣候環境，這就是所謂的微氣候。微氣候影響在這塊土地上生長的作物，特別是對於葡萄這樣敏感的作物，更會直接影響葡萄酒的風味與品質。微氣候不良的土地，除了種不出高品質的葡萄外，還容易造成土地侵蝕、養分流失、積水和太早失去冰雪覆蓋。

 第三節　土地因素

一、土地特性（gout de terroir）

　　法國人常用gout de terroir這句話來形容一支葡萄酒的味道，直接翻譯的意思就是「土地的味道」，其實它真正的意思是指每一塊葡萄園的土地都有其特性，這個特性來自於影響土地性質的各項因素，如土質、土壤成分、地形、微氣候、葡萄藤和種植者等，稱作土地特性，亦即葡萄藤的所有生長環境，這種特性會經由這塊土地上所生產的葡萄，影響所釀成的葡萄酒的品質。所以相同的葡萄品種，如果種在不同的地方，會有不同的風味和口感，這就是由於土地特性所造成。由葡萄酒的風味中，有經驗的品酒者，可以分辨出哪些是因為土地特性所帶來的特殊風味，而這些特殊風味往往就是許多著名葡萄酒獨特風味的來源。

　　歐洲的葡萄酒業者大多相信影響葡萄酒品質最多的是土地的特性，所以葡萄酒行銷的重點放在每一個葡萄園的土地特質與優越性，而美國等新大陸國家則將重點放在葡萄的品種上。

二、土壤（soil）

　　土壤裡的化學組成會直接影響葡萄藤的生長與葡萄的風味。葡萄是一種對土質不挑剔的植物，幾乎可以生長在任何一種土壤上，其中最適合種植釀酒葡萄的卻是一般認為是貧瘠的土地，這樣的土地通常表土層淺薄，但富含磷酸鹽及鐵、鉀、鎂、鈣等礦物質。土壤表層同時應該由含孔隙多，排水良好的沙與石礫所組成，這樣的地質可以使葡萄藤的根系保持健康，向地層深處伸展，以吸取地底深層的地下水，以及更多的微量礦物質元素。即便是含砂的土地，沙石與泥土的

比例也影響到葡萄的生長，含土量高的土地，雨季裡排水不易，到了乾季會變硬乾裂，非常不適合葡萄種植。

　　在含沙量高的土地中生長的葡萄藤根系較容易發達，因此老葡萄藤較能耐冷與耐乾旱，也較不容易受到冬天嚴寒的影響，例如1984～1985年的冬天，法國Chablis面臨20世紀最嚴寒的冬天，連地底1公尺的泥土都凍住了，結果只有當地較老的葡萄藤因為有較深的根系，可以自地底深處吸取水分，讓葡萄藤不會被凍死而能存活下來。

　　土壤的組成影響土壤的酸鹼度等性質，也決定了這塊土地應該種植何種葡萄品種，例如法國Beaujolais的泥土為花崗石（granite）的風化土，特別適合Gamay的生長；而Chablis和香檳地區的白堊岩（chalk cliff）風化土則對Chardonnay的生長有益；其他如波爾多的中生代的石灰岩地質、Graves的礫石、匈牙利Tokaj的火山堆，各有其適合生長的葡萄品種。許多人認為含白堊岩和石灰岩比例越高的土地，越容易種出高品質的葡萄。

　　表土層的深淺也決定了葡萄的品質，表土深的土地，適合種植量產而不求品質的葡萄，表土淺薄，含沙量高，排水良好的土地反而能得到更佳品質的葡萄。最糟的土地是那些密度高，保水性良好的土地，葡萄藤的根部不易發展且多病害，最不利葡萄藤發育。

　　土地表層的礫石比例也是一項重要的指標，多石礫的土地比較難種植。但因為礫石可以讓雨水很快地排到地底，不會停留在表土層直接蒸發，有益於地下水保存。此外，礫石在白天吸熱，夜間散熱，也有助於葡萄的成熟過程。

　　土壤裡的微量礦物質，如氮、磷、鉀、鈣、鎂、鐵、錳及其他稀有元素，也會直接影響葡萄藤的生長與葡萄的風味。但由於長期種植葡萄，大量灌溉，這些微量元素不是隨葡萄被採摘帶走，就是隨表土被沖刷，最後造成地力枯竭，影響葡萄的生長。為防止這個問題的發生，將腐植質回填葡萄園的表土層是必要的做法。使用肥料應使用

有機肥料，絕對避免使用化學肥料，因為化學肥料會影響泥土裡的生態，短期內也許解決部分肥分缺乏的問題，卻會改變土中微生物的菌相，影響土質的安定。此外為維持良好的排水性質，在葡萄園裡應儘量避免使用大型耕種，因為大型機具的重壓會破壞葡萄園土地的多孔性。

三、地理位置（location）

每一塊土地因為它的特殊地理位置，因而造成其獨特的微氣候，只有某些能適應此處微氣候的葡萄品種才適合在這裡生長，例如在較冷的地區，有利植物生長的時間很短，只有較早熟的品種才能來得及在天氣變冷之前成熟，位在丘陵地帶的葡萄園則應注意海拔、坡度、面向、附近是否有水源與森林。海拔較高的葡萄園在晚春時較低海拔或谷地裡的葡萄園不易受到霜害。相對地，在緯度較低，天氣較熱的地區，葡萄容易過熟，造成含糖量太高、酸度太低，種在海拔較高的地方的葡萄藤可以得到品質較佳的葡萄。

土地的地理位置會影響這塊土地是否可以用來種植葡萄，例如歐洲最北的葡萄酒產區位於德國的Ahr區，緯度已到北緯50.5度，在這個地方由於遠離海岸，不容易受到來自海洋的氣候變化影響，所以可以得到比較多的日照時間，勉強可以達到葡萄成熟所需的最低日照要求。而相似緯度的英國西南部地區，地形與Ahr相近，卻由於離海岸較近，溼度較高，每年陰雨的天數遠較前述地區為多，導致日照不足，因此無法成為一個合格的葡萄酒產區。各項地理位置的條件中，最重要的一項，在於是否鄰近水源，許多有名的優質葡萄園都座落於河岸谷地或鄰近湖邊，並且朝向水源以吸取更多的水並利用水岸的濕氣以降低葉面的溫度。

四、土地面向與斜度（aspects and slope）

　　在高緯度地區的葡萄園，座落的面向成為一項重要的條件，北半球理想的葡萄園的面向大多應該朝南，以吸收更多的日照。越北邊的葡萄園，坡度越陡越能得到日照聚集的好處，所生產的葡萄品質越好。在這些地區，面向河流湖泊的葡萄園，例如法國波爾多的Gironde河和德國Rheingau的Rhein河岸地區，由於受益於河流湖泊的溫度調節作用，可以保持較高的均溫，同時也可以減少劇烈溫度變化對葡萄藤可能造成的傷害。如果要製作貴腐酒，秋天清晨，在湖畔或河岸邊的霧氣，對於黴菌的感染也是絕對必要的。

　　在德國的葡萄酒生產地區，葡萄園大多必須座落於面向南方的萊因河畔的斜坡上，這是取得日照的絕佳角度，除了直接的日照之外，葡萄藤還能得到萊因河上反射的日光照射，因此可以有足夠的日照，讓葡萄能夠充分生長成熟。面南而背向北邊的山坡，讓葡萄園在冬天不必直接面對寒冷的北風，靠著山上樹木的屏障作用和萊因河水的溫

德國Rheingau地區栽種在斜坡上的葡萄園

暖溼氣調節，葡萄藤可以安度每一個寒冷的冬天。到了夏天清晨，萊因河谷的溼氣瀰漫成霧，又可以讓葡萄藤經由葉部吸收充足水分。在法國南方開闊的平原上如隆河河谷或Midi的葡萄園是否向南不是一項影響葡萄品質的關鍵因素，但是到了較北邊的Chablis地區，葡萄園向南與否，則成為劃分一般的Chablis和Chablis Premier Cru的標準。

第四節　葡萄種植

　　在談過影響葡萄種植的氣候與土地因素之後，本節將簡略地介紹一年之中葡萄種植的重要過程，所有的種植歷程，其實都是為了要得到高品質的葡萄以供釀酒使用，唯有良好的田間作業，才可以得到高品質的葡萄和葡萄酒。

一、產量控制

　　葡萄因品種的不同，每一單位面積所能產出的葡萄果實數量會有差異，基本上單位面積產量越高的葡萄園，所產出的葡萄品質越低，由這些葡萄所釀製而成葡萄酒的風味複雜性、持久性與醇厚度都低，不耐久放，所以只能作為廉價的日常餐酒飲用。要製作高品質的葡萄酒，在葡萄藤開花結果之後，必須剪除部分已開花結果的枝芽，讓養分能集中在剩下的果實裡，理想上每一棵葡萄藤在修剪之後，約可產出大約可供製作1～4公升的葡萄酒所需的葡萄，所以每英畝葡萄園所生產的葡萄可以從2～14噸不等。許多國家的葡萄酒法規裡，對於每一塊葡萄園所能生產的葡萄產量有著嚴格的規定，由限制葡萄的產量達到控制葡萄品質的目的。

二、田間作業流程

(一)冬季修剪

　　每年生長季節結束後，在冬天來臨之前，要將葡萄藤的主幹上的大部分的枝椏剪除，也就是將上一個生長季節裡所生長的枝葉去除，只留下少數枝芽，以待明年生長季節的即時生長，冬季修剪（winter pruning）枝芽的動作，是葡萄農夫控制第二年產量和葡萄品質的一個重要方法。

(二)嫁接

　　農民可以利用嫁接（chip budding, grafting）的技術，將品質較好的葡萄枝條嫁接到已經被修剪過的既有葡萄藤的樹枝上，經過一年的生長，就可以將原有的葡萄藤所生產的葡萄品質作一提升，開始生產所嫁接的葡萄品種。利用這種技術，農民可以將品質良好但不抗葡萄蟲病的葡萄品種嫁接到抗病品種的根上，種出可抗病又具良好風味品質的葡萄藤。

(三)插枝

　　當冬天過去，大地回暖，同時不再需要擔心霜害的時候，可以開始整地種植新的葡萄藤。現在的做法，新的種植都是採用插枝的方法，以保障所得到的葡萄品質能和原本種植的葡萄一致。如前面所提到的，為了要避免葡萄蟲病的危害，現在用來插枝用的葡萄藤枝（vine rootstock），通常是採用已經嫁接過Vitis vinifera的抗病葡萄藤的粗枝，所以當葡萄藤成長後都不會再受葡萄蟲危害。

(四)施肥

　　現在由於環保意識高張，農民大多盡可能的不再使用化學肥料，

改採一些有機肥料，例如間做一些所謂的綠肥植物，定期整地，將這些植物埋入土中成為肥料，製酒之後的酒糟和葡萄枝芽等也都回填到葡萄園裡，讓土地生生不息。

(五)修剪莖葉

修剪莖葉的動作，在葡萄藤生長的季節應該要持續進行，否則過度茂密的葉子，反而會造成遮陰的效果，讓葡萄的生長不均勻，同時照不到陽光的葉部背面的溼度也容易過高，而招致病蟲害。所以時常進行修剪莖葉的動作可以讓葡萄均勻健康地成熟。

(六)防止動物掠食與防病蟲害

良好的田間衛生固然可以避免病蟲害的發生，適度的農藥噴灑，對某些病蟲害發生率較高的地區而言，也是不得不然的做法。此外葡萄成熟時，各種齧齒動物與鳥類都可能前來覓食，也應採取驅離措施。

(七)灌溉

對於周邊環境蒸發率較高的地區，定時噴水或滴水灌溉（irrigation）系統，可以節約用水量和人工成本。

(八)夏季修剪

為避免產量過多，影響葡萄品質，因此在夏天裡也應該進行較大幅度的修剪枝芽的動作，去除過剩的枝葉。

(九)採收

當葡萄的糖度達到預期水準時，葡萄就可以採收（harvest）了，採收葡萄的過程，大多都還是用人工，也有採用機械採收的，但品質

人工採收葡萄

不如人工採收良好。部分葡萄園為了製作冰酒或貴腐酒，葡萄往往到
11月以後才採收，此時許多地方已經非常寒冷，清早起來果實表面都
凝結著一層薄霜。

(十)準備過冬

　　無論如何，當葡萄採收完成之後，葡萄園的工作人員要開始準備
過冬，新一輪的冬季修剪作業開始，較北方的地方，為了要保護葡萄
藤的根部，此時必須在葡萄藤的根部以稻草覆蓋後，培土覆蓋，當這
個葡萄園面臨非常嚴寒的天氣時，只要根部未被凍死，明年一樣可以
有良好的收成。

Chapter 7

葡萄酒釀造

Vinification

除了葡萄的品種與品質外，葡萄酒的釀造與製作是否良好，也決定了一支葡萄酒最終的風味、品質與價格。人類釀製葡萄酒已有超過五千年的歷史，期間技術不斷改良，在許多方面，已超過一般的科學與技術層面，而成為一種藝術，也是人類的一項重要文化遺產。許多葡萄酒產區，都已形成具特色的製酒文化，表現在當地的葡萄酒中，形成一種風格，所以有經驗的品酒者，可以輕易地辨識葡萄酒的風味特色，判斷品質的高低並決定這支酒的價值。

專業的葡萄酒從業人員，固然必須對葡萄酒的製作過程有深入的瞭解，一般對葡萄酒有興趣的消費者，也應該對此有所瞭解，才能知道他花錢所買的葡萄酒是否值得。然而葡萄酒的製作過程繁瑣，從葡萄採收開始，每日不間斷地工作，需要數個月的時間才能完成，如果包括應有熟成期，時間可能長達數年，期間所經歷的種種細節與注意事項，並非本章短短篇幅可以詳述，也非本書寫作的目的。因此本章僅將簡略介紹並比較各種類型葡萄酒的製作流程，讓讀者對於葡萄酒製造能有個概略性的瞭解，同時也將討論製酒過程中影響葡萄酒的風味的重要關鍵步驟。

 第一節　從採收到製酒

一、採收

圖7.1是紅葡萄酒與白葡萄酒的製酒過程。葡萄成熟後，釀酒師必須決定在何時採收，在大多數地方，通常要等到葡萄園裡的葡萄的平均含糖量達到22%以上，最好在24%左右，含酸量也必須達到標準才能進行才採收。但是在較冷的葡萄酒產區，如法國的勃根地、羅亞爾河谷和德國大部分地區，對於有些較晚成熟的葡萄品種，釀酒師無法由葡萄的

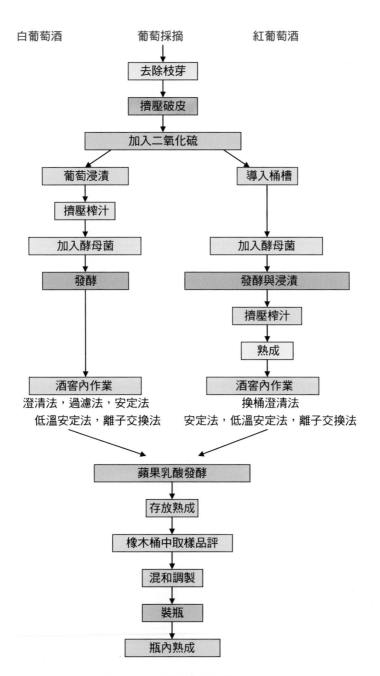

圖7.1　葡萄酒製造過程

圖7.1　葡萄酒製造過程

155

含糖量來判斷採收的時間,他必須決定葡萄有足夠的成熟程度,可以提供他所想製的酒的風味,而不足的含糖量,在當地可以合法的加入蔗糖以提供酒精發酵之用(chaptalization),過度的酸則可以用一些工程方法去酸(deacidify),只有欠缺風味無法彌補。在南歐及其他較熱的地區,成熟度與糖度不成問題,但是必須常常面對葡萄太快成熟的問題,由過度成熟的葡萄所製造的葡萄酒,酒精度高但風味呆板,香氣不足,因此他們的問題在於如何保有葡萄的酸度,加入各種酸是一種解決的方法,但會讓葡萄酒的味道像是加了酸的酒,尖酸得難以入口。另一種方法就是在葡萄還未成熟,酸度尚高的時候先採集部分的葡萄製酒,等其他葡萄成熟後所製的酒完成後再互相混和。所以釀酒師要選在葡萄含酸量與含糖量適當的時候,很快地採收。

二、酒精發酵

葡萄在被採收後,應該立即送入酒廠,開始製酒的工作。白葡萄酒的製作,無論使用白葡萄或紅葡萄,進廠後應該立即去除枝梗,然

選在葡萄含酸量與含糖量適當的時候進行採收

156

以人工方式去除枝梗

後擠壓榨汁（pressing）並去皮，再將葡萄汁導入發酵桶並加入足量的酵母菌後進行酒精發酵。相對地，紅葡萄酒的製作則是將採收來的紅葡萄去除莖葉和枝梗後，擠壓使果皮迸裂（crushing），部分果汁流出但不去皮，讓葡萄皮浸泡在葡萄汁中，導入發酵桶並加入釀酒酵母直接進行發酵，這個過程在法文叫做Cuvaison，而發酵中的葡萄酒汁則稱作Vin de Goutte。發酵過程持續進行數日，直到酒汁中的顏色和單寧達到預期的程度後再經過榨汁去皮，去皮之後的酒汁稱為Vin de Presse。被去除的葡萄皮、葡萄籽和殘留的汁梗總稱為Marc，可以被復水後，再進行第二次發酵作為白蘭地的原料，或回填葡萄園的泥土中作肥料。

　　未發酵的葡萄汁大約含有24％左右的糖，還有大量的蘋果酸（malic acid）、酒石酸（tartaric acid）、酒石（tartar）、蛋白質、單寧、色素和甘油。酒精發酵（alcoholic fermentation）的過程可以由以下化學式表示：

$$C_2H_{12}O_6 \xrightarrow{\text{酵母菌}} 2C_2H_5OH + 2CO_2 + 能量$$

　　酵母菌體內的酵素催化一系列的化學反應，將葡萄汁裡的糖分解為酒精和二氧化碳，以取得新陳代謝所需要的能量，多餘的能量並以熱能的方式釋出，所以酒精發酵是一種產氣且會生熱的無氧發酵。

　　正如前面所提到的，葡萄皮的表面有許多野生的細菌、酵母菌和黴菌，如果讓這些野生菌繼續在葡萄汁裡生長，那這些葡萄汁很快便會酸敗或發酵成為味道奇怪的葡萄酒，所以必須加入釀酒用的酵母菌，使成為葡萄汁裡的主要菌叢並進行酒精發酵。酒精發酵發生後，當酒汁裡的酒濃度達到大約4%左右時，大多數的野生細菌或酵母菌就會開始死亡，隨著酒中的酒精濃度持續升高，最後只有釀酒酵母菌可以在酒中繼續存活直到酒精度達到15%，部分釀酒酵母菌甚至可以在酒精度到達18%以上時存活。

三、釀酒酵母菌

　　「釀酒酵母菌」是一個簡化的通稱，因為自然界中有許多的生物都可以進行酒精發酵，但在製作葡萄酒時，我們只利用Saccharomyces一屬的酵母菌做成培養菌種（culture），菌種中通常包含數種到數十種不同的酵母菌，其中最主要的一種酵母菌學名叫做Saccharomyces Cerevisiae。菌種的來源有幾種途徑，法國及歐洲許多具有悠久製酒傳統的酒廠，在製酒時強調不使用人工培養的菌種，每年製酒時將葡萄放入釀酒槽中，加入前一年製酒時留下來的葡萄酒糟，酒糟中含有大量的酵母菌孢子，當這些孢子進到葡萄汁之後，就會停止休眠而發芽生長，引發酒精發酵。

　　由於這種菌種最初來自野生酵母菌種所引起的自發性酒精發酵，所以被稱為天然菌種（natural culture），經過好幾世代的傳遞，菌種

的組成已經非常穩定，但菌種中有哪些種類的酵母菌連釀酒師或酒廠主人也不清楚，其中可能某些酵母菌帶有獨特的基因，可以產生特殊的代謝產物，讓這家葡萄酒廠釀製的葡萄酒有與眾不同的特殊風味。此外，每一家酒莊所使用的天然菌種的組成都不相同，更增添了各家酒廠風味的差別性。

　　新設的酒廠以及大多數新興酒區的酒廠，由於沒有可用的天然菌種，應使用何種釀酒酵母菌也多在嘗試階段，因此多半會採用由專業的實驗室所培育的菌種，稱為人工培養菌種（artificial culture），這些菌種都經過嚴格的實驗室挑選、純化與培養過程，因此品質與純度良好，發酵速率高，而且品種單純，釀酒師容易掌握發酵的過程，對於以量產為目的的酒類確實是非常方便好用，和新大陸葡萄酒業者強調品種特性的製酒風格也很契合。這類菌種的組成都為已知的幾種酵母菌，許多地方的大學與葡萄酒研究所的菌種保存中心，都已對幾種發酵品質特別好的菌種建立基因庫，以保持菌種的純系，因此發酵的結果完全可以被釀酒師所預期及掌握。

　　這些菌種最大的問題是對天然環境的適應能力差，因為這些菌種都為人工培育，離開人為控制的良好環境如發酵槽之後，可能會有菌種劣化或無法生存的問題，因此每年製酒時都要向菌種的供應中心購買新的菌種。另外由於人工培養菌種中，酵母菌的品系遠較天然菌種簡單，因此與後者相較，不容易在葡萄酒中得到令人意外的驚喜或失望，每一年份的葡萄酒品質幾乎完全決定於當年採收的葡萄品質。

四、添加二氧化硫

　　葡萄皮表面的野生酵母菌中，有許多和醋酸菌（acetobacter）一樣都是會造成葡萄酒的腐敗，與釀酒酵母的不同處在於這些葡萄酒腐敗菌有氧氣存在才能生長。釀酒師在適當時間以加入亞硫酸鹽

（sulfite，製酒業者習慣將之稱作二氧化硫，SO_2）的方法可以阻絕葡萄酒汁與氧氣接觸，從而避免野生細菌在葡萄酒中生長。亞硫酸鹽可以和氧氣反應成為硫酸，使葡萄汁中成為無氧的環境，並在酒汁的表面形成一個膜，阻絕了野生菌在酒汁表面的生長，同時所生成的硫酸進一步改變了酒汁的pH值，讓環境更適合釀酒酵母的生長，這個過程稱作sulphuring the wine。

如此，釀酒酵母菌得以在酒汁中不受干擾地進行酒精發酵並生長。由於酒精對釀酒酵母菌本身而言是新陳代謝後的廢棄物，在低濃度時酵母菌的生長不受影響，一旦濃度過高則會抑制酵母菌的生長，當葡萄酒汁裡的糖完全被酵母菌用盡之後，發酵作用就自動結束。

五、釀酒溫度

溫度的控制對酒精發酵的進行也是一個關鍵。酒精發酵的主要目的在於釋放能量以供酵母菌新陳代謝所需，然而多餘的能量則會以熱能的形式釋出，使發酵槽內的溫度升高。由於釀酒酵母菌的生長適溫約在4～30°C之間，在這個溫度範圍內，溫度越高酵母菌的新陳代謝速率越高，生長也越快，但高於30°C的溫度會殺死酵母菌。雖然釀酒師都希望讓酒汁的酒精度儘快達到4%以上，以抑制野生腐敗菌的生長，所以在發酵初期可能讓酒汁保持在較高的溫度，但之後會將發酵槽的溫度調降，讓酒精發酵的速率降低，因為過去的經驗顯示，較慢的酒精發酵可以得到風味較佳、品質較好的葡萄酒。

而法國南方以及其他夏天較熱的地方，過去製酒得看天氣的狀況，往往因為天氣過熱而無法製出好酒，如今因為科技的進步，酒廠可以利用雙層的不鏽鋼發酵槽，利用夾層中的熱交換管的循環冷水流來降低發酵槽裡的溫度。近年來也有越來越多的酒廠採用可以控制溫度的新式發酵槽來製酒，這種發酵槽雖然設備與能源的成本都較高，

但由於在發酵槽內裝有冷卻板等溫度控制裝置，所以釀酒師可以很精確的控制發酵槽裡的溫度。這些帶有溫度控制裝置的發酵槽，已成功的改善了西班牙、南非和美國等較溫暖國家的葡萄酒品質。然而德國等北方國家卻可能面臨製酒季節，天氣太冷的問題，所以發酵槽可能還要有加熱裝置。

六、蘋果乳酸發酵

在酒精發酵完成後，接著可以進行蘋果乳酸發酵。這種發酵作用由一群生活在酒精裡的乳酸細菌（malolactic bacteria）所催化，將較刺鼻難喝的蘋果酸分解為讓人們較能接受的乳酸與二氧化碳，並進一步釋放能量。已知的蘋果乳酸菌包括Leuconostoc Oenos、Lactobacillus Plantarum、Lactobacillus Brevis、Lactobacillus Casei、Lactobacillus Buchneri、Lactobacillus Trichodes、Pediococcus Damnosus、Pediococcus Parosus等。蘋果乳酸發酵的結果可以改變葡萄酒的pH值，讓酸度降低，還會讓葡萄酒帶來更醇厚複雜的風味及軟化口感，同時由於乳酸與部分乳酸菌的代謝產物有抑制釀酒酵母菌的作用，因此可以增進葡萄酒中微生物菌相的穩定性。

然而有的釀酒師會讓酒精發酵繼續進行直到自然終止，等到第二年春天再讓蘋果乳酸發酵發生，據說如此可以讓葡萄酒的風味更醇厚。蘋果乳酸發酵的發生可以由釀酒師加入菌種，或調整發酵槽裡的環境使其自然發生。由於這也是一種會產氣的無氧發酵，所以最好在可排氣的大型發酵桶或橡木桶中進行，如果蘋果乳酸發酵發生在酒瓶中，可以製作低含氣的酒（如petillant或spritzig），但是必須強化軟木塞的緊密度，否則可能有爆出的情形發生。由於自發性的蘋果乳酸發酵發生的時間不可預期，發酵結果所產生的酒品質也不可預期，有時還可能讓葡萄酒變壞，所以現代製酒大多已改用接種方法以求對蘋果

乳酸發酵的結果有更好的控制，同時讓酒質變壞的可能性降到最低。

七、碳酸浸解法

碳酸浸解法（carbonic maceration）法文叫做Macération Carbonique。maceration一字的化學意義為浸泡解離，通常在適溫下用浸泡的方法將物質自某一物體中離析出來。這是現代製酒技術中一種控制發酵速率的方法，整串的葡萄被放入發酵用的大桶槽中，這些大桶槽都是可密封式的但留有排氣閥，當桶內氣壓達到一定程度時，可將桶槽內發酵所產生的二氧化碳氣體排出。發酵槽內下層的葡萄受到上層葡萄的重壓而破裂並流出被稱作free-run的果汁，上層未受重壓的葡萄則保持完整。

酒精發酵在桶內各處同時進行並釋出二氧化碳，當上層完整葡萄的果皮內的二氧化碳達到相當程度的壓力時，葡萄皮會被脹破，利用這種方法發酵的葡萄等於是被浸泡在飽和的二氧化碳氣體中進行酒精發酵反應，利用發酵槽裡物質的重力及二氧化碳所產生的壓力與溶解力，葡萄皮的色素可以很快地被抽出，因此葡萄皮不必在酒汁中長期浸泡就可以得到所希望的顏色。利用這種方法所製作的葡萄酒單寧含量較低，不必經過長時間的熟成，很快就能入口，可用來製作強調新鮮果香的葡萄酒，例如由Gamay所製作的Beaujolais Nouveau和Touraine Primeur等葡萄酒，也由於單寧含量太低，普遍醇厚度不足，因此不適合長期存放。

八、葡萄皮浸漬

第一種葡萄皮浸漬方法主要用在白葡萄酒的製作，叫做Maceration Pelliculaire或Prefermentation Maceration，原文的意思是葡

萄皮的浸漬或是在發酵前的浸漬。這種方法常用在法國羅亞爾河谷區，於發酵開始前，讓葡萄皮浸泡在葡萄汁中幾個小時以萃取更多風味的方法，之後再榨汁進行發酵。有些地方製作玫瑰紅酒時，也利用這種方法萃出紅葡萄皮的色素，但持續浸泡的時間需要十二至二十四小時。

另一種葡萄皮的浸漬叫做cuvasion，主要用在紅葡萄酒和大多數的玫瑰紅酒的製作，讓葡萄皮直接進入釀酒用的葡萄汁，利用發酵所得的酒精萃出葡萄皮的色素與單寧，隨酒精濃度在葡萄汁中持續升高，色素與單寧被酒精萃出的速率也變快。製作玫瑰紅酒時，葡萄皮浸漬於酒汁中的時間不能太長，大約一至三天，在葡萄汁還沒完全轉換成酒之前就應將葡萄皮去除，以免酒中顏色與單寧過多。

九、白葡萄酒不過濾熟成法

白葡萄酒不過濾熟成法的法文是Sur Lie，其原意為「帶著酒渣」，原本是紅葡萄酒的標準製酒方法的一種，如今特別強調Sur Lie的，都是將這種方法運用在製作白葡萄酒時。白葡萄酒發酵完成後通常要進行必要的淨化過程，但Sur Lie的葡萄酒卻不經過如過濾之類的淨化過程，發酵完成後直接將死去的酵母菌等發酵殘餘物，即所謂的酒渣（lees）留在橡木桶中存放一段時間後裝瓶。裝瓶前也同樣不過濾，但可以用換桶的方法去除沉澱的酒渣，部分酒渣也一併裝入酒瓶，如此做法可以讓葡萄酒的風味更豐富。這種製酒方法最早在法國勃根地地區，用來製作Chardonnay，如今這個方法用在羅亞爾河谷區製作Muscadet的葡萄酒，在阿爾薩斯和德國用於部分Riesling與Pinot Gris葡萄酒的製作，美國加州也有業者採用此種方法製酒。用來製作需長期存放的葡萄酒如Chardonnay和Sauvignon Blanc時，可以為葡萄酒增添風味的複雜性，但必須注意不可過度，否則酒中將充滿酒渣的味道。

葡萄酒賞析

第二節　白葡萄酒釀造

　　決定一支葡萄酒性質的最重要四件事，包括葡萄品種、葡萄種植、土地特性（土質與氣候等）以及釀酒師的能耐。基本上葡萄酒的釀造已經是一個非常制式化的作業流程，無論到哪一個葡萄酒產區，製作哪一類型的葡萄酒，各家酒廠所採用的作業流程，都是大同小異。然而如何去進行每一個製酒步驟，嚴格掌控每一個細節，卻是每一位釀酒師獨具的心得與才能的結晶。因此調酒師的能力可以決定一支葡萄酒是否可成為具有收藏價值的藝術品，或者只是一般的含酒精飲料。畢竟不是每一個人都有機會或有意願想當一位釀酒師，因此只須對於葡萄酒的釀造流程有基本的認識就夠了，本節將介紹白葡萄酒的標準製作流程。

一、葡萄採收（harvest）

　　通常在9月初（每一種葡萄的時間不一樣，產區不同也會不一樣），綠色、黃色或灰色的成熟釀酒白葡萄果實的平均糖度達到大約21～23%時，葡萄就可以被採收了。葡萄採收通常是靠人工，但部分地區在生產較大宗的葡萄酒時，也使用機械採收，以節省人力成本。

二、運送（transport to winery）

　　葡萄園裡所採收的葡萄應立即送入酒廠，展開後續製酒作業。

三、碾壓（crushing）

　　所有的葡萄進廠後，應經過碾壓機，將葡萄皮壓破，並將果肉與

以人工採收葡萄

葡萄壓榨機將葡萄壓榨去皮

果汁釋放出來,以方便之後的壓榨去皮。這時釀酒師必須決定是不是應該將殘留的葡萄果柄留下來,葡萄果柄的存在,可以讓後面壓榨去皮時果汁排出得更快,但卻會帶給葡萄酒更多的單寧,對於水果風味

較重的葡萄，單寧可以帶來更多風味的複雜性，但也可能對一些較敏感的葡萄汁帶來負面的影響。

四、加入二氧化硫（sulfur dioxide addition）

添加二氧化硫有以下幾種主要功能：調整葡萄酒的酸鹼值、抑制野生菌生長、抑制褐化反應酵素的作用及作為一種抗氧化劑。

五、降溫（chilling）

如果將供製酒的葡萄汁溫度太高，則在碾壓之後必須先經過葡萄汁降溫機（wine chiller）降溫，以確保葡萄汁在壓榨去皮過程完成之前不會被野生釀酒酵母菌引發發酵作用。

六、沉澱果皮和果肉（settling of skins, pulp, juice）

溫度降低之後，帶著果皮與果肉的葡萄汁可以先在預備桶中短時間靜置，當果皮與果肉沉澱後，上層無果肉的葡萄汁可直接被引入發酵槽內；帶有較高果肉與葡萄皮比例的下層則進入壓榨機進行榨汁動作。特別是製作白葡萄酒時，可自由流動的葡萄汁應儘快與葡萄皮分離。

七、榨汁（pressing）

發酵之前，葡萄皮與果肉要經過壓榨機將葡萄汁榨出。榨汁所用的壓力不可以太大，否則會將葡萄籽和果梗壓破，讓葡萄酒帶來令人刺激的苦味。現代製酒多改用空壓式壓榨機，取代過去所使用的木製榨汁機，雖然兩者所榨出的葡萄汁的品質無分軒輊，但空壓榨汁機的效率顯然較高。

傳統的木製葡萄壓榨機

八、靜置沉澱（setting）

被壓榨機榨出的葡萄汁被導入大型沉澱桶內，葡萄汁裡還懸浮有大量葡萄皮、葡萄籽、果肉與果梗的碎屑，靜置一段時間之後，大多會沉澱底部，此時將上層的較乾淨的葡萄汁導入發酵用的桶槽內進行酒精發酵。

九、加入酵母菌（adding starter yeast）

如果需要加入酵母菌，則可以在此時，將菌株（天然或合成）加入已經被澄清的葡萄汁之中。

十、發酵（fermentation）

傳統上在小型橡木桶內進行的白葡萄酒發酵過程，如今大多在不

大型不鏽鋼發酵槽

鏽鋼材質的大型發酵槽內進行，這些發酵槽通常可控制溫度同時還有玻璃檢視窗，讓釀酒師可以看到桶內發酵進行的過程。葡萄汁被打到發酵槽後，加入釀酒酵母開始進行發酵，一般白葡萄酒發酵的溫度大約控制在15°C左右，酵母菌將葡萄汁裡的糖轉換成酒精與二氧化碳。利用溫度的高低，釀酒師可以控制發酵反應的進行速度，低溫長時間的發酵可以保持較佳的水果香氣，同時也能確保所有的糖都轉變成酒精；而如果要製作甜白酒，則可以在酒精濃度達到預定水準之後，立即降溫來停止發酵反應的持續進行。當發酵完成後，有的釀酒師會讓葡萄酒帶著酵母沉澱物（lees）一起裝瓶，讓葡萄酒的風味與口感更佳。

十一、蘋果乳酸發酵

　　為了軟化酸澀的口感，同時增加風味的複雜性，最好再進行第二次的發酵作業——蘋果乳酸發酵。在過去自發性的蘋果乳酸發酵的發

生與結果要靠運氣,但在現代釀酒作業中,釀酒師可以使用一些工程方法來控制蘋果乳酸發酵的發生與進行。

十二、酒窖內作業

釀製好的葡萄酒要進行一連串的淨化(clarification)過程,將酒中殘餘的發酵廢物清除,以避免葡萄酒發生意外的蘋果乳酸發酵或腐敗,習慣上淨化的過程被稱作酒窖作業(cellar operation),釀酒師於淨化每一批次的葡萄酒時,通常會使用一種以上的方法。

(一)澄清(fining)

以添加沉澱劑的方式,將懸浮於酒中的小懸浮顆粒去除。這些沉澱劑主要是像皂土(bentonite clay)和蛋白等具吸附力的物質,利用物理性的吸附作用,將葡萄酒內的懸浮顆粒吸附,形成的顆粒聚集因為密度變大而沉澱,上層已經被淨化的葡萄酒可以用導管打到另外一個桶槽(racking),重複幾次這樣的動作就可以使葡萄酒完全澄清,無任何懸浮物。

(二)過濾(filtration)

這種方法是讓葡萄酒通過濾網來達到淨化的效果。葡萄酒的濾網通常由許多層多孔薄膜重疊組成。葡萄酒經加壓後通過濾網,將較大分子與懸浮顆粒留下,達到淨化的目的。濾網有許多種不同過濾級數,如果需要非常潔淨的品質,可以重複過濾程序,但將濾網的過濾等級由粗到細逐步縮小。利用過濾的方法除了將可能造成混濁的沉澱物去除外,還可以將葡萄酒中懸浮的酵母菌、細菌和其他許多不被期待的物質去除,所以可以安定品質預防敗壞。然而過度過濾則可能失去某些風味。

(三)安定法（stabilization）

利用二氧化硫、己二烯酸（sorbic acid）或其他合法且安全的藥劑除菌、殺菌或抑菌，以達到安定葡萄酒內的微生物活動的目的。

(四)低溫安定法（cold stabilization）

過去在德國，這個步驟是在較冷的室溫下以稱為fuders的大型橡木桶進行。如今在現代製酒方法中，將葡萄酒引入厚不鏽鋼大桶中，將溫度調降到4°C以下的低溫，使酒石酸產生結晶而沉澱析出，以避免酒石在葡萄酒儲存的時候產生結晶。

(五)離心（centrifugation）

將葡萄酒透過高速離心機也可以達到淨化的目的，這種方法的效率高、速度快，也可以去除殘留的微生物，但設備與能源成本昂貴，適合用在大規模量產的葡萄酒的生產。同時使用離心方法淨化葡萄酒時，離心速度不可以開得太大，否則也會使得葡萄酒失去風味。

(六)離子交換（ion-exchange）

葡萄酒的釀造其實是由一連串的化學反應所構成，在反應進行中，很容易由環境中吸收一些離子，如鐵、銅和鈣，利用離子交換的方法可以將這些離子去除，此外許多帶電的小分子也可以被去除，讓葡萄酒的性質更安定，品質更好。

十三、熟成（aging）

將已經被淨化過的葡萄酒存放於不鏽鋼桶或橡木桶中一段時間熟成。熟成過程中，葡萄酒裡的化學反應仍在持續進行，香氣、風味與口感無時無刻不在改變中，因此釀酒師需要常常取樣品評和分析，

在橡木桶中熟成的葡萄酒

以追蹤葡萄酒的品質變化情形，有時必須進行必要的調整讓葡萄酒的
品質更好。有些強調口感醇厚程度的白葡萄酒，如Chardonnay必須放
在橡木桶裡熟成，新的橡木桶雖然可以給這支葡萄酒帶來更醇厚的口
感和更複雜的風味，有時卻會因為橡木的味道太濃而掩蓋葡萄酒應有
的風味。因此勃根地一帶的酒廠喜歡用舊的橡木桶來熟成他們的葡萄
酒，因為舊的橡木桶可以給葡萄酒帶來比較溫和的橡木味道。

十四、取樣（barrel sampling）

是指以橡木桶熟成的過程中，應對每一個橡木桶中的葡萄酒取樣
與品評，並記下每一桶的風味特徵。

十五、調和（blending）

釀酒師最後必須將許多不同橡木桶的葡萄酒，依其風味特徵彼此
截長補短，相互混和以調製成一個最終產品。調和的對象也可以不同

品種所釀的葡萄酒，或是相同品種但不同品質的酒。

十六、裝瓶及包裝（bottling and packaging）

經過漫長的製酒、熟成與調和過程之後，當釀酒師認為葡萄酒已經達到了他所想要得到的品質時，就可以進行後續的裝瓶作業。如果裝瓶後的葡萄酒還要放在酒窖內繼續進行瓶內熟成，就不需貼上標籤，否則就可以貼上標籤、裝箱之後出貨。

十七、瓶內熟成（bottle aging）

大部分的白葡萄酒在裝瓶之後就可以飲用，部分白葡萄酒被放在適當溫度環境中，經過一段時間之後的風味品質會變得更好。

 第三節　紅葡萄酒釀造

一、葡萄採收

通常在9月底到10月初，當紅葡萄的顏色變成深紅或紅黑色，且果實內的平均糖度達到大約22～24％之間時，就可以被採收了。葡萄採收通常是靠人工，但部分地區在生產較大宗的葡萄酒時，也使用機械採收，以節省人力成本。

二、運送

葡萄園裡所採收的葡萄應立即送入酒廠，展開後續製酒作業。

以機械採收葡萄

三、碾壓分離果汁（crushing and juice separation）

　　所有的葡萄進廠後，應經過碾壓機，將葡萄皮壓爛，讓果汁流出。葡萄的莖和果梗可以在此時一起被去除。被擠壓成稀泥狀的葡萄汁帶著所有的葡萄皮和果肉一起被抽到發酵槽去進行釀酒作業。

四、加入二氧化硫（sulfur dioxide addition）

　　添加二氧化硫有幾種主要功能：調整葡萄酒的酸鹼值、抑制野生菌生長、抑制褐化反應酵素的作用及作為一種抗氧化劑。

五、換桶（racking）

　　將被擠壓後的葡萄皮、果肉和葡萄汁混和液抽到發酵用的大型桶槽去進行釀酒作業。

使用碾壓機將葡萄壓爛,使果汁流出

六、加入酵母菌（adding starter yeast）

在酵母桶裡加入菌株,以進行發酵作用。

七、發酵

　　許多製作優質葡萄酒的酒廠仍堅持使用傳統方法,在小型橡木桶內進行紅葡萄酒發酵過程。然而現今大多數的紅葡萄酒廠在製酒時,都採用以不鏽鋼材質製成的大型發酵槽內進行。葡萄汁被打到發酵槽後,加入釀酒酵母後開始發酵,一般紅葡萄酒發酵的溫度比葡萄酒高,約為26℃左右,必須進行約五至七天。在發酵過程中,必須不時地將葡萄汁攪動,與在上層漂浮的葡萄皮互相攪拌,以萃取更多來自於葡萄皮的色素、風味、單寧和醇厚。當酵母菌將葡萄汁裡所有的糖轉換成酒精與二氧化碳之後,發酵活動便會自動停止。如果要製作酒體不厚、不需長期儲存,但強調果香的葡萄酒,如Beaujolais Nouveau

時，可採用碳酸浸解法來進行發酵。

八、榨汁

發酵完成後，葡萄皮要經過壓榨機，將葡萄皮內的葡萄酒完全榨出。經榨汁之後的葡萄皮，可回填葡萄園中作肥料。

九、蘋果乳酸發酵

為了軟化酸澀的口感，同時增加風味的複雜性與穩定性，釀製紅葡萄酒時最好

在橡木桶內進行紅葡萄酒的發酵

也進行蘋果乳酸發酵。蘋果乳酸發酵完成後，不同桶的葡萄酒已經可以被取樣、品評、分析並相互調和。

十、熟成

榨汁後的葡萄酒可以直接放到橡木桶中進行熟成，也可以在大型不鏽鋼桶內進行熟成。由於橡木桶的成本越來越高，因此有許多酒廠在製作紅葡萄酒時，改以在大桶中放入橡木塊的方式熟成，同樣可以將橡木的味道帶給葡萄酒。無論如何，以小型的橡木桶長期儲存，仍是製作高品質紅葡萄酒的必要步驟。

十一、酒窖內作業

　　釀製好的紅葡萄酒在熟成過程中，也必須經過一種以上方法的澄清淨化的過程將酒中懸浮物與沉澱物清除，這個流程也被稱作酒窖作業，常用的方法包括：

(一)換桶

　　葡萄酒靜置於大型橡木桶或不鏽鋼桶中一段相當長的時間之後，懸浮的顆粒會沉澱，將上層已澄清的葡萄酒抽到另一個乾淨的桶中，繼續進行靜置沉澱，重複這個過程大約三次之後，葡萄酒就可以變得相當澄清，可以繼續後續的熟成過程。經由橡木桶透氣性和軟化作用，葡萄酒可以被熟成，風味與香氣也可以變得更複雜，口感也可以變得更醇厚。

(二)澄清

　　以添加沉澱劑的方式，將懸浮於酒中的小懸浮顆粒去除。這些沉澱劑主要是皂土和蛋白等具吸附力的物質，利用物理性的吸附作用，將葡萄酒內的懸浮顆粒吸附，所形成的顆粒聚集因為密度變大而沉澱，上層已經被淨化的葡萄酒可以用導管打到另外一個桶槽。

(三)過濾

　　這種方法是讓葡萄酒通過濾網來達到淨化的效果。葡萄酒的濾網通常由許多層多孔薄膜重疊組成。葡萄酒經加壓後通過濾網，將較大分子與懸浮顆粒留下，達到淨化的目的。濾網有許多種不同過濾級數，如果需要非常潔淨的品質，可以重複過濾程序，但將濾網的過濾等級由粗到細逐步縮小。利用過濾的方法除了將可能造成混濁的沉澱物去除外，還可以將葡萄酒中懸浮的酵母菌、細菌和其他許多不被期

待的物質去除，所以可以安定品質預防敗壞。然而過度過濾則可能失去某些風味。

(四)安定法

利用二氧化硫、己二烯酸或其他合法且安全的藥劑除菌、殺菌或抑菌，以達到安定葡萄酒內的微生物活動的目的。

(五)低溫安定法

過去在德國，這個步驟是在較冷的室溫下以稱為fuders的大型橡木桶進行。如今在現代製酒方法中，將葡萄酒引入厚不鏽鋼大桶中，將溫度調降到4°C以下的低溫，使酒石酸產生結晶而沉澱析出，以避免酒石在葡萄酒儲存的時候產生結晶。

(六)離子交換

葡萄酒的釀造其實是由一連串的化學反應所構成，在反應進行中，很容易由環境中吸收一些離子，如鐵、銅和鈣，這些離子對葡萄酒的品質會有影響，因此必須利用離子交換的方法將這些離子去除，此外許多帶電的小分子也可以被去除，讓葡萄酒的性質更安定，品質更好。

十二、繼續存放（continued aging）

許多厚度較高的紅葡萄酒在淨化之後，還要在50加侖裝的小型橡木桶中繼續存放。葡萄酒由橡木桶長期存放的過程中發展出醇厚的酒香，更巧妙複雜的口感，以及更深沉的風味。

葡萄酒取樣

十三、取樣

是指以橡木桶熟成的過程中，需定期對每一個橡木桶中的葡萄酒取樣、品評與分析，並記錄每一桶的風味特徵。

十四、調和

釀酒師最後必須將許多不同橡木桶的葡萄酒，依其風味特徵彼此截長補短，相互混和以調製成一個最終產品。調和的對象也可以不同品種所釀的葡萄酒，或是相同品種但不同品質的酒。

葡萄酒裝瓶作業

十五、裝瓶及包裝

經過漫長的製酒、熟成與調和過程之後，當釀酒師認為葡萄酒已經達到了他所想要得到的品質時，就可以進行後續的裝瓶、貼標、裝箱與出貨作業流程。

十六、瓶內熟成

紅葡萄酒在裝瓶之後通常還不適合飲用，酒廠會將每一批已裝瓶但未貼標的紅葡萄酒集中存放，存放溫度大約為12～13℃，時間則可能為幾個月到數年的時間，部分紅葡萄酒被放在適當溫度環境中，經過一段時間之後，等這批紅葡萄酒的風味品質變得更好以後再貼標上

市。即使是已經上市的醇厚型的紅葡萄酒，也最好再存放一至十年以上的時間，以求其最香醇的風味。

 第四節　玫瑰紅葡萄酒製作

　　玫瑰紅葡萄酒（Rosé）可以依照其產地或製酒方法分類為帶點紅葡萄顏色的白葡萄酒，也可以被歸類為厚度非常薄且顏色非常淡的一種紅葡萄酒。這是一種介於紅、白葡萄酒之間的混種酒，同時有著紅、白葡萄酒的部分特色。製作玫瑰紅葡萄酒的方法有很多，但無論何種方法，其實都是將前兩節所介紹的紅葡萄酒與白葡萄酒部分標準製作方法的綜合。其實玫瑰紅葡萄酒的顏色不一定是像玫瑰一般的紅色，可以是很淡的紅色、粉紅色或橘紅色或紅色。雖然部分顏色較深的玫瑰紅酒容易使人以為是紅葡萄酒，但是如果說到玫瑰紅酒的特性和風味口感，則又普遍較趨近於白葡萄酒。玫瑰紅酒幾乎可以在所有的葡萄酒產區發現，但是近年來受歡迎的程度卻不如以往，可能與近年來消費趨勢傾向於果香型白葡萄酒與醇厚型紅葡萄酒兩極化有關。

　　玫瑰紅葡萄酒的製作方法有以下幾種：

一、紅、白葡萄酒混和法

　　將一定比例的紅葡萄酒與白葡萄酒相互混和調製而成，這是法國香檳區等許多地方製作淺紅色氣泡酒（Rosé Sparkling Wine）時常見的一種方法，部分歐洲的淺淡紅色葡萄酒（Vin Gris）與許多新大陸的廉價玫瑰紅酒也是以這種方法製作。

淺紅色氣泡酒帶給人浪漫的感覺，極受女士們喜愛

二、發酵前葡萄皮浸漬法

　　這個方法利用到前面所提到的Maceration Pelliculaire葡萄皮浸漬法，是目前歐洲以外地區製作玫瑰紅葡萄酒時最常用的方法。將紅葡萄輕輕地擠壓，使葡萄皮破裂，部分葡萄汁流出後冷卻浸漬約十二至四十八小時，然後再以製作白葡萄酒的標準方法低溫發酵釀製。由於紅葡萄已經被壓破，果汁會慢慢流出，所以這個製酒方法的法文名稱Saignée原意為放血（bleeding）。利用控制葡萄皮浸泡的時間，釀酒師可以精確的控制葡萄酒的顏色和品質，這個方法是在美國與澳洲等地最常使用的玫瑰紅酒製作方法，而法國的隆河河谷南方的Tavel地方所產製的玫瑰紅酒也是以這個方法製作。如果葡萄經過較大壓力的擠壓後再以很短的時間浸泡，則可以製作成美國所謂的Blush（泛紅色）葡萄酒。

三、壓榨法

　　將整批的紅葡萄擠壓榨汁，葡萄汁裡會帶著非常淺的紅色，再利用製作白葡萄酒的方法發酵製酒，可以做出顏色非常淺的玫瑰紅葡萄酒，或是所謂的Vin Gris。

四、歐洲標準玫瑰紅酒製酒法

　　以製作紅葡萄酒的標準方法製酒，將被碾壓破裂過的紅葡萄帶皮發酵一至三天後，不用壓榨方法去皮，但將已流出的（free run）葡萄汁與果皮分離，再依傳統製作紅葡萄酒的方法繼續完成葡萄酒的製作，只是不需經過橡木桶及長期熟成。這類的玫瑰紅酒一般都有玫瑰紅酒中較深的顏色與厚度。

五、紅葡萄酒去色法

　　將已製作完成的紅葡萄酒，以吸附等方法去除單寧，並以活性碳將紅葡萄酒的顏色變淡。這個方法可以將一些廉價或製作不良的紅葡萄酒轉變成較易入口的玫瑰紅酒，由於葡萄酒中主要的風味物質都已被去除，所以只能用來製作品質與單價都低的玫瑰紅酒。

　　玫瑰紅葡萄酒分類如**表7.1**。

表7.1　玫瑰紅葡萄酒分類（舉例）

玫瑰紅葡萄酒	
甜	不甜
Mateus	Tave
Rosato	Cabernet Rose
Pink Chablis	White Zinfandel
甜Brush	不甜Brush
	Vin Gris

Part 4

葡萄酒管理與服務

Chapter 8

葡萄酒管理與服務

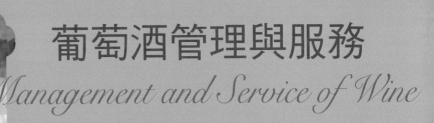

Management and Service of Wine

葡萄酒賞析

　　在介紹過有關葡萄酒的生產製造、品評等相關問題之後，本章將介紹葡萄酒的管理與專業服務等相關問題，同時也要介紹消費者應如何選酒。

 第一節　葡萄酒的價格

一、價格受哪些因素影響？

　　葡萄酒的價格基本上沒有一個所謂的標準價格，同一支酒在不同時間、不同地點或是不同的買賣對象，會有不一樣的價格。什麼樣的價格才是一個合理的價格，沒有一個固定的標準，但有一些道理可循。通常葡萄酒的價格會受到以下幾項因素所影響：

(一)年份因素（vintage factors）

　　1.年度的氣候。

　　2.年度葡萄的收成情形。

　　3.年度葡萄酒的產量。

　　4.年度葡萄酒的品質。

　　5.葡萄酒的保存情形。

(二)產地因素（terroir factors）

　　1.酒廠的名聲。

　　2.產區。

　　3.當地葡萄酒法規。

　　4.法定的分級。

(三)市場因素（market factors）

1.市場拍賣價格。

2.地區的配額。

3.國際景氣。

4.匯率。

5.買酒的地方。

6.買賣的對象。

(四)消費者因素（consumer factors）

1.葡萄酒評鑑結果。

2.消費者喜好程度。

3.媒體的報導。

4.流行風潮。

二、誰來決定價格？

(一)酒廠

　　酒廠計算各項開銷、製酒成本、酒廠與葡萄園的營運成本，希望的利潤，同時衡量當年度葡萄的品質與收成情形，葡萄酒的品質與產量，過去這家酒廠所生產的同種葡萄酒在市場上的反應和風評，對這年所生產的每一支葡萄酒訂出一個基本定價，這個價格可能是以每瓶、每箱或每桶為單位。

(二)葡萄酒商

　　葡萄酒的大盤商、貿易商以及各種從事葡萄酒買賣的中間商和零售商，依據他們向酒廠或其他盤商進貨，或是由葡萄酒拍賣市場標購

的價格,計入營運成本與合理利潤,衡量市場的需求訂出一個市場價格。這個市場價格會受以下幾點影響而變動:

1. 葡萄酒的品質。
2. 可取得的數量。
3. 酒廠的名聲。
4. 專業評鑑結果。
5. 市場拍賣價格。
6. 行銷費用。
7. 市場需求。

(三)餐廳

餐飲業者在餐廳裡所賣的葡萄酒價格,除了包含購買酒的成本以外,還必須計入服務費用與餐廳利潤,所以價格一般都較消費者自其他管道所買得的酒更高。正由於價格較高,餐廳更應對於店內所販售的葡萄酒提供品質保證,每一瓶酒都經過餐廳裡專業的葡萄酒師與大廚嚴格挑選,能與餐廳所提供的餐點互相搭配,在最好的狀況下保存,而且在最佳狀況下提供服務,因此較高的價格有其合理性。

(四)消費者

然而真正決定葡萄酒的價格還是消費者。葡萄酒的產品琳瑯滿目,消費者無論在酒廠、餐廳、酒吧、Pub、葡萄酒專賣店、機場免稅商店、大賣場或是其他任何地方,消費者因為他們的需求買酒。品質良好深受歡迎的酒,不管價格多高,總有人願意花錢購買,而不被青睞的酒,無論品質如何,只有留在架上,任其老化變味。一般消費者可以依據以下幾點來判斷價格:

1. 專業評鑑。

2.葡萄酒商的介紹。

3.品評結果。

(五)投資者

對於一些來自如Chateau Latour等著名酒莊，且年份較佳的葡萄酒，隨著儲存時間的延長，品質逐漸達到最佳狀況，但是當年所生產的葡萄酒，經過多年來被人們飲用或收藏，到了這個時候，流通於市場上的多已經所剩無幾，市場價格因此飆高，所以這些品質良好而數量有限的葡萄酒就成為奇貨可居的一種投資工具。國際間這種葡萄酒的買賣極為盛行，大多是透過倫敦、紐約和巴黎等地的葡萄酒拍賣市場進行，價格則由投資者自訂。

 ## 第二節　餐飲業葡萄酒採購與驗收

一、向誰買酒？

本節所將討論的「採購」，英文名詞叫做purchasing，相較於前面所提到的消費者選購葡萄酒的購買（buying）行為有更深的意思。因為商業上的採購，目的在於將採買來的葡萄酒加以轉售，以求取酒廠出廠價與消費者買酒的價格之間的價差所產生的利潤，所以對於餐廳或葡萄酒的中間商及零售商者而言，向酒廠購買的價格越低或賣給消費者的價格越高，所產生的利潤也就越高。然而酒廠本身必須負擔製酒的成本，也必須有合理的利潤，所以每一批葡萄酒都訂有基本定價，定價的背後必定會有一個酒商可接受的最低價格，就是所謂的底價。

消費者或葡萄酒商購買葡萄酒的價格就落在底價與定價之間，一般消費者直接向酒廠買酒時，由於大多數人的購買量都不大，因此

價格大多只能依據酒廠的定價。相對地，葡萄酒的大盤商（即所謂的négociant）每次的採購量都可能很大，所以對酒廠談價錢時可以有較大的議價空間，而議價的結果往往可以非常接近於酒廠的底價。甚至有的négociant在葡萄酒還沒釀好時，就將這家酒廠當年的酒全部買下，存放一段時間之後再送到拍賣市場拍賣，或是轉賣給其他的négociant、貿易商（shipper），或直接賣給葡萄酒專賣店和餐廳。更有許多酒廠每年所生產的葡萄酒長期以來只賣給固定的一家或幾家négociant，形成類似代理的關係，熟悉葡萄酒商業的下游廠商，都知道要買哪些知名酒廠的酒，該向哪一家négociant買酒。在法國的波爾多等地，有許多大大小小的négociant，憑藉著他們的經驗、人脈與專業做生意，每一個négociant都有他代理或販售的許多不同的葡萄酒。

一般的餐廳、葡萄酒專賣店或零售商對每一種類葡萄酒的需求必須少量多樣，所以對每一支葡萄酒的採購量相對少，如果直接向酒廠買酒，所能得到的議價空間必定與一般消費者無太大差別，而其間耗費於選酒與比價的成本，必將壓縮未來賣酒所得的利潤。因此對他們而言，直接向酒廠買酒未必合算，反倒是向négociant或貿易商進貨最符合經濟效益。

台灣由於本身不產葡萄酒，本地所消費的葡萄酒，幾乎完全都靠進口。雖然目前繳交酒稅之後，任何人都可以自辦進口，理論上餐飲業者應該也可以直接向國外葡萄酒產地的酒廠或盤商買酒，但由於國內包括五星級飯店內的餐廳，消費量大多都無法達到自行進口所應達到的最低經濟規模，自辦進口必定不符成本。同時如果自辦進口，進口以後也需要合適的倉儲和物流配送系統業者配合，因此成本必然高於向專業的葡萄酒進口商買酒。這些專作葡萄酒進口貿易的公司，在台灣所扮演的角色就有點像négociant之類的大盤商，唯一不同的是他們不向酒廠買酒也不裝瓶，純粹作貿易，對於必須少量多樣的餐飲業者來說，這些貿易商是個理想的買酒對象。目前也有少數幾家國外的

négociant或大型製酒集團在台灣設立分公司或代理商，性質上也和貿易商差不多，也是商業葡萄酒採購可以接觸的對象。當然如果你餐廳裡的葡萄酒消費量不大，向貿易商買酒可以得到的折扣必然也少，在葡萄酒專櫃或專賣店選購可以有更多種選擇，也許還能找到一些價廉物美的葡萄酒。

二、如何選酒？

無論作為一位消費者或是一個專業的葡萄酒採購，面對市場上琳瑯滿目的各種葡萄酒，應如何選擇？首先我們先從作為一個消費者走進一家葡萄酒專賣店時應如何選酒談起。

(一)應該具備充足的葡萄酒知識

消費者應該知道葡萄酒有許多種類，例如顏色、品種、甜度、酒精度和是否含氣等，每一種的用途都不一樣，因此當選購葡萄酒時，首先應該瞭解此次購買的葡萄酒用途為何，自己的預算大概有多少，哪一類葡萄酒最符合自己的需要。選擇葡萄酒時則應該從標籤上著手，在閱讀標籤時必須先知道哪些國家出產葡萄酒，這些國家的葡萄酒生產情形如何、有哪些葡萄酒產區、當地氣候如何、適合種植哪些葡萄品種、葡萄酒的分級情形、出產哪些種類的葡萄酒、這些葡萄酒又適合作為何種用途或是與何種餐食相搭配。

(二)閱讀標籤

如果具備葡萄酒知識，在解讀葡萄酒標籤時，應該注意以下幾點：

1.酒廠名或商品名。
2.產區。

3.年份。

4.葡萄品種。

5.酒精含量。

6.法定分級。

7.裝瓶者。

8.酒廠所在地。

9.酒廠的所有者。

(三)品酒

如果這家酒商對這支酒有提供樣品供人品評，最好能先品評以後再決定是否要買，品評時應該注意以下幾點：

1.香氣。

2.風味。

3.酸度。

4.甜度。

5.醇厚度。

(四)檢視酒瓶

當決定購買某一支葡萄酒時，應該檢查葡萄酒的外觀，看看是否瓶口的鋁箔封套有破損，封套的邊緣有無異物流出的痕跡，葡萄酒的標籤有無被人撕過重貼的跡象，同時還應該將葡萄酒舉高對著光源翻轉，看看瓶底是否有沉澱物等。

(五)開瓶後的檢查

前面提到現在消費者可以取得葡萄酒的管道有很多，在台灣主要還是向葡萄酒專櫃或專賣店、大賣場及便利商店等處購買，或在餐廳裡點用。雖然葡萄酒理論上沒有保存期限，但這些地方的倉儲與賣場

的條件大多不是專門為葡萄酒所設計的，葡萄酒很難在這樣的環境下日積月累的歲月中一直保持良好的狀況。不管這支葡萄酒的身價有多高，開瓶之後才能真正知道它的品質，因此開瓶之後如果發現這瓶酒已經被氧化而老化、變味甚至瓶底有沉澱產生，應該立即將這瓶酒退還給廠商。

通常葡萄酒保存不當是造成品質劣化的主要原因，例如廠商為了要展示葡萄酒而將酒瓶直立置放的時間過久、保存或運送的環境溫度太高，或是曾被日光直射過一段相當時間……；這些問題的發生，一定是從酒廠到大盤商，大盤商到零售商或餐廳，從零售商或餐廳再到消費者的某一個環節中出錯。在餐廳裡試酒時如果發現品質有異，可以立即反應，要求餐廳更換。如果消費者自行購酒後，在很短的時間內飲用，一旦發現有這些問題也可以立即要求退換，然而為了避免爭議，葡萄酒退換距離買酒的時間不宜超過三天，且應該保存買酒的發票、軟木塞和內容物。

三、餐飲業葡萄酒採購與管理

(一)該採購哪些酒？

基本上，葡萄酒的商業採購行為和前述消費者購買行為相似，但是由於購買量大，必須依循一定的採購程序。販售葡萄酒的餐廳，每一家都有一份酒單，上面列著這家餐廳所能提供的葡萄酒種類與價格。任何餐廳在開始提供葡萄酒服務時，必須先考慮清楚，他們這家餐廳將賣多少種類的葡萄酒，這些葡萄酒又將是哪些種類？服務精緻的高級餐廳通常希望能提供較一般餐廳種類更齊全的葡萄酒酒單，因為越高級的餐廳，投資的資本額也較大，所以也比較有能力購買與儲存昂貴的葡萄酒。當必須採購葡萄酒時，負責的經理必須考慮到所將採購的葡萄酒種類的廣度與深度。所謂的廣度，指的就是葡萄酒類別

的數目，例如德國白酒與法國阿爾薩斯白酒等不同類別；而每一類葡萄酒中不同葡萄酒的數目，如不同甜度與產區的德國Riesling，就是所謂的深度。

餐廳的經理決定酒單內容的質與量，然而對每一個葡萄酒單項所應採購的量必須依據這類葡萄酒在這家餐廳裡受歡迎的程度來考量，原則上賣得越快的酒，庫存量要多，所以採購時的單位就不應該是買多少瓶的問題，而是該買多少箱，例如近年來在台灣成為熱潮的Beaujolais Nouveau，在餐飲業傳統旺季的12月到2月之間銷售，在有賣這種酒的餐廳裡幾乎都在極短的時間內暢銷一空，所以有許多餐廳基於過去的成功經驗，如今每次採購這種酒時，動輒以多少「百箱」作為採購的單位。一般而言，以「瓶」為計價單位的葡萄酒單價最高，如果能整箱購買，換算成每瓶的單價通常都會比較便宜。所以當餐廳經理在考慮採購量時，對於某些單項葡萄酒要整箱購買時，也應考慮到餐廳本身有無適當環境條件的儲存空間。

各種不同容量的葡萄酒瓶彙整如**表8.1**。

通常高級西餐廳的經理都必須具備一些葡萄酒的基本知識，懂得如何品酒及分辨葡萄酒的好壞，所以選酒的工作可以由他親自擔任，但是如果這位經理不具備充分的葡萄酒知識，還是應該授權給餐廳內對葡萄酒知識最豐富的人全權負責，如果餐廳聘有葡萄酒師，則應該由葡萄酒師出面選酒。選酒時的程序與前面所介紹的消費者選酒流程一樣，要能從標籤上判斷葡萄酒的等級與性質，也最好能先品酒之後再做決定。

此外，負責選酒的人一定要有市場概念，要知道有哪些產品較容易賣，或是較容易替餐廳帶來利潤。由於每一家餐廳訴求的客層不同，各有其偏好，因此對於葡萄酒的需求也不相同，必須先瞭解到底哪些人是你的客人，他們偏愛什麼樣的葡萄酒，哪些酒他們買得起，還有哪些酒有市場潛力值得一試。

表8.1 各種不同容量的葡萄酒瓶

酒瓶名稱	容量 mL	容量 oz	瓶 750mL	杯 125mL
Quarter	187	6.25	1/4	1.5
Half-Bottle (demi-bouteille)	375	12.5	1/2	3
Regular/Standard	750	25	1	6
Magnum	1,500	50	2	12
Double Magnum (Bordeaux)	3,000	100	4	24
Jeroboam (Bordeaux)	5,000	150	6	36
Jeroboam (Champagne)	3,000	100	4	24
Imperial (Bordeaux)	6,000	200	8	48
Mathusalem (Champagne)	6,000	200	8	48
Salmanazar (Champagne)	9,000	300	12	72
Balthazar (Champagne)	12,000	400	16	96
Nabuchodonozor (Champagne)	15,000	500	20	120

　　對於某些葡萄酒，即使廠商給你非常便宜的價格，並不代表你一定可以從中獲利，因為消費者的需求才是一切的答案。總之，餐廳經理必須牢記一件事，設計良好的酒單是一個餐廳增加銷售的利器，不只可以增加餐廳的利潤，同時還可以增進客人在這家餐廳裡的整體用餐經驗，對於餐廳的業績有其必然的幫助。

(二)議價與比價

　　前面提到葡萄酒的價格經過好幾手的買賣，同時也受到許多因素影響，因此最終交易價格常常較酒廠出廠的價格貴上好幾倍。餐廳負責採購酒的經理，在採購時應該先列出需求，再與葡萄酒潛在的供應商接觸，秉持著「貨比三家不吃虧」的原則，與幾個有能力提供服務與品質保證的供應商展開議價，然後就與不同供應商議價的結果作成決定。考慮採購對象時，價格當然是主要的考量，後續的服務與廠商的信用等也都應該列入考慮。

(三)下單訂購

　　決定採購的對象之後，即可下單訂購，當然如果你的需求量很少，每次買酒的數量都只有幾瓶的話，直接現金交易最為省事，需要下單訂購的酒通常是單價較高或者數量較大的葡萄酒。也有的葡萄酒供應商與餐廳以訂契約的方式賣酒，由酒商提供較一般優渥的折扣待遇給餐廳，以交換成為這家餐廳的唯一葡萄酒供應商。也有的公司採用拆帳的方式，由餐廳將酒商的酒列入酒單，由酒商提供酒供餐廳販售，餐廳不需事先支付酒商葡萄酒的費用，每賣完一瓶酒之後，再依原先所訂定的契約條款劃分收益，這個方式固然是最容易達到雙贏的局面，但似乎只適合單價較低，數量較大或輪轉率較高的葡萄酒。然而高級餐廳或五星級飯店為求其酒單中葡萄酒的質與量，必須多方收集良質的葡萄酒，很難只有一家供應商，因此大多會同時向國內外許多家葡萄酒供應商買酒，而且每次都是採議價之後下單直接買斷。

(四)進貨驗收

　　進貨驗收是一項將貨品的所有權由賣方轉移給買方的業務過程，這也是一家餐廳取得將要銷售的葡萄酒的必要工作。一旦葡萄酒被訂購，供應商便會經由通路將葡萄酒送達餐廳，此時負責驗收的人的工作不能只是單純的簽名收貨，然後送入酒窖或倉庫，必須經過一連串小心謹慎的確認過程，檢查所收到是否是我們訂單裡的酒，數量夠不夠，單價與總價與原先的約定符不符合，因此驗收也是成本控制的重要環節。有時訂單上的酒沒收到或是不在訂單上卻出現在我們收到的貨裡面，都會造成營運成本的增加。更同時葡萄酒的標籤複雜，有時酒商出自有心或是無意，都有可能將某一年份的酒換成另外一個年份，或是同年份不同品種的酒，有些高單價的葡萄酒，年份只差一年，單價卻可能上下相差一倍以上，所以不可不慎，必須逐一核對每一支葡萄酒標籤上的資料是否符合。更由於葡萄酒是一種高單價、容

易失竊且竊賊可以自用或轉售的商品,許多竊盜都發生在驗收之前或之後,所以負責驗收的人必須品行良好而且專業知識豐富,餐廳經理也必須多花心力在驗收工作上。驗收的重點在於確認我們能按時取得符合我們訂單裡所要求的品質與數量的葡萄酒。驗收簽字以後,葡萄酒必須儘快送入酒窖或其他適當環境的儲存空間。

(五)庫存與簽發

葡萄酒的酒窖必須有良好的溫濕度控制,並由專人負責管理。酒庫的鑰匙不要太多人有,最好只有一把,平時由餐廳經理或專門負責的人保管,所有入庫的葡萄酒都必須留有紀錄,無論是何人何時進出酒窖或酒庫都必須留有紀錄。吧檯或餐廳領用葡萄酒時,應該登記是何人於何時取用,用途為何。葡萄酒保管人除了負責掌管鑰匙與紀錄以外,也應該經常盤點,以防止偷竊的行為發生。

(六)防止竊酒行為

根據美國餐飲協會(U.S. National Restaurant Association)的估計,在美國因為來自於員工的偷竊行為或不當浪費,每年大約造成餐飲業者超過九十億美元的損失。員工的偷竊行為主要來自兩方面,向餐廳偷或是向客人偷。在餐廳裡,葡萄酒是高單價、容易下手且容易變賣的商品,操守不好的員工,很容易想入非非,俟機下手,然而經由嚴格控管酒品庫存,堅持嚴格的紀錄管制,可以有效預防整瓶還沒有開瓶的葡萄酒被偷的危險。

在餐廳裡對葡萄酒所進行的偷竊行為還是以開瓶後,以「杯」為單位所販賣的葡萄酒(wine by glass)為主。有的在吧檯工作的人員,會以多報少的方式竊酒,明明一瓶酒可以賣5～6杯,卻向餐廳申報只賣出4杯,由其間的差額中獲利,如此積少成多,獲益甚為可觀。有的服務人員則會用以少報多的方式,利用服務之便,將客人所買的酒

從中苛扣下來,例如婚宴時將來賓所喝掉的酒的數量浮報,由客人向餐廳埋單的數量與實際消費的數量落差中獲利。還有更常發生的行為就是員工於服務時偷喝酒,將喝掉的酒申報為業務上合理的損失,或是給客人超過每杯合理量的酒,藉以討好用餐客人,求取更多的小費賞賜。

要預防竊酒行為與避免不必要的損失,還是應該多對員工進行教育,灌輸正確的觀念,並鼓勵發揮職業道德,互相影響避免弊端發生。一旦發現竊酒行為則應嚴正立場,不可鄉愿。然而嚴格管理的同時,也應考慮員工的心理影響,所以對於表現良好的員工,更該給予實質的獎勵。

 ## 第三節　葡萄酒的保存

一、葡萄酒的成長曲線

有許多人喜歡將葡萄酒比喻為一種有生命的物質,所以世界上有許多地方的人將葡萄酒稱作生命之水(Eaux de Vie)。誠然如此,葡萄酒有其生命週期,就像人的生命歷程一般,在成為酒之前,需要農民在葡萄園裡辛苦耕耘;採收之後也需要很長一段時間的孕育期才能成為葡萄酒;裝瓶以後的葡萄酒才能算是正式誕生了,但大多數的優質葡萄酒在剛裝瓶時,味道青澀,難以入口,所以需要少則數個月,多則十年以上的熟成期,成熟之後的葡萄酒,味道與口感達到巔峰,而一瓶酒維持品質巔峰的時間長短決定了這瓶葡萄酒的最終價值,例如波爾多和勃根地等地所出產的許多Grand Cru葡萄酒,處於品質巔峰期的時間往往可以長達三十年以上。

然而無論存放條件多好,品質再好的葡萄酒也總有一天會逐漸老

化，品質慢慢變差，到最後風味盡失而被稱為「死去」。將葡萄酒的風味品質的得分與時間對應作圖，可以得到葡萄酒的品質成長曲線，由曲線的斜率，可以將葡萄酒的生命週期分成成長期（或熟成期）、高原期和衰老期。每一支葡萄酒都有其不同的成長曲線，大體而言，香氣與風味越複雜，單寧含量越多，醇厚度越高的葡萄酒越需要長期的熟成時間，品質的高原期也可以維持較長的時間。反之，風味與香氣的複雜性不高（通常只強調果香），單寧含量不多，口感較單薄的葡萄酒，只需要很短的時間就可以達到最佳品質的巔峰，然而這類的葡萄酒的品質也很難維持下去，很快的品質就會劣化。

因此紅葡萄酒通常較白葡萄酒需要更長的熟成期，也可以有更長的高原期。然而有的葡萄酒如Beaujolais Nouveau，甚至完全不必熟成，裝瓶之後就可立即飲用，完全不需存放，因為這已經是最佳品質了，存放時間過久只會讓品質變差，徒增成本。

二、是否應繼續存放

即使在一個非常適當的儲存環境下，也並非每一支紅葡萄酒都能符合「越陳越香」這句話，因為大多數的紅葡萄酒的生命週期很短，酒廠製作這支酒的目的在於作為日常飲用的餐酒，所以採用像Grenache、Barbera、Dolcetto與Gamay等不需長期儲存的葡萄品種製酒，或是採用一些製酒技術降低單寧所造成的酸澀口感，讓葡萄酒在很短的時間內熟成，容易入口。

所以要判斷一支葡萄酒是否值得長期存放，要先知道製作這支酒的葡萄是哪些品種、製酒方法為何、產地在哪裡以及製酒的風格是什麼。到目前為止，國際間公認值得長期儲存的葡萄酒和過去差不多，主要還是一些傳統的歐洲著名酒區所生產的葡萄酒，如法國的波爾多、勃根地、隆河北部，義大利的巴羅洛（Barolo）、巴巴瑞斯科

（Barbaresco）和部分的托斯卡尼，以及西班牙所產的紅葡萄，還有法國Sauternes、勃根地和部分德國所產的白葡萄酒。其他地方的葡萄酒值得長期保存的不多，只有部分澳洲的Shiraz和Cabernet Sauvignon以及美國加州納帕谷的Cabernet Sauvignon與Zifandel較具收藏價值。

三、葡萄酒的保存條件

雖然不是每一支葡萄酒在長期保存後的品質都能越變越好，但是它們都有一個共同點，就是必須在良好的溫、濕環境下才能達到最佳的成長曲線。如果葡萄酒在不良的環境下存放，品質可能很快就會劣化，因此任何葡萄酒都應該被存放於良好的環境中，也許存放之後品質不會變得更好，但起碼可以保證不會太快變壞。

葡萄酒長期保存的條件如下：

(一)溫度

大部分的葡萄酒，無論紅酒或白酒，最適合長期保存的溫度約在10～15°C之間，特別是恆溫11～12°C（52～54℉）最佳。酒窖內的溫度，應設定在這樣的溫度範圍內，而且應該力求溫度的恆定，不可時常上下變動。在許多歐洲的葡萄酒區，人們習慣在自家地下挖一個酒窖，如果深度適當，酒窖內的溫度終年都可以維持在這種範圍內。但在亞熱帶的台灣，地下室的溫度到了夏天還是很高，而且地下水的水位太高，環境溼度太大，也不利於葡萄酒的收藏。因此必須利用可控制溼度的恆溫冰箱來存酒，即所謂的電子酒窖。這些電子酒窖的單價與維護費用及電費都很高，一般人家大概很少會買來使用，但是餐廳等專業的葡萄酒服務單位，這方面的投資卻是不可少的。目前台灣也有專業的酒窖，有符合由電腦將溫濕度控制在最佳保存條件的酒櫃，可以替顧客保存酒，收取存放的費用包含酒櫃位置的租金和電費及管

理費，對於低單價的葡萄酒並不划算，但對於高單價的葡萄酒，卻不失為一個理想的保存辦法。

　　葡萄酒的品質最怕受到熱的影響，當周邊環境的溫度高於21°C之後，葡萄酒內的微生物生長變快，酵素活動迅速增加。換言之，就是老化的速度加快，而且溫度越高，變化的速度越快，所以葡萄酒應儘量避免放在溫度過高的地方，就算必須放在室溫下，也最好不要擺太長的時間。由於台灣地區地處亞熱帶，葡萄酒在此地非常不容易保存，同時並非每一個人的家裡都有很好的儲存環境，大多數的葡萄酒必須暴露於夏天台灣的炎熱環境中，所以自葡萄酒專賣店買回來的葡萄酒，最好儘快飲用，否則也該放在如冰箱的下層或冷氣出口等溫度較低的地方。然而必須注意的是，冰箱並非是非常好的儲存酒的地方，如果長時間將葡萄酒放在4°C以下的低溫，甚至0°C以下，葡萄酒會變得平淡無味，即所謂的「鈍化」。

　　正因為葡萄酒對溫度的敏感，有信用的葡萄酒進口商，應該全程使用冷藏貨櫃，將溫度控制在20°C以下，到岸之後也應儘快報稅通關，不可任葡萄酒滯留於海關的保稅倉庫，應知夏天最熱的時間，在沒有空調的海關倉庫裡，室內溫度常常可以達到40°C以上，葡萄酒留在這樣的環境中，即使很短的時間對於品質也有致命的殺傷力，而通關之後的陸地運輸與倉儲過程也一定要在有空調的環境中進行，總之，葡萄酒自產地裝瓶以後，一直到被消費者飲用之前，都不應暴露在高於21°C以上的溫度環境中，最好能保存在10～15°C之間，對於品質最有保障。

(二)溼度

　　理想的葡萄酒保存溼度，應該在75～85%之間，太濕會使葡萄酒的外部長黴，有的黴菌會讓軟木塞很快地腐爛，而相對濕度太低，則會造成軟木塞萎縮，兩者都可能造成空氣流入及葡萄酒氧化。

葡萄酒賞析

(三)光線

　　光線特別是日光，是另外一項容易影響葡萄酒品質的環境因素，因為日光裡的紫外線是許多葡萄酒中酵素的觸媒，只要葡萄酒接觸到紫外線，便會引發一連串的氧化還原反應，造成葡萄酒的老化速度加快。直接被陽光照射到的葡萄酒，即使溫度再低，還是很快就會劣化，因此葡萄酒瓶大多都是採用能隔絕紫外線的綠色、藍色、棕色或咖啡色的有色玻璃製作，同時應該避免直接暴露在陽光底下。

　　無論儲存、運送或展示都不應使用會產生紫外光的光源長期或直接照射，照度也不要太大，以免影響品質。部分賣葡萄酒的餐廳、賣場或商店，室內裝潢採用高照度的鹵素燈或日光燈，長期照射之下很容易造成葡萄酒品質的變化，特別是對部分採用透明玻璃瓶的白葡萄酒及玫瑰紅酒的傷害更大，此外，未曾開瓶的葡萄酒絕對不可以置放於玻璃櫥窗內當作一種裝飾品，因為那個地方除了溫度較高以外，也是最容易被日光或其他強烈光源直接照射的地方。

(四)震動

　　由產地運送到消費點的過程中，葡萄酒難免會被震動到，在合理範圍內，對葡萄酒的品質沒有影響，然而長期劇烈的震動對於葡萄酒的品質卻會造成一定程度傷害，尤其是對陳年紅葡萄酒的影響更大。葡萄酒中含有許多微小化學成分，劇烈震動或攪動，會增加這些物質的接觸與反應的機會，尤其酒瓶中仍有部分空氣，震動或攪動更會使酒中容易氧化的物質被氧化，因而影響葡萄酒的風味。而已經存放多年的葡萄酒，多少都會有一些沉澱，震動也會造成沉澱浮起，對於品質的影響更大。所以葡萄酒在運送過程中應盡可能避免劇烈震動，同時在經過長途旅行之後，更應該有一段靜置期，讓葡萄酒中的風味成分重新恢復平衡，而高價的陳年紅酒更應有一段較長時間的沉澱恢復期。

第四節　葡萄酒的飲用溫度

　　關於葡萄酒的適當飲用溫度，可以說是一個相當令人困惑的問題。在過去空調系統還不很普遍的時候，歐洲許多地方的葡萄酒廠總會建議消費者最好在室溫下飲用他們所生產的紅葡萄酒，白葡萄酒則必須在冰水中冷卻後再喝。他們所指的溫度大約是18°C左右，雖然這樣的溫度每個地方不相同，季節變化也會有所差異，但是全年平均室內溫度就在18°C左右。如今隨著空調的普遍和全球溫度的暖化，當地一般人對於「室溫」的認知也改為大約21°C左右，在台灣我們所認知的「室溫」則為25°C左右，無論哪種溫度，就葡萄酒的飲用來說都嫌太高。過高的溫度下，葡萄酒的香氣和風味會讓人覺得不舒服，完全無法表現葡萄酒在適當溫度下所表現出的平衡與醇厚，所以現在的酒廠對於葡萄酒的建議飲用溫度總是較為明確。

　　一般而言，部分單寧高、結構厚實的義大利與西班牙紅葡萄酒，需要的飲用溫度最高，約為18°C；波爾多與部分新大陸紅葡萄酒，如加州的Zinfandel、Cabernet Sauvignon與澳洲的Shiraz稍低，約在15～17°C之間；勃根地紅酒又更低一些，約在15～16°C之間；而強調果香，酒體較薄弱，單寧相對較少的紅葡萄酒如Beaujolais，所需要的飲用溫度就更低了，大約只在11～12°C左右。葡萄酒的適當飲用溫度如表8.2。

　　消費者或餐廳可以利用各種方法將葡萄酒的溫度調整到最佳狀態。如果是被長期存放在理想的酒窖溫度（11～12°C）下的紅葡萄酒，飲用之前兩小時就應置於室內溫下回溫，或是將酒浸泡在18～20°C的水約十五分鐘，有的餐廳甚至會以微波爐快速加熱二十五秒回溫；降溫則可以利用冰箱或冰水桶。

　　白葡萄酒的飲用溫度大約介於5～12°C之間，其中勃根地所產的

葡萄酒賞析

表8.2　葡萄酒的最佳飲用溫度

葡萄酒特徵	溫度	說明
高醇厚度紅葡萄酒	17～18°C	義大利 　Chianti 　Barbaresco 　Barolo 西班牙 法國 　Bordeaux紅葡萄酒 　Châteauneuf-du-Pape
中高醇厚度葡萄酒	15～17°C	智利 加州 　Zinfandel 　Cabernet Sauvignon 澳洲 　Shiraz 法國 Burgundy紅葡萄酒
中等醇厚度紅葡萄酒	14°C	Cotes du Rhone
高醇厚度白葡萄酒 低醇厚度紅葡萄酒 一般玫瑰紅酒	11～13°C	葡萄品種 　Chardonnay 　Gamay 　Cabernet Franc 產地 　白葡萄酒 　　Burgundy 　紅葡萄酒 　　Beaujolais 　　Loire Valley 　　Rosé
一般白葡萄酒	7～10°C	葡萄品種 　Sémillon 　Riesling 　Sauvignon Blanc 產地 　德國 　西班牙 　法國 　　Bordeaux 　　Alsace 　　Loire Valley

（續）表8.2　葡萄酒的最佳飲用溫度

葡萄酒特徵	溫度	說明
氣泡酒 較甜白葡萄酒 低醇厚度果香型白葡萄酒	5〜8°C	Champagne Asti Sauternes Pale Rosé Sherry

以及其他曾經過橡木桶儲存的白葡萄酒所需的飲用溫度要最高，約在11〜12°C之間，這類白葡萄酒主要是以Chardonnay所釀製，此外一般的玫瑰紅酒的飲用溫度也在這個範圍內；其次為Sémillon，德國Riesling以及波爾多所產製的白葡萄酒，約9〜10°C；Sauvignon Blanc又更低，約7°C左右。香檳等氣泡酒和其他較甜的白葡萄酒，如德國和加拿大的冰酒以及Sauternes等，最佳飲用溫度為5〜8°C。其他強調果香的低醇厚度白葡萄酒如Muscadet、Vinho Verde，以及許多德國與義大利所產的白葡萄酒的飲用溫度也在此範圍內。

第五節　葡萄酒的服務

　　葡萄酒等飲料的服務是現代餐飲服務中不可或缺的一環，因為幾乎所有的餐飲消費者在餐廳裡用餐時，多少都會點用各種飲料，因此飲料的販售也成為餐飲業者一項重要的收益。在某些情形下，在餐廳裡的酒單上的葡萄酒定價，因為餐廳的其他條件，可能是餐廳本身進酒成本的二至十倍。這些多達數倍的價格差額，建立在消費者願意接受的基礎上，而消費者之所以同意付出較高的價格在餐廳裡點選葡萄酒來佐餐或單純飲用，其實是基於對這家餐廳所提供的服務的一種肯定，換言之，消費者付出的價差，在於購買餐廳的服務和一段美好的用餐經驗。

因此所有的餐廳經理，對於飲料服務的內容，都必須有充分的基本知識，例如如何決定人力需求、酒保與葡萄酒師的工作內容，以及適當的服務用器皿與工具等。

一、吧檯設置

現今的西式餐廳大多設置有一個吧檯，以提供酒類或其他飲料服務，這個吧檯的規模與配置，應該與這家餐廳本身的規模與菜單種類相配合，如果吧檯不設置在餐廳內，而設立於隔鄰的一個獨立的房間（通常設置於餐館建築的入口處），則其功能必須盡可能地完整；換言之，這類吧檯本身就是一個獨立的營業單位，除了提供這家餐廳裡用餐客人的飲料服務外，對於葡萄酒的服務，只是這個吧檯的整體功能之一。

對於葡萄酒服務而言，餐廳裡的吧檯可以視為是一個工作站，服務人員由此取用對葡萄酒服務所需要的葡萄酒、酒杯、工具與器皿，帶到客人的桌邊提供桌邊開酒服務。以杯為單位販售的餐酒，則必須在這裡暫時存放、開瓶和倒入杯中，再由服務人員以拖盤帶到客人的餐桌提供服務。

由於葡萄酒服務吧檯，通常是依據葡萄酒服務所需的特殊功能與需求考量而設置，所以內部設施和外觀與一般吧檯可能不太一樣，通常會比較趨近於歐式吧檯設計概念，沒有高腳椅，也沒有華麗誇張的後方各種酒品展示架，同時由於吧檯內需要有各種溫度設定的酒櫃與冰箱，因此需要的空間也不小。

當然在吧檯裡的空間有限，絕對不足以作為這家餐廳儲放所有酒藏之用，一個有適當溫度控制的酒窖，對於一家餐廳而言也是必需的，吧檯裡有限的儲存空間裡，所應擺放的應該都是客人最常點用的葡萄酒，或是作為銷售大宗的所謂House Wine（本餐廳特選葡萄酒）

以及Wine by Glass（單杯銷售葡萄酒）。至於高價的葡萄酒，由於點用的客人很少，而且需要盡量減少不適當的環境干擾因素，例如光線與酒櫃時常開關所造成的溫度變化，同時也避免不肖員工覬覦，所以應該存放於酒窖內，並上鎖，鑰匙也必須由專人負責保管。當客人點選這瓶酒時，再由服務人員依據餐廳內部的控管流程，向負責保管酒窖鑰匙的人領取，並且以酒籃攜帶到餐廳內的吧檯。

由於各種葡萄酒都有適當的飲用溫度，而且這個溫度通常與酒窖裡的長期儲存溫度（10～15℃）不同，因此吧檯裡最好有可以設定溫度的葡萄酒定溫機，當葡萄酒師或服務人員將葡萄酒帶到客人的餐桌前時，必須先將這瓶酒調整到適當的溫度。

當服務存放多年的高價葡萄酒時，葡萄酒被帶到吧檯後，經過擦拭與外觀整理後，必須完整未開地帶到桌邊展示給客人確認這瓶酒就是他所點的酒，經客人確認無誤之後，由葡萄酒師或餐廳經理在桌邊開酒。開酒之後，已經存放多年的葡萄酒需要經過二十分鐘以上的醒酒時間，讓葡萄酒與空氣接觸，讓酒中因長期缺氧而過度還原的微小化學成分能迅速氧化，使葡萄酒的風味更安定與平衡，醒酒的過程最好在客人餐桌上，或是放在有座的葡萄酒桶中，置於主客的後方。總之，開瓶後的葡萄酒最好不要離開客人的視線範圍，以免因誤解而產生誤會。

二、酒保與葡萄酒師的工作內容

在餐廳裡，專門對客人提供飲料服務的人，可能是bartender（酒保）或sommelier（葡萄酒師）。這兩種職業的人都應該接受過專業訓練，且領有證照。酒保負責在吧檯內工作，調製與準備各種飲料，特別是調製雞尾酒和提供啤酒服務，當然他也需要具備各種酒類飲料的基本知識。在國內對於酒保工作的專業證照，目前已經有丙級調酒

師的證照考試，考試的重點在於對雞尾酒調製的技術與飲料服務的基本知識。而葡萄酒師則只從事葡萄酒的服務，在許多美式的飯店系統裡，這個職務可能也被稱作「葡萄酒侍」（wine steward），他應該具備非常豐富的葡萄酒與餐飲知識，但是葡萄酒師尚未有類似的證照考試。

　　在一家設置有吧檯的餐廳裡，可能同時有這兩類的服務人員，但是就葡萄酒服務而言，兩者的工作內容與工作位置卻有很大的不同。酒保的主要工作位置在吧檯後方，處理吧檯內必要的作業，例如：

　1.準備與執行各項吧檯作業以提供飲料服務。

　2.維護吧檯的清潔與衛生。

　3.歡迎客人。

　4.調製雞尾酒、準備啤酒和以杯為單位銷售的葡萄酒。

　5.控制葡萄酒與各種飲料的服務溫度。

　6.清洗客人使用過的杯器皿。

　7.處理空酒瓶。

　8.注意並維護客人的安全，避免客人飲酒過量。

　　葡萄酒師的工作地點則不限於吧檯，事實上他必須在餐廳的前場的每一個地方遊走及工作，並且隨時準備解答客人有關葡萄酒的問題，並且對客人提供葡萄酒的服務；他也負責掌管這家餐廳的酒窖，與葡萄酒的採購、儲藏以及如何與餐廳內所提供的餐點互相搭配。換言之，葡萄酒師是這家餐廳裡決定酒單的人，也是這家餐廳裡作為讓顧客諮詢「如何吃飯」與「怎麼喝酒」的專家或顧問。他的主要工作內容還不止於此，他還要負責為客人表演開酒，與進行葡萄酒的桌邊服務，而他所憑藉的工具只有一個葡萄酒開瓶器和一個掛在他胸前的試酒杯（tastevin）。

三、葡萄酒桌邊服務

葡萄酒師的工作內容看似容易，實際上葡萄酒的服務流程中，卻有許多專業知識與細膩的技巧在裡頭，絕對不是只有開酒、倒酒與將酒擺放在桌上而已。許多重要事項在服務時必須被考慮到，例如哪一種食物要和哪一種酒相搭配，每一支葡萄酒的特別性質，還有服務每一支葡萄酒所應注意的各種特別情況。

葡萄酒桌邊服務的流程，大致如下：

(一)展示葡萄酒（presenting wine）

當客人點了一瓶酒以後，葡萄酒師或服務人員應該將葡萄酒帶到桌邊，展示給客人看，讓客人確認這瓶酒正是他所要點的。展示酒的另一個意義，在於取昭誠信，讓客人瞭解這瓶酒被小心地維護保存著，外觀與標籤都維持在很好的情況。因此展示酒時，應該將葡萄酒直立握住，並送到客人面前，讓客人可以輕易地閱讀到標籤上的文

服務人員向用餐客人展示葡萄酒

葡萄酒標籤的展示

字,方便他確認這瓶酒符合他的需求。一旦客人確認了這瓶酒,葡萄酒師就可以開始開酒。

(二)開酒(opening wine)

利用餐飲業者常用的「侍者之友」木塞起子開一瓶葡萄酒的程序簡述如下:

◆切開封套

割開鋁箔封套或是切開塑膠的套蓋(plastic capsule),如果是加州式的酒瓶或特製酒瓶,則可能是用蠟封口,則應該用開酒器上的刀片將蠟封刮除。切開封套時以及後續開酒過程中,葡萄酒的標籤必須始終朝向當日請客的主人或被主人所指定的主客,而且第一刀劃下時,刀口要朝向自己,且在後續動作中盡量避免朝向客人,以免被視為不禮貌的舉動。一旦封套切除,封住酒瓶的軟木塞就會顯露出來。這時應該將刀片收起,以免在後續動作時割傷自己的手。

切開葡萄酒瓶上的鋁製封套　　　　封套割開後,可以看到軟木塞

◆旋入螺旋開酒針

　　此時,要將開酒器的螺旋開酒針扳起,與把手成90度垂直。然後手握把手,將螺旋開酒針的尖端對準軟木塞的中心位置刺入,當感覺到阻力時,可以開始依順時針方向將開酒針旋入軟木塞中,直到所有的螺旋部分幾乎完全沒入軟木塞時為止。

螺旋開酒針的尖端對準軟木塞的
中心位置刺入

◆頂起軟木塞

將作為支點的開瓶器部分折下90度。此時作為支點的部分可能會低於瓶口，所以應該將把手部分向下壓，讓支點高過瓶口，並用左手輕推，以使支點頂住瓶口。

開瓶連續動作

◆展示軟木塞

軟木塞取出後，應置於小盤上，供客人檢視：軟木塞上的烙印是否與酒瓶上的標籤相符，軟木塞有沒有重複使用的痕跡，以及軟木塞

上的葡萄酒浸漬線是否接近瓶口，有無溢流的現象。剛從一瓶保存良好的葡萄酒上取出的軟木塞應該帶點溼氣、硬實而且富彈性。有的客人喜歡拿來聞，雖然不適切，也無法判斷這支葡萄酒的品質，但提供服務的人不應有任何糾正的舉動或態度。

軟木塞取出後，置於小盤上以供客人檢視

客人審視軟木塞

◆客人品酒與確認品質

　　等客人完成對軟木塞的審視之後，便該開始鑑賞這支葡萄酒的酒質本身了。服務人員應先詢問主人，今天品酒的人是哪位，通常就是這餐預備付錢的主人、他所要宴請的主客，由他所推薦的同桌客人中對葡萄酒最有研究的人來擔任。服務人員應先倒約1oz（約30mL）左右的少量葡萄酒到杯中，然後靜待客人完成品酒程序。

❶品酒時只能斟大約1oz

❷客人觀察葡萄酒的色澤

❸客人品酒以確認品質

客人品酒

216

◆ 為客人斟酒

　　在客人完成品酒程序後，詢問客人對於這支葡萄酒的品質有無意見，如果客人確認品質無誤，才可以幫所有的客人斟酒，順序應該是由方才品酒的客人的順時針方向的下一位客人開始依序斟酒，依酒杯的大小，對每一位客人的酒杯倒入適量的酒；這裡所謂的適量，是指不超過杯子最大容量的60%，通常大約4～5oz（約120～150mL）。最後會回到品酒的那一位客人的酒杯，並將其酒杯中的酒補齊至與其他客人相同的液位高度。

為客人斟酒

◆ 後續服務

　　完成上述服務流程之後，服務人員應詢問客人還有沒有需要服務之處，如果客人沒有進一步的服務需求，則應祝福用餐愉快後告退。同時在客人用餐過程中，隨時為客人斟酒。當一瓶酒倒完之後，服務人員應趨前詢問該桌主人，是否還要再開一瓶相同的酒或需要換酒，如果客人還要再開一瓶相同的酒時，依然需要重複展示酒的過程，讓

服務流程完成，祝福客人用餐愉快後告退

客人確認品質，但不需要重複品酒過程。如果客人的需求是一瓶不一樣的酒，理論上應該再進行一次品酒的過程，但大多數的客人可能因為怕麻煩，或是因為不願熱絡的氣氛被不相關的人所打斷，而希望取消品酒的流程，因此服務人員應先請教這桌主人是否希望再一次的品酒過程。

◆分酒（decanting wine）

　　對於某些老酒，特別是存放多年的波爾多葡萄酒，常常會有酒石酸結晶等沉澱物，讓客人在飲用時覺得有異物感，因此需要在蠟燭或手電筒等輔助光源的照射下，小心地將葡萄酒倒入葡萄酒盅（wine decanter）裡。酒瓶應置於光源和葡萄酒盅之間，當葡萄酒裡的微小沉澱物開始出現時，就不應繼續再倒。然後葡萄酒師應該依上述葡萄酒的服務流程對客人進行葡萄酒的服務。有些較年輕的酒，如果需要較短的醒酒時間，也可以將其倒入葡萄酒盅裡，再進行服務。分酒流程最好也在桌邊進行，以免客人懷疑他所點的酒被掉包，同時葡萄酒師在分酒過程中應力求姿態優雅，不可將任何酒汁滴出，浪費客人的酒與金錢。

Chapter *9*

葡萄酒與食物的搭配
Wine and Food Matching

　　葡萄酒有許多種類別，雖然每一種酒都有最適當的用途，但其中最重要的還是用於佐餐，所以葡萄酒不分種類，常有人將之稱為「餐酒」（table wine）。在所有的酒之中，葡萄酒無疑是最適合用來佐餐的一種，然而應該如何與食物搭配，卻常常是一件令人困擾的事，因為葡萄酒的知識複雜，許多人無法有信心的點酒佐餐，所以常常因此而不敢在餐廳裡點用葡萄酒，因此餐廳應該對客人提供專業而正確的建議，並且隨時準備回答客人對於葡萄酒知識的詢問，而餐廳裡的用餐客人最常問的問題，就是葡萄酒與食物的搭配問題，因此本章將介紹葡萄酒與食物搭配的基本原理。

　　然而在開始討論這個問題之前，必須先強調幾個重要觀念：首先，喝葡萄酒是一件快樂的事情，吃飯的時候用葡萄酒來佐餐，目的只是為了助興，因此只要你覺得高興，無論用什麼酒來搭配什麼菜，其實都一樣可以帶給你一個美好的用餐經驗。既然如何選酒與食物相互搭配都是對的，那第二個觀念就是永遠要相信自己的選擇，即使你所做的選擇在一些所謂的「葡萄酒行家」（wine snobs）的心目中是如何糟糕的組合，但因為你是一位葡萄酒的消費者，你付了錢買酒來喝，你有權決定你要怎樣喝這瓶酒，因此你應該相信起碼在喝酒這件事，「只要你喜歡，沒有什麼是不可以的」，而不必管別人怎麼說。而第三個觀念，就是絕對不要去批評別人的選擇，因為那是一種人身的自由，我們必須尊重他人的選擇，更何況這個問題原本就沒有誰對誰錯的答案。

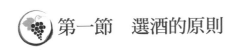 第一節　選酒的原則

一、建立以葡萄酒為中心的選酒概念

　　要知道葡萄酒與食物如何搭配，首先請先忘掉任何你已經知道的所謂「原則」，忘掉那些「應該」和「不應該」的搭配原則，因為要拿怎樣的葡萄酒來佐餐，不是什麼精確的科學，而是一種簡單的生活常識，所以只要相信你的直覺就夠了，對任何人而言，都可以隨意而任性，因此無論何時何地，選用葡萄酒的時候，只要選一支你認為好喝的葡萄酒就夠了，不必管什麼原則或道理，因為不管食物到底好不好吃，因為你喜歡這支酒的味道，你必然會將這瓶酒喝完。有些貪杯的人，甚至常常會在上主菜之前就已經將酒喝完了，所以只要你能確定喜歡那支酒，也喜歡今夜晚餐的菜色，這樣的佐餐選擇就很接近，因為你必然將有一個美好的用餐經驗，即使你後來發現這樣的搭配並不是非常理想，但你總還是可以享受這瓶酒帶給你的味覺快感，也還是可以享受一頓美好的晚餐。

　　有些所謂的葡萄酒專家認為「味道平平的葡萄酒如果和食物搭配得宜，風味就會變得更好」，所以應該堅持傳統的葡萄酒搭配原則，這種說法建立於一種假設，假設你不排斥這支酒，而且你可以找到和這支酒良好搭配的食物。然而如果你不甚喜歡你的酒，即使這支酒和你的食物是個多麼完美的搭配，你依然可能只將食物吃完而留下那瓶酒，因此我們在餐廳裡點酒不必考慮這麼多，永遠只要選一支你喜歡的酒就夠了。

　　現在剩下的問題就在於你是否瞭解哪些葡萄酒是你喜歡的？在真實世界裡，許多餐飲消費者沒有信心為自己選酒的原因，其實是因為對葡萄酒的風味不熟悉，不知道酒單裡洋洋灑灑列出的葡萄酒各是

何種滋味，如何下決定總覺得無所適從，所以總希望能借助別人的經驗，以較保守的方法讓自己能開始享受葡萄酒與食物的精妙結合，因此本章後面幾節將整理前人如何搭配葡萄酒與食物的經驗，作為消費者及葡萄酒專業人士在選酒佐餐時的參考。

二、相互平衡的原理

　　許多人過去曾聽過「白酒配白肉，紅酒配紅肉」的葡萄酒與食物的搭配「原則」，在過去也許是對的，因為以前的白葡萄酒總是較淡薄，強調果香，而紅葡萄酒總是較厚重、單寧較多。如今這個簡單的原理已經不太可以一體適用，因為現在有許多葡萄酒已經打破了傳統紅白葡萄酒的界線，例如有些地方所生產的Chardonnay其實已經較許多紅葡萄酒（如Beaujolais）的味道來得更醇厚豐富，所以這樣的簡易分法並不一定對。

　　紅葡萄酒和白葡萄酒之間除了顏色之外，最大的差異在兩個地方，單寧的含量和口感，大多數的紅葡萄酒單寧深厚，酸澀的口感明顯，白葡萄酒則相反。任何人同時品評這兩種酒時，即使盲目進行試驗，由口感中仍然可以輕易分辨哪一支酒是紅葡萄酒與白葡萄酒。然而風味中，兩者之間還是有許多的共同點，例如它們都可以很辛辣，都可以帶有奶油或皮革的味道，也常可以有土味或花香。

　　但是在白葡萄酒中常見的蘋果、梨與柑橘香味則在紅葡萄酒中很少見到；在紅葡萄酒裡常見的醋栗、櫻桃與核果的味道，在白葡萄酒裡就比較少見。因此由紅、白葡萄酒的風味差異，任何人都可以很容易區分兩者的用途不同。然而同種顏色的葡萄酒中，每一支酒的風味與口感的複雜程度及酒體的醇厚程度也各自有所不同，所以我們可以將葡萄酒歸類為很多種類型，每一種類型的葡萄酒都有適合和它相搭配的食物，如果要選擇能和某一支酒相搭配的食物，就應該先知道這

葡萄酒與食物搭配的基本原理即是彼此相互平衡

支酒屬於哪一種類型。

　　葡萄酒與食物搭配的基本原理就在於彼此如何相互平衡，酒與食物任何一種的味道都不能壓過對方。只有當葡萄酒風味的厚度、強度與複雜程度和食物相當時，葡萄酒的風味特徵才不會被食物所掩蓋，這樣的搭配才算良好適當。

　　由**表9.1**和**表9.2**所列的各類白葡萄酒與紅葡萄酒的醇厚程度，可以簡略的判斷何種葡萄酒與哪些食物相搭配比較適合，例如味道較重的食物應該搭配和它的味道一樣強烈的葡萄酒；因為如果所搭配的葡萄酒的風味較輕淡且厚度較低，用餐時這支酒喝起來總會令人感覺索然無味。至於味道比較沒那麼重的食物，可做選擇的就較多了，最理想當然還是和味道較輕淡的葡萄酒互相搭配，如果搭配味道非常重的酒，口中所感覺到將會只有葡萄酒的味道而已。然而除非是味道極為淡薄的食物，在與味道豐富的醇厚高葡萄酒搭配之後，大多數食物的滋味依然可以保持良好。

表9.1　白葡萄酒的醇厚度

醇厚程度（由低到高）	葡萄酒種類
1	Soave、Orvieto、Pinot Grigio
2	微甜Riesling
3	不甜Riesling
4	Muscadet
5	Champagne和其他不甜的氣泡酒
6	Chenin Blanc
7	Chablis和其他未經橡木桶儲存的Chardonnay
8	Sauvignon Blanc
9	Bordeaux白葡萄酒
10	Burgundy白葡萄酒
11	Pinot Gris（阿爾薩斯，Tokay）
12	Gewürztraminer
13	經過橡木桶發酵或儲存過的Chardonnay（美國與澳洲）

表9.2　紅葡萄酒的醇厚度

醇厚程度（由低到高）	葡萄酒種類
1	Valpolicella
2	Beaujolais
3	Dolcetto
4	Rioja
5	California Pinot Noir
6	Burgundy
7	Barbera
8	Chianti Classico
9	Barbaresco
10	Barolo
11	Bordeaux
12	Merlot
13	Zinfandel
14	Cabernet Sauvignon（美國與澳洲）
15	Rhône、Syrah、Shiraz

三、建立一套屬於自己的餐飲搭配方法

　　依據葡萄酒的醇厚度強弱與自己的喜好程度，每個人都可以建立一套自己專屬的葡萄酒與食物搭配的原則，最簡單的方法就是參考大家所公認的酒食搭配方法，然後再從這裡開始去嘗試一些改變，例如傳統葡萄酒與食物搭配原則中，某些酒與某些食物是絕配，如Muscadet和生蠔，Cabernet Sauvignon與羊排，Pinot Noir與牛排，因為它們的厚度恰好可以相配，且香氣與風味的豐富性相似，經過許多人的嘗試，被證明是理想的組合。而你如果不甚喜歡這些酒，在吃生蠔的時候，你可以嘗試選用一些不甜的Champagne或Riesling來取代Muscadet，因為這兩支酒的厚度接近Muscadet，而且都有其特殊風味。你也不要一定非得要用Cabernet Sauvignon來搭配羊肉不可，相當厚度的葡萄酒還有Zinfandel以及Côtes-du-Rhône。Saint Emilion或Barbera也很適合與牛肉相搭配，不必一定要用Pinot Noir或勃根地，如此你就可以有較大的自由度可以選酒與食物搭配。

依據葡萄酒的醇厚度與自己的喜好程度建立屬於自己的餐飲搭配原則

　　接下來談到有關於葡萄酒的甜度問題。許多人在吃飯的時候，永遠不會選擇甜酒佐餐，因為他們認為任何甜味都會影響食物與酒的美好結合。實際上，現代人用甜的飲料來佐餐的機會很多，例如到麥當勞等速食餐廳，幾乎每個人都會點可樂、果汁或冰紅茶來和食物一起食用，許多時候連吃中國菜喝的茶都還是甜的，食物的味道真的都被破壞了嗎？如果你可以忍受那樣子的搭配，葡萄酒又為何不可？所以只要味道不會互相破壞，甜酒當然可以來和食物搭配。像一些酸度較高的甜酒，本身的糖酸比如果夠均衡，不是只喝得到甜味的酒，如德國的Riesling、法國羅亞爾河谷區的Vouvray和加州的White Zinfandel，在與食物搭配時，本身的風味特性可以被彰顯，同時不會讓食物的味道占滿你的味蕾。另一個例子是波爾多著名的Sauternes白葡萄酒，這是一種再甜不過的甜酒，但和鵝肝醬一起食用時，卻是大家所公認的絕配。這樣搭配的成功在於這種葡萄酒除了甜味以外的各種味道非常豐富，即使不酸也可以在食物中顯出它的分量與風味特徵。

　　因此無論你知道哪些葡萄酒與食物的搭配原則，千萬別只是一味地墨守成規，餐飲的樂趣最終還是必須自己去嘗試，由自己的經驗中建立屬於自己的法則。

第二節　傳統與現代餐飲搭配的智慧

　　前面提到葡萄酒和食物的搭配有一些傳統習慣，這些習慣雖然不是不可變的法則，卻是可以作為我們嘗試建立屬於自己的餐飲搭配原則的重要參考。

一、傳統搭配方法

　　過去幾年，這些來自傳統的餐飲搭配智慧，漸漸成為一般人的常識，最常見的傳統搭配方法有以下幾點：

1. 白酒最好是搭配白肉（雞肉、豬肉、小牛肉）、甲殼類海鮮、魚類。
2. 紅酒最好是搭配紅肉（牛肉、羊肉、鴨肉和其他的飛禽走獸）。
3. 食物的味道若是強勁猛烈，酒的味道亦復如是。
4. 香檳可以搭配任何食物。
5. Port和紅葡萄酒適合搭配乳酪使用。
6. 搭配甜點和新鮮水果的酒質不可過酸。
7. 若某道菜有使用某種酒類調製而成，就該搭配該種類的葡萄酒。
8. 食用某地區的食物就該搭配該地區所生產的酒類。
9. 葡萄酒不可和熱湯、沙拉、巧克力甜點或咖哩搭配食用。
10. 搭配食物飲用的甜酒不可過甜。

　　因此在台灣和美國等地的高級法式美食餐廳裡，常常可以看到類似以下的餐飲搭配建議：

　　餐前可以吃魚子醬（caviar）搭配香檳開胃，前菜吃沙拉及喝湯時不配酒，主餐如果是吃淋有龍蝦湯汁的鰈魚（sole）時可搭配勃根地白葡萄酒，如果吃烤羊排，則應該喝波爾多紅葡萄酒。主菜之後的乳酪組合，應該以厚度稍薄的勃根地紅葡萄酒來搭配；而餐後的甜點，則應該搭配以較甜酒，如Sauternes。

二、現代搭配方法

　　如果你發現在選酒時常會無所適從，依循前面的餐飲搭配方法，雖然不見得適合你，但卻可以是個保守又得體的選擇。然而近年來，對於葡萄酒與食物搭配的問題有一些新的看法，漸漸的不再拘泥於傳統對於紅酒或白酒的分野，較注重食物與酒本身的味道，以及彼此之間的互動，所以在現代的餐飲搭配方法主要的看法為以下兩點：(1)有的紅葡萄酒可以與魚蝦等白肉相搭配，例如淋上醋溜火腿汁的烤鱒魚，可以和Beaujolais Villages相搭配；(2)有的白葡萄酒可以和紅肉互相搭配，例如香料（小茴香、胡椒、大蒜與辣椒）油炸羊肉塊可以和Meursault配合良好。

(一)主食為白肉

　　所以以傳統餐飲搭配習慣作為參考時，可以做一些修正，例如主菜是魚肉等白肉時：

1. 如果和紅酒相搭配，要儘量找那些年輕且果香濃郁的葡萄酒。
2. 可以和一些比較酸的葡萄酒相搭配，不管白葡萄酒或紅葡萄酒都可以。
3. 要避免與橡木桶味道較濃的白葡萄酒或單寧較高的紅葡萄酒相搭配。
4. 做法簡單的魚肉，要搭配味道及厚度較輕的葡萄酒，白酒或紅酒都可以。
5. 當吃貝殼類時，如果要以紅葡萄酒佐餐，可選擇那些最年輕的葡萄酒。
6. 以紅葡萄酒來搭配魚肉時，應該避免魚腥味很重的魚。
7. 燒烤程度很深的白肉，可以和紅葡萄酒相互搭配。

(二)主食為紅肉

而食用牛、羊等紅肉時,則可修正為:

1.淋有奶油醬汁的紅肉與白葡萄酒搭配良好。

2.調理程度很生的紅肉可以和紅葡萄酒相互搭配。

3.雖然是較生的紅肉,但如果放了很多辛香料,也可以和白葡萄酒相互搭配。

4.久燜爛煮的肉品,可以和紅葡萄酒或白葡萄酒任何一種搭配良好。

(三)傳統搭配原則的反省與嘗試

1.過去認為「不應該」的餐飲搭配原則,可以做一些反省與新嘗試,例如:

(1)「葡萄酒不應與沙拉相搭配」:現在還是對的,無論有無淋上沙拉醬的生菜都不適合與葡萄酒相搭配,因為生菜的澀味與草青味會與葡萄酒的風味互相影響,而沙拉醬汁裡的醋也是葡萄酒風味的殺手。

(2)「葡萄酒不應與蛋相搭配」:固然蛋白裡的有些物質會破壞葡萄酒的風味結構,但是還是可以看看蛋是與什麼東西一起料理,以及在菜色中的比重,只要不是完全的白煮蛋,其實無妨一試。

(3)「葡萄酒不應與巧克力相搭配」:可以試試一些強化酒,如不管年份的Port酒或Madiera等。

2.至於過去認為是「應該」的餐飲搭配原則,有許多我們也得小心,例如:

(1)喝香檳配魚子醬時,不要用較甜的或品質較低的酒。

(2)喝Chianti配辣味義大利麵時,別用果香太濃郁的和味道太重的酒。

(3)用Cabernet Sauvignon來搭配牛排時，還是要注意燒烤的程
　　度、做法與味道。

(4)喝紅葡萄酒來搭配乳酪時，不要和脂肪太多、太軟、有味
　　道、太鹹或帶黴的乳酪一起食用。

　　因此現代有關葡萄酒與食物搭配的新觀念，在於強調食物與葡萄
酒在風味與口感上的相似性，同時盡可能地表現兩者在成分、香味、
風味與口感的特殊性。一言以蔽之，輕淡的食物就該配合輕淡的葡萄
酒，濃烈的食物就該搭配濃烈的葡萄酒。

(四)同時搭配多種酒

　　至於同時要用幾種不同的酒來搭配同一餐點時，喝酒的順序最好
還是和單獨品酒時一樣，就是：

1.喝酒時年份較輕的葡萄酒要先於喝年份較老的酒。

葡萄酒和食物的巧妙搭配可滿足味覺的體驗

2.喝酒時白葡萄酒要較紅葡萄酒先喝。

3.喝醇厚度較低的酒要先於醇厚度高的酒,可以不管顏色。

4.不甜的酒要較甜的酒先喝。

主要原因還是因為如果先喝年份較久、厚度較厚、味道較重或是較甜的葡萄酒,因為味覺與嗅覺受到較重的刺激而容易遲鈍,因此照著品酒順序來飲酒,可以較容易享受到來自於各種葡萄酒的風味。

 第三節　葡萄酒師如何對消費者提供建議

作為一位葡萄酒專業人士與當一個普通餐飲消費者,對於葡萄酒與食物的搭配問題必須有不一樣的態度。消費者在用餐時喝酒,目的是為了讓用餐經驗更美好,只要他高興,任何選擇都是好的選擇,不必管任何原則或道理。但是許多消費者在選酒時,總希望能聽聽專家的意見,或者請一位真正懂酒的人來替他做選擇,因此國外許多高級西餐廳都會聘請一位受過專業訓練的葡萄酒師來負責所有有關葡萄酒的事宜。在法國、日本及許多國家,葡萄酒師必須領有執照才能執業,他必須具備有充足的葡萄酒知識,也應該非常熟悉這家餐廳的酒窖裡每一支葡萄酒的風味特色,對於這家餐廳的菜單裡的每一道菜的調理方法與風味也必須瞭若指掌。

葡萄酒師所追求的餐飲搭配是一種完美的組合,葡萄酒的味道在美食的配合下變得更好,美食在葡萄酒的襯托下,也可以達到風味的極致。就享受程度而言,葡萄酒與美食搭配之後所得到的享受程度,應該要超過兩者個別享受程度的總和。然而當葡萄酒師在對客人提供餐飲搭配建議時,他必須判斷這桌客人所能接受的品質與價錢範圍,也必須針對客人的需求來提供意見。除了菜單之外,還有許多因素可能會影響客人的選擇和滿意程度,都必須考慮進去,例如用餐的地點

與場合？這位客人是否身處於國外？用餐的時間是不是假日，是一年中哪一個季節？又是一天中哪一個時段？當時的氣候如何？以及本餐廳的酒單價格結構。

無論如何，一位葡萄酒師必須瞭解，他所做的任何建議都必須使客人滿意，而不是他自己高興就好，所以他必須將每一瓶葡萄酒的特色與性質向客人詳細解說，例如這瓶酒是紅酒或白酒，是不是含氣，甜度、酸度、厚度與果香和風味性質如何，提供給客人的任何餐飲組合建議，都必須將來龍去脈詳細說明，使客人充分瞭解如此搭配的原因。

本於對葡萄酒的專業知識以及不斷嘗試的結果，葡萄酒師對酒與食物的組合，就像一位大廚將許多種食物組合烹調成一餐精緻美食一般，具有讓美味加分的效果，因此他的餐飲組合建議，必須直接而明確，讓客人可以很輕易地做選擇。以下介紹幾項葡萄酒師常常會做的餐飲搭配建議：

一、吃某地區的食物，搭配當地所生產的葡萄酒

許多葡萄酒產區附近都有許多帶有當地特色的餐廳，提供當地的傳統美食。整體而言，最適合某地美食的葡萄酒，就是當地所產的葡萄酒，一方面是因為歷史演進的結果，當地的飲食長期相互配合，逐漸發展出一種完美的結合；另一方面則是因為當地產酒，周邊地區的餐廳多半會賣鄰近酒廠的酒，所以餐食的風味也會為這些酒類做調整，當地許多廚師也會為當地的酒量身製作適合搭配的美食，長期下來逐漸形成一種餐飲風格。因此賣法國菜的餐廳裡，葡萄酒師最常推薦給用餐客人的酒必定是法國酒；而義大利美食餐廳裡，義大利酒的種類與數量必定最多。

葡萄酒與食物的搭配
Wine and Food Matching

二、搭配料理中相同種類的酒

　　如果某道菜在烹調過程中曾加入某種葡萄酒，佐餐時就該搭配相同種類的酒。

　　許多法國菜、西班牙菜和義大利菜的原料中都有酒，如紅酒牛排、白酒蛤蜊義大利麵等均是台灣西餐廳裡常見的菜色，最適合與其相互搭配的酒就是菜名上的酒。而許多地區美食的製備過程中都可能加入一些葡萄酒來烹調，葡萄酒師瞭解每一菜單項目的製作過程，因此通常會建議搭配一支近似的酒。

三、對開胃酒的建議

　　西餐裡的開胃酒（apéritifs），主要目的有三項：增進客人的食慾、讓部分客人的饑餓感稍微獲得解除，以及讓客人精神放鬆以待後面即將送來的餐點，常見的開胃酒建議包括：

1.香檳以及其他不甜或微甜的氣泡酒。
2.風味具特色的不甜白葡萄酒，例如法國勃根地與Grave的白葡萄酒。Muscadet、Sancerre的白葡萄酒或玫瑰紅酒，葡萄牙的Vinho Verde，德國的Mosel Trocken，以及美國加州地區所生產的Sauvignon Blanc或Fumé Blanc。
3.不甜或微甜的Sherry酒，如Fino、Manzanilla以及Amontillado、Palo Cortado、Oloroso。
4.Vermouths。
5.Corktails。

四、對前菜的建議

前菜（hors d'oeuvres）的分量通常不大，主要的目的還是為了開胃，通常重視風味的特殊性且重質不重量，然而許多前菜（如沙拉）中都有醋，會使葡萄酒的味道變壞，因此如果前菜太酸或含醋就最好不要搭配酒。然而含醋量較少的前菜，也許可以選用味道強烈的強化酒，如Sercial Madeira或Fino Sherry等，其餘的建議包括：

1. 非水果類的前菜：Chablis，阿爾薩斯Riesling、Sylvaner、Pinot Gris、Soave、Muscadet Sèvre et Maine Sur Lie、Sancerre、Pouilly-Fumé、Mâcon Blanc、Vinho Verde以其其他的不甜白葡萄酒。
2. 新鮮的蔬菜或水果製成的前菜：Chilean、French Sauvignon Blanc、California Sauvignon Blanc。
3. 比較油膩和辛辣的前菜：可採用一些半甜的Chenin Blanc、Mosel、新大陸的微甜Sémillon或阿爾薩斯Pinot Gris。

五、對魚、貝、海鮮類主菜的建議

適當的建議包括一些不甜的白葡萄酒，如厚度較高的勃根地白葡萄酒、德國的白葡萄酒、法國羅亞爾河谷區的中等厚度白葡萄酒Vouvray，以及南非、加州和澳洲的Chenin Blanc。料理這些海鮮時，所用的醬料或本身的味道越重，所應選用的酒的醇厚度與味道也應該較重。可以用來搭配海鮮的，除了白葡萄酒以外，有的玫瑰紅酒和某些醇厚度較輕的紅葡萄酒也很適合用來搭配燒烤過的海鮮。

六、對於雞、禽類主菜的建議

通常會建議一些酒體較輕的紅葡萄酒（如Beaujolais）、Touraine
地區所產的紅酒和白酒、義大利Valpolicella、玫瑰紅酒，以及其他厚
度中等的不甜白葡萄酒。雞禽類之中，火雞肉和近年來在台灣頗為流
行的鴕鳥肉通常被歸類為紅肉，但由於牠們的禽肉特性，所以味道仍
較牛、羊肉稍淡薄，所以可以選擇以Merlot為主要原料所製造的波爾
多紅葡萄酒，加州的Merlot、澳洲的Shiraz、義大利的Sangiovese、西
班牙的Tempranillo葡萄酒。

七、對於各種肉類主菜的建議

葡萄酒師通常會依據肉品的種類、製作方法和添加的佐料對於主
菜提出建議，常見的牛、羊、豬肉所用的餐酒，主要還是一些醇厚度
高、風味相對複雜的紅葡萄酒，如波爾多、勃根地、Cru Beaujolais、
Chinon、Côte-du-Rhône、Barolo、Barbaresco、Chianti和Rioja等地區
所產的紅葡萄酒，以及加州、智利和澳洲等地所產的優質Cabernet
Sauvignon與Pinot Noir葡萄酒。

八、對於義大利麵的建議

一般的葡萄酒師都會建議以義大利的葡萄酒來搭配，例如
Chianti、Valpolicella、Spana、Navarra、Valdepena、Bairrada、Fitou、
Corbieres和其他的義大利紅葡萄酒，以及法國隆河地區的紅葡萄酒。

甜度中等以上的氣泡酒或白葡萄酒適宜搭配甜點

九、對於餐後甜點的建議

　　用來搭配甜點的葡萄酒也必須和所搭配的食物一樣的香甜甘美，或是甜度在中等以上的氣泡酒。常見的建議包括Champagne、Asti、低厚度的義大利玫瑰紅氣泡酒（如Malvasia）、德國Spätlese或Auslese白葡萄酒，法國酒中較甜的白酒如Sauternes、Barsac、Coteaux-du-Layon、Muscat de Beaumes-de-Venise、Muscat de Rivesaltes以及其他新大陸地區所產的Muscat、Riesling或Sémillon甜白酒。

十、對於中國菜的建議

　　正如之前所提到過的，以葡萄酒佐餐是西式餐飲文化中的一項重要傳統，中國人雖然已經接觸葡萄酒相當長的時間，卻一直未能將葡萄酒融入中式餐飲之中，國人搭配中國菜的主要酒類至今還是以啤酒或穀物酒為主，然而由近年來進出口數據中可以看到，我國的葡萄酒進口量與消費量近年來都大幅增加，逐漸成為一種日常用的餐酒。

對於許多葡萄酒專業人士而言，替消費者選擇一支能適合用來搭配中國菜的酒，是一件非常不容易的事情，因為中國菜是一個集合名詞，任何一餐都由許多道彼此性質可能南轅北轍的菜色所組合而成，因此中國菜的味道基本上必須考慮各道菜色的整體風味與口感的協調性與平衡性，因此儘管味道複雜，但整體而言中國菜的味道普遍強調廚藝的精巧，酸甜苦鹹的用料必須恰到好處，不能過度而破壞整體的和諧。因為中國菜通常並沒有一定的上菜順序，餐桌上總會有許多不同的盤菜，所以在吃中國菜的時候，我們總會在同一時間內取用許多不同的菜色，嘴巴裡的味道總是五味雜陳，因此用來佐餐的葡萄酒必須能貫穿全局，酒的風味也必須像中國菜一般豐富多變又不太強烈，厚度中等，單寧的口感不可太強，最好有點辛辣，有點甜又不太甜，能符合這幾點的酒，大概只有一些厚度較高的白葡萄酒，或較低的紅葡萄酒，例如葡萄牙Dão與Vinho Verde，法國Grave與羅亞爾河谷區，以及德國Rhein與Mosel-Saar-Ruwer等地區所產的白葡萄酒。

也有的葡萄酒師喜歡建議消費者用Beaujolais或White Zinfandel等厚度較低的紅葡萄酒或玫瑰紅酒來搭配中國菜，整體而言，葡萄酒師通常不會建議用厚重的波爾多紅葡萄酒來搭配中國菜，因為醇厚的陳年紅酒的味道會完全覆蓋大部分餐食的味道，有些醋溜或麻辣的菜，又可能會破壞葡萄酒的味道，反不如佐以酒體較輕的白葡萄酒適當，而Riesling又是筆者與許多葡萄酒師所公認最適合用來和中國菜搭配的酒，特別是德國QmP的Kabinett與Spätlese兩級葡萄酒，有點甜又不太甜，帶有適度的果酸和濃郁的果香，較能符合中國菜的特性。與德國Riesling相類似的酒如美國、奧地利、智利、紐西蘭和南非等地所產的Riesling，法國阿爾薩斯的Gewürztraminer也很適合和中國菜互相搭配。其他可能的建議包括不甜或微甜的無年份香檳、義大利的Lugana、瑞士的Chasselas等地的白葡萄酒。紅葡萄酒中單寧與厚度低，柔順且果香濃郁的酒如Pinot Noir和Gamay，也常用來搭配中國菜。

Part 5

世界葡萄酒產區介紹

Chapter 10

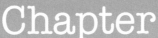

歐洲葡萄酒法規與
法國葡萄酒

European Union Wine
Laws and French Wines

　　世界各地葡萄酒產區的分布與產量變化，每年都會有所不同，尤其在過去十多年來，隨著歐盟成立以後各國葡萄酒法規的改變，以及中國與巴西等新興經濟體的興起，對於葡萄酒的需求增加，結構性地改變了世界葡萄酒的產銷生態。以2012年為例，世界前十大的葡萄酒生產國中，屬於傳統歐洲葡萄酒產區的只剩下法國、義大利、西班牙和德國，過去所謂的新世界葡萄酒產區的美國、澳洲、阿根廷、智利與南非之外，還有中國這個新興的葡萄酒生產與消費國。

　　對於世界葡萄酒的認識，許多傳統觀念如今已經必須重新審視，因此本書將世界葡萄酒產區的介紹分成四個部分，本章介紹歐洲最新的葡萄酒法規以及法國各個葡萄酒產區的現況。第十一章介紹義大利、西班牙及德國葡萄酒生產情形；第十二章介紹所謂的新世界葡萄酒以及中國等新興葡萄酒生產國的葡萄酒生產情形；第十三章將介紹目前世界各國氣泡酒的生產情形。在此特別強調一點，關於世界各個葡萄酒產區甚至酒莊的介紹，坊間已有許多著作或譯作詳盡描述，網路如維基百科及許多酒商的網站都提供大量及時的資訊，可以提供讀者參考，同時延續第一版的精神，本書不以介紹葡萄酒區或酒莊為主要寫作目的，因此這些章節將只對各產區的概況與葡萄酒生產現況做簡要介紹，重點還是在於協助讀者如何解讀葡萄酒的標籤，以及如何運用葡萄酒知識，解譯標籤上每一個文字區塊後面的意義以及可能的價值，方便讀者日後選酒賞析。

 第一節　歐洲葡萄酒的分級制度

　　法國的葡萄酒生產與出口，向來是該國經濟的重要項目，長期以來法國都是世界上屬一屬二的葡萄酒生產、消費與出口國，而且法國葡萄酒在海外市場的平均售價也高於其他葡萄酒生產國。法國葡

萄酒之所以受到世界各地葡萄酒消費者的歡迎，主要是因為法國是世界上最早制定葡萄酒產區管制法規（Appellation d'Origine Contrôlée, AOC）的國家，同時採行一套非常繁瑣嚴謹的葡萄酒分級制度，將分級管制的基礎建立於對釀酒葡萄來源的產區，讓葡萄酒由產區生產方式的控管對葡萄酒加以分級。在這樣的管制體系之下，可以保證葡萄酒的品質，讓各種不同需求的消費者可以各取所需，因此許多法國葡萄酒可以保持與眾不同的獨特身價。

　　法國的成功，使得同樣是葡萄酒生產大國的義大利和西班牙，為求生存與競爭，也必須建立自己的葡萄酒分級制度，訂定符合自身國情的葡萄酒法規，於是義大利在1963年制定了DOC法（Denominazione di Origine Controllata），西班牙則在1970年通過葡萄酒的DO法（Denominación de Origen），葡萄牙也有他們自己的DOC（Denominação de Origem Controlada）系統。

　　然而隨著1993年11月1日歐盟成立，自1962年羅馬條約以來，歐洲共同市場會員國之間對於葡萄酒貿易規範與利益衝突問題，必須取得一個妥善的安排，在1999年，改革了歐盟葡萄酒貿易規範，讓產銷秩序更能符合歐盟各葡萄酒生產國的需求，如今歐盟葡萄酒規範屬於歐盟共同農業政策（Common Agricultural Policy, CAP）的一部分，規範歐盟成員國各自的最大葡萄酒生產面積，葡萄酒製酒方法，以及葡萄酒分類與標示方法。

　　在這個規範下，歐洲所產製的葡萄酒分為兩大類，第一類是所謂的特定產區優質葡萄酒（Quality Wine Produced in a Specific Region, QWPSR），第二類也就是一般的餐酒（table wine），在這個規範下，各國修改其葡萄酒法規，以符合歐盟規範，其中德國為保持其原來的Chaptalization製酒傳統並符合歐盟規範，2007年將原來的優質葡萄酒等級Qualitätswein mit Prädikat（QmP）改名成為Prädikatswein。

　　2012年以後，更應符合歐盟最新的農產品原產地標示規範，在最

新的歐盟共同農業政策中，在葡萄酒原產地標示規範中，將有標示產地的葡萄酒分為PDO（Protected Designation of Origin，受保護原產地名）與PGI（Protected Geographical Indication，受保護地理性標示）兩種農產品品質保護體系。簡單來說，原本屬於QWPSR一類的葡萄酒都可歸類為PDO，如法國的AOC、義大利的DOC與DOCG、西班牙的DO與DOCa、葡萄牙的IPR與DOC，以及德國的QbA與Prädikatswein。PDO在各國有不同的語言標示，如法國的Appellation d'Origine Protégée（AOP）、義大利的Denominazione di Origine Protetta（DOP），以及西班牙的Denominación de Origen Protegida（DOP）。

　　而原先列在餐酒一類，且有標示產地的葡萄酒，如法國的VDP（Vin de Pays）、義大利的IGT（Indicazione Geografica Tipica）、西班牙的VT（Vino de la Tierra）、葡萄牙的VR（Vinho Regional），德國以及奧地利的Landwein則被歸類並標示為PGI。

　　由於2012年新的歐盟原產地保護規範，適用於歐盟境內各種農產品，便於國際流通與行銷，因此近年來，已經有越來越多的歐洲葡

PDO

Protected Designation of Origin
Appellation d'Origine Protégée
Denominazione di Origine Protetta
Denominación de Origen Protegida

PGI

Protected Geographical Indication
Indication Géographique Protégée
Indicazione Geografica Protetta
Indicación Geográfica Protegida

2012年歐洲葡萄酒原產地標示規範之PDO與PGI標章

萄酒製造商在標籤上只採用歐盟的葡萄酒PDO分類標示方式與等級標章，不再標示本國的葡萄酒分級標示。

 第二節　法國的葡萄酒產區

今天談到世界的葡萄酒生產與分級制度，必須從歐洲說起，而談到歐洲的葡萄酒，又不能不從法國談起。這不是因為法國的葡萄酒生產歷史最悠久，也不是因為法國的葡萄酒生產最多，而是因為法國曾經建構了一個最完善的葡萄酒生產管理與分級制度，讓許多的法國葡萄酒得以獨步全球，成為高品質與高價葡萄酒的代名詞。

其實法國幾乎全國各地都可以種葡萄和製酒，每年產製大約80億瓶的葡萄酒，不是所有的葡萄酒都是高價到難以讓人親近的，只是其中有一小部分屬於前面我們所提到的QWPSR的特定產區優質葡萄酒，且部分葡萄酒符合法國當地AOC的某些特別規範，並且有長期良好的風評，同時產量有限，因此常與高價奢侈連結在一起。絕大多數的法國葡萄酒其實還是非常平易近人，可以在日常飲用。

法國葡萄酒的獨特性，來自於1855年開始於波爾多地區的葡萄酒分級概念與系統，到了1935年以後，更由法國政府成立了國家級的全國葡萄酒產區管理局（Institut National des Appellations d'Origine, INAO），將全國的葡萄酒生產加以規範管理，如今法國的葡萄酒產區被劃分成十二個法定大區，每一個大區都有其獨特的葡萄酒生產面貌。這些主要的產區，由巴黎順時針方向，分別是：

1. Champagne。

2. Alsace。

3. Burgundy。

4. Jura。

5. Savoie et Burgy。

6. Côtes-du-Rhône。

7. Provence。

8. Corse。

9. Languedoc-Roussillon。

10. Sud-Ouest。

11. Bordeaux。

12. Vallée de la Loire。

　　以上所謂的葡萄酒產區，尚不包括以產製白蘭地（Brandy）為主的產區，如Calvados、Armagnac和Cognac等地區。每一個大產區之下，又可以分成許多的葡萄酒產區（appellation）。

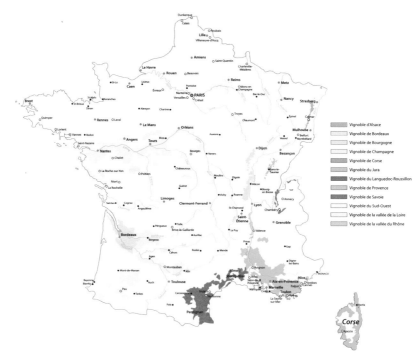

法國葡萄酒產區

一、1855年的分級制度

　　法國葡萄酒的分級最早可以追溯到1855年，法皇拿破崙三世希望能向世界炫耀法國的光榮，因此執意舉辦巴黎世界博覽會（des produits de I'Agriculture, de L'industrie et des Beaux-Arts），於是博覽會的主辦當局請波爾多商會（Gironde Chamber of Commerce）推薦一批當地最頂級且足以代表法國葡萄酒舉世無雙的優越性參展，於是商會的會長Duffour-Dubergier在這年簽署了一份文件，推薦波爾多地區主要來自Médoc地方的61家酒廠（其中一家來自Pessac-Léognan）的葡萄酒參展，約占當時波爾多地區所有酒莊總數的四分之一，並將這些酒依據1815年到1855年間每桶葡萄酒的平均售價，將這些酒廠的酒分成五個等級，這個分級方法至今仍被沿用，而成為波爾多乃至於法國葡萄酒中最高的五個等級，這就是葡萄酒世界中著名的1855年分級制度（Les Grands Crus classés en 1855）。這個分級制度一直未被更動，直到1973年INAO才將原本在第二級的Château Mouton Rothschild提升到第一級，這是一百多年來唯一的更動。

　　此外，在這份文件的酒廠分級表中，還曾列出二十七家來自Sauternes和Barsac產區的甜白酒酒廠分別給予Premier Cru Supérieur（一家）、Premiers Crus（十一家）和Deuxièmes Crus（十五家）等三級，較不為人所熟知。

　　這些葡萄酒與產區分別是：

（一）第一級（Premier Grands Crus Classés）

- Château Lafite Rothschild（Pauillac）
- Château Latour（Pauillac）
- Château Margaux（Margaux）
- Château Mouton Rothschild（Pauillac）（1973年被INAO提升為

第一級）

- Château Haut-Brion（Pessac）

(二)第二級（Deuxième Grands Crus Classés）

- Château Brane-Cantenac（Cantenac-Margaux）
- Château Cos-d'Estournel（Saint-Estèphe）
- Château Ducru-Beaucaillou（Saint-Julien）
- Château Durfort-Viviens（Margaux）
- Château Gruaud-Larose（Saint-Julien）
- Château Lascombes（Margaux）
- Château Léoville-Barton（Saint-Julien）
- Château Léoville-Las-Cases（Saint-Julien）
- Château Léoville-Poyferré（Saint-Julien）
- Château Montrose（Saint-Estèphe）
- Château Pichon-Lalande（Pauillac）
- Château Pichon-Longueville Baron（Pauillac）
- Château Rauzan-Ségla（Margaux）
- Château Rauzan-Gassies（Margaux）

(三)第三級（Troisième Grands Crus Classés）

- Château Boyd-Cantenac（Cantenac-Margaux）
- Château Calon-Ségur（Saint-Estèphe）
- Château Cantenac-Brown（Cantenac-Margaux）
- Château Desmirail（Margaux）
- Château Ferrière（Margaux）
- Château Giscours（Labarde-Margaux）
- Château d'Issan（Cantenac-Margaux）

- Château Kirwan（Cantenac-Margaux）
- Château Lagrange（Saint-Julien）
- Château La Lagune（Haut Medoc）
- Château Langoa-Barton（Saint-Julien）
- Château Malescot-Saint-Exupéry（Margaux）
- Château Marquis d'Alesme-Becker（Margaux）
- Château Palmer（Cantenac-Margaux）

(四)第四級（Quatrième Grands Crus Classés）

- Château Beychevelle（Saint-Julien）
- Château Branaire-Ducru（Saint-Julien）
- Château Duhart-Milon-Rothschild（Pauillac）
- Château La Tour-Carnet（Saint-Laurent）
- Château Lafon-Rochet（Saint-Estèphe）
- Château Marquis-de-Terme（Margaux）
- Château Pouget（Cantenac-Margaux）
- Château Prieuré-Lichine（Cantenac-Margaux）
- Château Saint-Pierre（Saint-Julien）
- Château Talbot（Saint-Julien）

(五)第五級（Cinquième Grands Crus Classés）

- Château Batailley（Pauillac）
- Château Belgrave（Saint-Laurent）
- Château Camensac（Saint-Laurent）
- Château Cantemerle（Macau）
- Château Clerc-Milon（Pauillac）
- Château Cos-Labory（Saint-Estèphe）

- Château Croizet-Bages（Pauillac）
- Chateau d'Armailhac（was Château Mouton d'Armailhac/ Pauillac）
- Château Dauzac Labarde（Margaux）
- Château Grand-Puy-Ducasse（Pauillac）
- Château Grand-Puy-Lacoste（Pauillac）
- Château Haut-Bages-Libéral（Pauillac）
- Château Haut-Batailley（Pauillac）
- Château Lynch-Bages（Pauillac）
- Château Lynch-Moussas（Pauillac）
- Château Pédesclaux（Pauillac）
- Château Pontet-Canet（Pauillac）
- Château du Tertre Arsac（Margaux）

二、AOC產區管制法

依據1935年7月30日所正式施行的法國葡萄酒產區管制法（全名為Appellation d'Origine Contrôlée，簡稱AOC法），成立法國國家葡萄酒產區管制局INAO（Institut National des Appellations d'Origine）。這個機構的主要工作任務在於：

1.保護現存的葡萄酒製酒習慣與命名原則。

2.為每一個葡萄酒的產區劃定界線。

3.作為葡萄園的地籍登記與註冊機構。

4.確認每一家酒廠的葡萄生產、葡萄品種、修剪方法、生產與最終收穫與製酒的方法。

INAO成立之後，逐步將法國葡萄酒更進一步地分成四個等級，分別是：

(一)Appellation d'Origine Contrôlée（AOC）

簡稱AOC，法文意思為「受法規管制葡萄來源的葡萄酒」，約占法國葡萄酒總產量的53.4%。酒瓶上的標籤如標示為「Appellation d'（產區地名）＋Contrôlée」，或是「AC＋（產區地名）」，代表這支葡萄酒的生產與製造完全符合AOC法中有關葡萄品種、種植方法、生產面積、產量、釀造過程、酒精含量等相關規定，同時保證製作這支葡萄酒的葡萄來自於所標示的原產地。然而各個葡萄酒產區，在AOC這級的葡萄酒之中，又有各自的分級方法，一般而言，AOC標示中的地名，行政位階越低或範圍越小，表示葡萄的來源越稀少，這支葡萄酒的等級也就越高。2005年，法國全國計有四百七十二個法定的AOC產區。2011年以後，AOC等級標示，將逐步被屬於歐盟新制度下PDO的AOP（Appellation d'Origine Protégée）所取代，AOP的內容與AOC相同。

(二)Vin Délimité de Qualité Supérieure（VDQS）

簡稱VDQS，法文意思是「品質特優的地區酒」，這是產自某些特定地區的優質葡萄酒，酒瓶上的標籤標示為「Appellation＋（產區地名）＋Qualité Supérieure」，如此標示代表這支葡萄酒的葡萄產地、釀酒葡萄品種、最低酒精含量、葡萄種植與製酒方法保證符合VDQS等級葡萄酒的有關規定。VDQS產量雖然只占法國葡萄酒總產量的0.9%（2010年），但是卻曾經是向AOC級別過渡所必須經過的級別，如果這個酒廠的酒在VDQS時期酒質表現良好，則有機會升級為AOC。然而隨著歐盟葡萄酒制度的改革，這個分類等級在2011年底被廢除。

(三)Vin de Pays

法文原意為「地方酒」或「鄉村酒」，即英文Country Wine的意

思，這級葡萄酒其實是一般餐酒（Vin de Table）中品質較好的一群，產自某些特定的地區，採用當局所建議的葡萄品種製酒並符合法規裡的最低酒精含量規定，標籤上可以標明產區與葡萄品種。Vin de Pays約占法國葡萄酒總產量的33.9%（2010年），標籤標示方法為「Vin de Pays＋（產區地名）」，絕大部分產自南部地中海沿岸。2011年底以後，Vin de Pays的產品標示將被歐盟的農產品PGI等級所取代，未來葡萄酒標籤上看到的Indication Géographique Protégée（IGP）標示基本上就是原來的Vin de Pays。

(四)Vin de Table

一般所謂的Vin de Table事實上是指Vin de Consommation Courante或Vin Ordinaire，這是作為日常飲用的一般餐酒，也就是英文裡的table wine，在過去曾經是法國產量最大的一類葡萄酒，但隨著法國進入歐盟，來自東歐等地的廉價葡萄酒，大量取代法國Vin de Table的市場，迫使法國原先生產Vin de Table的酒廠，不得不轉而生產Vin de Pays以上等級的葡萄酒，因此到了2010年法國所產的Vin de Table只約占法國葡萄酒總產量的11%。標籤上標示為「Vin de Table」，不需標示地名，可以由不同地區的葡萄製成，甚至可以用法國以外歐洲聯邦的葡萄製酒，如果葡萄來源只在法國境內，則可稱法國日常餐酒。Vin de Table 的包裝形式可以是任何形式，不一定裝瓶銷售，價格非常低廉。2012年以後，Vin de Table被新的等級Vin de France所取代，概念上Vin de France與原來的Vin de Table非常接近，但是法規上允許其標示品種與年份，葡萄來源則沒有嚴格的規定，只要是在法國裝瓶出廠的葡萄酒餐酒，都可以標示為Vin de France。

三、解讀法國葡萄酒的標籤

法國葡萄酒的標籤上通常有以下的訊息：

(一)葡萄酒名與酒莊名

各個地方對自己的酒廠的稱謂都不一樣，波爾多地區的人喜歡稱他們的酒廠為Chateau，其他地方的酒廠則可能叫自己的酒廠為Clos或Domaine，因此只要看到標籤上有這幾個字在字首出現，且字體較大的，通常就是葡萄酒的名字。有許多酒廠僅只放上酒廠的名字，前面不再放上Chateau等字。

(二)製酒者的標誌或酒廠的代表性建築

法國葡萄酒的標籤上通常可以看到代表這家酒廠的一個圖案，這個圖案可能是擁有這家酒廠的家族徽章、公司或酒廠本身的商標，要不就是這家酒廠的主體建築物或可以代表這家酒廠特色的酒廠素描。

(三)法定分級

法國葡萄酒的標籤上通常都有可以代表其法律所規定等級的標示，例如Appellation d'Origine Contrôlée、Vin de Pays和Vin de Table等文字。許多地方的AOC葡萄酒還有各種等級，例如Grand Cru、Premiere Cru、Cru Bourgeois等法定分級，通常會以不同行與不同的字體，標示在標籤上，以註明其等級。然而各產區的AOC葡萄酒的分級制度並不一致。2012年以後所生產的葡萄酒，標籤上的分級標示，將只有Appellation d'Origine Protégée、Indication Géographique Protégée和Vin de France。

(四)製酒的年份

葡萄酒製酒年份的標示有幾種方法,第一種是直接標示年份,也有以Recolt後面加註年份的方式標示。

(五)葡萄產區

雖然葡萄產區的地名在前面AOC的標示中通常已經出現過,但大多數的AOC/AOP或IGP(Vin de Pays)葡萄酒的標籤上,也還會以較大的字體明顯標示。

(六)酒精含量

通常以較小的字體標示在標籤的邊緣。標示的方法通常如下:12.5% ALC./VOL.、12.5% alc./vol.、12.5% vol.、12.5% VOL.、alc. 12.5% vol.。

(七)擁有這家酒廠的公司名與其地址

通常會出現在標籤的下方,以極小的字體編排,通常是標籤中字體數最多且字體最小的一段文字,在這段文字裡通常可以看到酒廠名、擁有這支酒品牌的公司或是大盤商的名稱、這家公司所在的國家、地區、城市名與當地的郵遞區號。如A Romanèche-Thorins (Soane-et-Loire) par Alecxix Lichine & Co. F-33000, France。

(八)容量

容量的標示方法,通常採用的單位為mL、cL或是litre,例如一瓶750毫升容量的標準瓶的容量標示方法可能如下:750mL、750ML、750ml、75cl、75CL或0.75litre。

![] 第三節　Bordeaux（波爾多）

　　波爾多酒產區涵蓋了整個Aquitaine大區（Region）的Gironde行省（Department），範圍約有三分之一個台灣大（10,725平方公里），這可能是法國乃至於世界上最著名的葡萄酒生產地區，產製超過三分之一的法國最優質葡萄酒，全區共有超過12萬公頃的葡萄園，分成五十四個AOC產區，全區目前有七千家以上的酒廠，其中超過70%生產AOC等級的葡萄酒，年產量約7億瓶。本地的酒廠習慣稱自己的酒廠為Chateaux，法文原意是城堡，其實每一家酒廠不見得有像城堡一般的華麗建築，只是一種稱謂，然而對於Bordeaux地區所產的AOC葡萄酒，一般習慣稱為Chateaux wine，而波爾多紅葡萄酒又被稱為Claret。

一、四大次產區

　　由於本地的優質葡萄酒眾多，且大多為AOC葡萄酒，因此需要一個比AOC更細的分級方法對此地所產的葡萄酒做鑑別，因此在波爾多地區幾個重要以行邑（commune相當於縣市鄉鎮的行政等級）為基礎的葡萄酒行邑產區，如Médoc、Saint Emilion、Pomerol和Graves等地都有其地區性的AOC葡萄酒分級與標示方法。同時因為波爾多葡萄酒產區被Gironde河以及它的兩條上游支流Dordogne與Garonne所流貫，並被這些河流分割成四個大的次產區（subregion），各個次產區以及其所涵蓋的行邑產區如下：

(一)Médoc次產區（Médoc wine region）

　　包括Gironde河南岸所有行邑產區，以及部分Garonne河南岸的行邑產區：

葡萄酒賞析

- Médoc
- Haut Médoc
- Margaux
- Saint-Estèphe
- Pauillac
- Saint-Julien
- Listrac
- Moulis

(二)Graves次產區（Graves wine region）

包括Garonne河南岸大部分的行邑產區：

- Graves
- Pessac-Léognan
- Sauternes
- Barsac
- Premieres Côtes de Bordeaux

(三)河岸次產區（River wine region）

包括Garonne與Dordogne兩條河流之間的所有行邑產區：

- Bordeaux AOC/Bordeaux Supérieur
- Entre-Deux-Mers

(四)周邊次產區（Côtes wine region）

包括Gironde與Dordogne河的北岸所有行邑產區：

- Saint Emilion
- Côtes de Castillon

- Côtes de Francs
- Pomerol
- Fronsac
- Côtes de Bourg
- Côtes de Blaye

各個行邑產區之中，以下列六區所生產的葡萄酒最為著名，被公認為法國乃至全世界最佳的葡萄酒產區：

- Médoc
- Saint Emilion
- Graves
- Pomerol
- Barsac
- Sauternes

二、葡萄品種

各個次產區乃至於各個行邑產區所種植的葡萄品種、所製作的葡萄酒種類，甚至是葡萄酒的分類系統，都有許多不同之處，從而形成各地區的葡萄酒特色與風格，例如Saint Emilion為中心的周邊次產區所製作的葡萄酒以Merlot為主，而Médoc次產區則以Cabernet Sauvignon為主，而Graves次產區的葡萄酒生產則兼重紅白酒，所以除了Merlot與Cabernet Sauvignon外，也種了許多Sémillon等白葡萄品種。在風格上，Pomerol地區的葡萄酒以厚實度完整的紅葡萄酒為主，波爾多AOC的酒厚度稍低，而Entre-Deux-Mers則以乾白葡萄酒為主，到了Barsac與Sauternes等地區就只生產甜白酒了。

整體而言，波爾多全區所種植的葡萄品種占全區葡萄總產量的比

重如下：

- Merlot（50%）
- Cabernet Sauvignon（26%）
- Cabernet Franc（10%）
- Sémillon（8%）
- Sauvignon Blanc（4%）
- 其他品種（Malbec、Petite Verdot、Muscadelle等）（2%）

三、AOC葡萄酒分級

前面提到法國葡萄酒的分級始於1855年對Médoc（61支）與Graves地方（1支）所產的頂級葡萄酒做分類，同時對Barsac與Sauternes產製甜白葡萄酒的酒廠也有類似的分類系統，到了1935年AOC系統建立後，原有的分級與標示系統依然沿用，部分地區如Saint Emilion也陸續建立當地的AOC葡萄酒的分級制度。

(一)Médoc

Médoc地區的AOC葡萄酒中最高的等級就是列在1855年分級裡的那61支酒，然而當時波爾多地區還有許多酒廠所產的葡萄酒品質也相當好，但沒被選入1855年的分級表之中，部分酒廠所產的酒甚至常被認為優於已被列在1855年分級表裡的酒廠，被認為是1855年酒廠分類時的遺珠之憾，因此可以被標示為Cru Exceptionnel，說明他們是「特優」的酒廠；再次一級的酒廠則被稱為Cru Bourgeois，Bourgeois的法文原意為中產階級，因此這些酒廠被認為是有中等以上水準的酒廠，如果他們所產製的酒其酒精度較Cru Bourgeois的法定酒精含量高一度，則可以被標示為Cru Bourgeois Superieur，由於需要比較嚴謹的製作流程，因此品質一般都會優於只標示Cru Bourgeois的酒。而

等級在Cru Bourgeois之下的酒廠，通常不會特別另外標示其AOC之中的等級，還可以再分為Cru Artisan和Cru Paysan，一般統稱為Petite Chateaux，意思就是小酒廠。

(二)Saint Emilion

Saint Emilion地區的葡萄酒之中有許多被認為與Médoc地區所產的葡萄酒無分軒輊，可是由於未列入1855年的分級表之中，且當地一直沒有屬於自己的AOC分級制度，因而使當地的葡萄酒在與Médoc競爭時相對弱勢，所以在1955年開始制定當地的AOC分級制度（**表10.1**），並經過1969、1985、1996、2006和2012年五度修正。其分級系統中最高級的酒廠依序為Premier Grand Cru Classé、Grand Cru Classé（Premier Grand Cru）與Grand Cru。其中最高級的Premier Grand Cru Classé又分成A、B兩級：A級在2012年分級中，有Château Ausone、Château Cheval Blanc、Château Pavie和Château Angélus等四

表10.1 2012年Saint Emilion地區Premier Grand Cru Classé葡萄酒分級

A級	B級
Château Ausone	Château Beauséjour-Duffau-Lagarrosse
Château Cheval Blanc	Château Beau-Séjour-Bécot
Château Pavie	Château Belair-Monange
Château Angélus	Château Canon
	Château Canon-la-Gaffelière
	Château Figeac
	Clos Fourtet
	Château La Gaffeliére
	Château Larcis Ducasse
	La Mondotte
	Château Pavie-Macquin
	Château Troplong Mondot
	Château Valandraud
	Château Trotte Vieille

家酒廠，而B級則有Château Beauséjour-Duffau-Lagarrosse等十四家酒廠。此外還有Château Franc Mayne等六十四家酒廠被列為Grands Crus Classés。

(三)Pomerol

Pomerol緊鄰Saint Emilion，生產風味豐富但口感平順的紅葡萄酒，當地的葡萄酒未曾有法定的AOC分級方法，但Château Pétrus是這個地區最著名的酒廠，被列為Cru Exceptionnel。其餘較著名的酒廠包括：

- Château Certan de May
- Château Certan-Giraud
- Château Clinet
- Château Clos l'Église
- Château Gazin
- Château la Conseillante
- Château la Fleur-Pétrus
- Château la Fleur-de-Gay
- Château la Grave-Trigant-de-Boisset
- Château Lafleur
- Château Latour à Pomerol
- Château le Pin
- Château l'Eglise-Clinet
- Château l'Evangile
- Château Petit-Village
- Château Trotanoy
- Vieux Château Certan

(四)Graves

Graves地區的葡萄酒分級系統完成於1959年，雖然本地同時生產有紅葡萄酒與白葡萄酒，但還是以紅葡萄酒較為著名，其中Château Haut-Brion更是名列1855年分級裡的第一級酒莊，也是在1855年分級表中唯一不是位在Médoc地區的酒莊。在1959年Graves的AOC葡萄酒分級中，得到分級的Cru Classe酒廠有以下二十一家，1987年以後，這些酒廠都屬於Pessac-Léognan AOC所管（**表10.2**）。

表10.2　Graves的AOC葡萄酒分級中得到分級的Cru Classe酒廠

紅葡萄酒	
酒廠	行邑產區
1. Château Boscaut	Cadaujac
2. Château Haut-Bailly	Léognan
3. Château Carbonnieux	Léognan
4. Domaine de Chevalier	Léognan
5. Château de Fieuzal	Léognan
6. Château Olivier	Léognan
7. Château Malartic-Lagravière	Léognan
8. Château La Tour-Martillac	Martillac
9. Château Smith-Haut-Lafitte	Martillac
10. Château Haut-Brion	Pessac
11. Château La Mission-Haut-Brion	Pessac
12. Château Pape Clément	Pessac
13. Château Latour-Haut-Brion	Talence
白葡萄酒	
14. Château Bouscaut	Cadaujac
15. Château Carbonnieux	Léognan
16. Domaine de Chevalier	Léognan
17. Château Olivier	Léognan
18. Château Malartic-Lagravière	Léognan
19. Château La Tour-Martillac	Martillac
20. Château Laville-Haut-Brion	Talence
21. Château Couhins	Villenave d'Ornon

(五)Sauternes和Barsac

Sauternes和Barsac以生產白葡萄酒著稱，特別是以Sémillon來製作的貴腐酒最為有名，鄰近地區包括Bommes、Fargues以及Preignac等地區也都以生產白葡萄酒著名，這幾個地區早在1885年就已經開始採用一個共同的葡萄酒分級制度（**表**10.3）。最有名的酒廠莫過於Château d'Yquem，被冠以Premier Grand Cru（最高級）的等級，其餘的葡萄被分級的為Premier Cru（第一級）與Deuxiéme Cru（第二級）。

表10.3　1885年Sauternes和Barsac地區葡萄酒分級

最高級（Premier Grand Cru）	Château d'Yquem	Sauternes
第一級（Premiers Crus）	Château La Tour-Blanche	Bommes（Sauternes）
	Château Lafaurie-Peyraguey	Bommes（Sauternes）
	Clos Haut-Peyraguey	Bommes（Sauternes）
	Château de Rayne-Vigneau	Bommes（Sauternes）
	Château Suduiraut	Preignac（Sauternes）
	Château Coutet	Barsac
	Château Climens	Barsac
	Château Guiraud	Sauternes
	Château Rieussec	Fargues（Sauternes）
	Château Rabaud-Promis	Bommes（Sauternes）
	Château Sigalas-Rabaud	Bommes（Sauternes）
第二級（Deuxiemes Crus）	Château de Myrat	Barsac
	Château Doisy-Daene	Barsac
	Château Doisy-Dubroca	Barsac
	Château Doisy-Védrines	Barsac
	Château d'Arche	Sauternes
	Château Filhot	Sauternes
	Château Broustet	Barsac
	Château Nairac	Barsac
	Château Caillou	Barsac
	Château Suau	Barsac
	Château de Malle	Preignac（Sauternes）
	Château Romer	Fargues（Sauternes）
	Château Lamothe	Sauternes

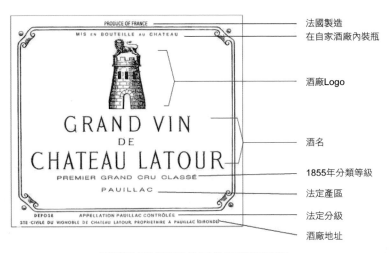

法國製造
在自家酒廠內裝瓶

酒廠Logo

酒名

1855年分類等級

法定產區

法定分級

酒廠地址

解讀法國波爾多地區的葡萄酒標籤

第四節　Burgundy（勃根地）

勃根地酒產區是位於巴黎東南方的一個狹長的葡萄酒區，由六個次產區所組成，分別是：

1. Chablis。

2. Côte de Nuits。

3. Côte de Beaune。

4. Côte Chalonnaise。

5. Côte Mâconnais。

6. Beaujolais。

其中Côte de Nuits與Côte de Beaune又被合稱為Côte d'Or產區，意思是黃金地帶，代表這兩個區域是勃根地酒產區的精華。

一、勃根地與波爾多葡萄酒的差異

　　勃根地的葡萄酒素負盛名，常常與波爾多地區的酒相提並論，然而此地葡萄酒的製作與波爾多地區卻有很大的不同，後者通常是由幾種不同的葡萄所混製合成，強調由不同葡萄品種所造成的醇厚度與平衡性，然而勃根地的葡萄酒大多都只使用單一品種來製酒，所強調的風格中，更重視葡萄的果香和精緻的口感。本區所生產的紅葡萄酒除了Beaujolais是用Gamay外，幾乎都是由Pinot Noir所製成，因為能在地勢較高、地形崎嶇多丘陵且離海較遠的勃根地地區生長良好的紅葡萄品種，大概也只有Pinot Noir和Gamay了。

　　然而由於葡萄的含糖量往往不足以提供釀製符合法定標準的酒，所以Chaptalization變成為此區的合法製酒方法。Pinot Noir所釀製的葡萄酒呈深桃紅色，果香濃厚，口感細緻而複雜，風味醇厚多變且餘味綿長，單寧不深但可以長期存放，被公認是一種精緻細膩的紅葡萄酒。

　　由於勃根地地區所產的紅葡萄酒頗具盛名，被認為是Pinot Noir的最佳產地，所以在新大陸的酒廠，常常會在葡萄酒標籤上直接標示其品種為Red Burgundy。勃根地地區的紅葡萄酒的產量約占全區的五分之四，白葡萄酒約占五分之一。勃根地的白葡萄酒也是由單一品種的Chardonnay所釀製，在Chablis幾乎全部生產Chardonnay，所以Chardonnay又被稱作Chablis或是White Burgundy。

　　勃根地的葡萄酒生產事業特色與波爾多地區還有一個很大的不同，此地小酒廠林立，大多數的酒廠都有數百年的歷史，原來大多屬於教會所有，在1789年法國大革命後被分割出售給農民，所以每家酒廠都有許多擁有者，這些擁有者通常都是為這家酒廠生產葡萄的農民，可以自行製酒並以這家酒廠的名稱行銷，所以形成類似合作社的生產型態。這個地區許多的頂級葡萄酒都來自個別農民自家釀製的

酒，可能以酒廠或行邑命名後行銷，由於產量都不大，所以有的葡萄酒的標籤上都有生產的編號，表示屬於限量生產。

此地還有許多的農民將葡萄酒賣給négociant等葡萄酒的盤商，利用négociant的行銷管道來行銷葡萄酒。勃根地地區的négociant制度也是本地葡萄酒的一大特色，有別於波爾多地區的négociants只扮演葡萄酒買賣的大盤商角色，勃根地地區的négociants在本地的葡萄酒事業裡有著更積極的功能，本區絕大多數的葡萄酒買賣是經由本地超過一百六十家的négociants來進行，許多勃根地地區的négociants也投資酒廠、餐廳與葡萄園，並且擁有品牌與行銷通路，構成從上游到下游的整體事業體系。

許多較具規模的négociants將向不同農民買來的葡萄酒混和調製，裝瓶後成為品質較穩定、產量較大的葡萄酒，再以négociant自己所擁有的品牌行銷，每一個négociant底下都有許多不同的品牌，各自代表不同的等級。勃根地地區最著名的négociants有以下幾家：

- Bouchard Père & Fils

- Chartron et Trebuchet

- Georges Duboeuf

- Joseph Drouhin

- Labouré-Roi

- Louis Jadot

- Louis Latour

- Mommessin

- Olivier Leflaive Fréres

- Patriarche

- Prosper Maufoux

- Ropiteau Frères

- Maison Champy
- Chanson

二、葡萄品種

如前所述，勃根地地區所產的紅葡萄品種，除了Beaujolais以Gamay為主外，絕大多數都是Pinot Noir，部分地區有所謂的Passe-Tout-Grains，其實是由三分之一的Pinot Noir和三分之二的Gamay混和製成，並非一種葡萄品種。白葡萄酒則大多都是Chardonnay，少部分則是Aligoté。

三、AOC葡萄酒分級

勃根地地區所產的AOC葡萄酒，分成四級：

(一)勃根地產區酒（regional wine）

本地區所生產的AOC葡萄酒中，等級最低價格最便宜的一個等級，釀酒葡萄產自勃根地各地，產量最大，約占整體勃根地葡萄酒的56%左右。標示方法如Appellation Bourgogne Controlee。

(二)次產區葡萄酒（subregional wine）

如AOC中所標示的地名是勃根地地區的一個次產區，如Chablis或Côte de Nuits，代表製作這支葡萄酒的葡萄來源僅限於這個次產區的範圍內，所以等級較產區酒高一級。在Côte d'Or地區，AOC規範範圍較小的Côte de Nuits或Côte de Beaune又較Côte d'Or等級高。此外，如Chablis周邊地區所產的葡萄酒，則可以標示為Petit Chablis，等級較純粹Chablis的酒低。次產區葡萄酒的產量約占勃根地全區的30%。

(三)村莊酒（village wine）

如AOC中所標示的地名是某一個次產區內的某一個村莊名，如Côte de Beaune的Pommard時，等級又更高一級。

(四)一級酒廠（Premiere Cru）

如果AOC所標示的地名是位於某一個特別富有盛名的村莊裡的一個著名葡萄園時，可以被標示為Premiere Cru，品質僅次於Grand Cru。AOC的地名標示方法為在村莊名之後加上某一葡萄園的名字，如Chambolle Musigny AMOUREUSES和Beaune CLOS DES MOUCHES。Premiere Cru的產量約占勃根地全區總產量的11%。

(五)最頂級酒廠（Grand Cru）

對於少部分品質特優，極負盛名的葡萄園所生產的酒，則可被冠以Grand Cru的榮銜，AOC標示中，看不到村莊的名稱，只有葡萄園的名字。這是勃根地葡萄酒中的最高等級。Grand Cru的酒產量約只占勃根地全區總產量的3%，其中Côte d'Or地區有三十二家Grand Cru酒廠，另外在Chablis地方有七家。

四、Chablis

Chablis位於勃根地主要城市Dijon的西北邊約130公里處，全區所生產的葡萄酒100%是Chardonnay。葡萄酒分成四級，由高到低分別是：

1. Appellation Chablis Grand Cru Controlée。
2. Appellation Chablis Premier Cru Controlée。
3. Appellation Chablis Controlée。
4. Appellation Petit Chablis Controlée。

其中Appellation Chablis Grand Cru Controlée有七個，分別是：

1. Bougros。
2. Les Preuses。
3. Vaudésir。
4. Grenouilles。
5. Valmur。
6. Les Clos。
7. Blanchot。

此外，2009年起則有Mont de Milieu和Montée de Tonnerre等共八十九家被INAO所承認Appellation Chablis Premier Cru Controlée莊園。

五、Côte Mâconnais

Mâconnais位於Beaujolais和Côte Chalonnaise之間，以生產白葡萄酒為主約占85%，味道清淡、口感柔順；紅葡萄酒的口感有點類似Beaujolais，也多用Gamay來製作，葡萄酒分成四級，由低至高分別是：

1. Mâcon Blanc/Rouge：一般的Côte Maconnais紅白葡萄酒。
2. Mâcon Supérieur。
3. Mâcon-Villages：不標示村莊名，但符合村莊酒等級的葡萄酒。本區範圍內有四十三個較佳的產酒村莊，可以在Mâcon之後標示村莊名，其中以Vire、Clesse和Lugny等最為有名。
4. Village。

而Mâcon Village之中，以下四個村莊的葡萄酒被認為品質最佳，所以AOC的標示地名中，不會如一般的村莊酒標示為「Mâcon+村莊名」，而僅標示為村莊名（+Appellation Controlée），這幾個村莊中的

酒又有高低之分，由低到高依次為：

1. St-Véran。
2. Pouilly-Vinzelles/Pouilly Loche。
3. Poully-Fuissé。

其中Pouilly-Fuissé AC，是由Fuisse、Solutre、Vergisson和Chaintre等四個村莊組成，以生產優質的Chardonnay葡萄酒著名，Chardonnay是本地唯一合法的葡萄品種，且通常會採用橡木桶發酵和最少一年的桶內熟成，所以風味複雜性與厚實感良好，被認為是Côte Maconnais地區最佳的白葡萄酒。

六、Côte Chalonnaise

在勃根地的各區之中Côte Chalonnaise算是一個比較不知名的次產區，本地區以產製紅酒為主，但也有一些白葡萄酒生產。除了一般的勃根地產區AOC葡萄酒外，Côte Chalonnaise次產區內還有五個村莊級的AOC，其中較著名有：

1. Bouzeron：1979年才成立的AOC Bourgogne Aligoté de Bouzeron，是勃根地唯一以產製Aligoté白葡萄酒為主的AOC。
2. Mercurey：80%的生產是Pinot Noir紅葡萄酒，是本區最著名的紅葡萄酒。
3. Givry：以生產紅葡萄酒為主。
4. Rully：紅、白葡萄酒產量各半。
5. Montagny：由Buxy、Jully-lès-Buxy、Montagny-lès-Buxy與Saint-Vallerin等四個行邑產區所組成，只生產Chardonnay，被認為是Chalonnaise最佳的白葡萄酒產區，也少量產製Burgudy本地的氣泡酒Crémant de Bourgogne。

七、Côte de Nuits

這是位於Côte d'Or的兩個次產區之中位置較北的區域，Côte de Nuits所生產的葡萄酒中，95%是Pinot Noir紅葡萄酒，本地生產許多風味絕佳且口感醇厚的紅葡萄酒，被認為是勃根地地區最佳的紅葡萄酒產地，區域內有二十四個Grand Cru葡萄園，占Côte d'Or的四分之三。此外還有許多Premier Cru如Clos Saint-Jacques等。Côte de Nuits地區的Grand Cru和他們所在的村莊分別如**表**10.4所示。

表10.4　Côte de Nuits地區的Grand Cru和其所在的村莊一覽表

村莊	Grand Cru葡萄園
Gevrey-Chambertin	Chambertin Chambertin Clos de Bèze Charmes-Chambertin Chapelle-Chambertin Griotte-Chambertin Mazoyeres-Chambertin Latricières-Chambertin Mazis-Chambertin Ruchottes-Chambertin
Morey-St-Denis	Bonnes Mares Clos Saint-Denis Clos de Tart Clos de la Roche Clos des Lambrays
Chambolle-Musigny	Musigny Bonnes Mares
Vougeot	Clos de Vougeot
Vosne-Romanée	La Romanée La Tâche Richebourg Romanée-Conti Romanée-St-Vivant La Grande Rue
Flagey-Echézeaux	Grands-Echézeaux Echézeaux

八、Côte de Beaune

Côte de Beaune地區位於Côte d'Or的南區，所以地理位置是介於Côte de Nuits與Côte Chalonnaise之間。雖然Côte de Beaune整體葡萄酒生產量之中70%是紅葡萄酒，30%是白葡萄酒，但是在這裡的八個Grand Cru中生產白葡萄酒有七個，製作紅葡萄酒的只有一個，因此可以說Côte de Beaune的白葡萄酒較為著名，這些Chardonnay葡萄酒在經過橡木桶發酵與儲存之後，味道複雜而醇厚，餘味綿長，可以長期存放，被公認是白葡萄酒中的極品。重要的Grand Cru與其所在的村莊如表10.5所示。

如Côtes de Nuits的Bonnes Mares葡萄園橫跨Morey-St-Denis和Chambolle-Musigny兩個村莊，Côte de Beaune的部分Grand Cru如Montrachet和Bâtard-Montrachet跨越Puligny-Montrachet和Chassagne-Montrachet兩個村莊。Côte de Beaune的村莊級AOC中，Beaune、Pommard、Volnay和Meursault沒有Grand Cru，但有許多品質優越的著名Premier Crus酒莊，如果這個酒莊的葡萄園只位於某一村莊裡，其AOC標示方法中可以同時看到村莊名和這家酒莊的名字，如Pommard Premier Cru Les Petits Epenots。

表10.5　重要的Grand Cru與其所在的村莊一覽表

村莊	Grand Cru葡萄園
Aloxe-Corton	Corton-Charlemagne Corton
Puligny-Montrachet	Montrachet Bâtard-Montrachet Chevalier-Montrachet Bienvenues-Bâtard-Montrachet
Chassagne-Montrachet	Montrachet Bâtard-Montrachet Criots-Bâtard-Montrachet

九、Beaujolais

　　最後我們要介紹的一個勃根地葡萄酒產區是Beaujolais。這是一個很特別的葡萄酒生產區，和勃根地其他地方最大的不同是，在這裡所種植的葡萄品種幾乎只有不適宜長期存放的紅葡萄品種Gamay。Beaujolais是整個勃根地地區最南方的一個葡萄酒產區，北臨Mâconnais地區的南部，南接法國第三大城里昂（Lyon），更南邊就是隆河河谷。Beaujolais也是一個世界著名的葡萄酒產區，近年來薄酒萊新酒（Beaujolais Nouveau）在成功的商業行銷下，成為世界知名的一種葡萄酒。在台灣儼然已成為銷售量最大宗的一種葡萄酒，2003年台灣的進口量超過30萬瓶，而且在一週之內完全銷售完畢。薄酒萊新酒採用全區共同行銷的方法，全球同步於每年11月的第三個星期四上市。

　　這種酒和其他紅葡萄酒最大的不同，在於強調它的「新」，也就是強調它的果香和清新平順的口感，但缺少厚度與複雜性，所以不需存放，也不該存放，上市之後應該儘快喝掉，否則果香在幾週之後會逐漸失去，品質變差。然而無論葡萄是否已成熟到其最佳成熟度，葡萄農夫都必須在上市之前幾週採收製酒，才能趕得上上市日期，所以每年的新酒品質都會不一樣，如此也可以創造話題，幫助行銷。然而有些年度，部分農民由於必須提前採收，而含糖量仍低，也只好採用Chaptalization的方法，加糖到果汁中發酵以提高酒精度。凡此種種，使得薄酒萊新酒成為一種成功的酒，而非完美的好酒。

　　Beaujolais地區的表土為酸性沙質土，下層是花崗岩層，地形近似Mâconnais般多丘陵，只有少部分地區可以產製較佳品質的Gamay葡萄。部分品質良好的Gamay所製的酒甚至不輸Pinot Noir，並且可以長期存放，這些葡萄園被歸Cru Beaujolais，可以強調其酒莊和葡萄園位置的優越性，所以是這個地區所產葡萄酒裡的最高級。

然而Beaujolais地區沒有任何一個葡萄酒廠所產的酒可以被歸為
Grands Crus或Premiers Crus。而Cru Beaujolais總共也只有十個特定村
莊而已，分別是：

1. Juliénas。
2. Saint-Amour。
3. Chénas。
4. Moulin-à-Vent。
5. Fleurie。
6. Chiroubles。
7. Morgon。
8. Régnié。
9. Brouilly。
10. Côte de Brouilly。

在Cru Beaujolais之下有較廣泛定義的村莊酒，AOC標示的等級為
Beaujolais Villages，卻不特別標示村莊的地名，只因葡萄來源來自不

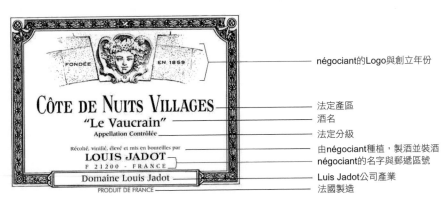

解讀法國勃根地地區葡萄酒標籤

只一個特定的村莊。而Beaujolais Villages之下的一般AOC Beaujolais的葡萄來源又更廣，等級又更低。至於Beaujolais Nouveau的標示方法，其實就是一般的Beaujolais葡萄酒，只是強調其「新」而已。

 ## 第五節　Val de Loire、Alsace與Côte-du-Rhône

Val de Loire、Alsace與Côte-du-Rhone等三個葡萄酒產區，雖然不如波爾多和勃根地兩地以生產高價的葡萄酒著名，對於法國或世界各地而言，也都是重要的葡萄酒產區，這三地所生產的葡萄酒雖然品類不同，但大多都屬於中等價位，大多數消費者可以負擔得起作為日常飲用的AOC葡萄酒。然而這三地還是有許多值得收藏的優質AOC葡萄酒生產。

一、Val de Loire（羅亞爾河谷區）

這個產區是位於法國中部到西部的一大片地區，沿著羅亞爾河綿延數百公里。由於羅亞爾河是法國第一長河，流經法國中部大多數地區，跨越許多不同的地形與氣候環境，所以羅亞爾河谷區所生產的葡萄酒品類非常複雜，同區內的許多地區的葡萄酒特性彼此迥然不同，而這個葡萄酒產區其實應該只是一個地理概念，中文譯名也許該稱為「羅亞爾河流域」。

正因為這個地區的葡萄酒品類複雜，無論是各種甜度與厚度的紅葡萄酒或白葡萄酒，含氣與否都有生產，大致而言，白葡萄酒的生產約占70%。總而言之，雖然這個地區仍然有少數值得存放的酒，但大多數這個地方所生產的葡萄酒還是以平價、醇厚度中等、容易入口且口感平順、不需要長時間存放熟成的葡萄酒為主。這些葡萄酒無論何種甜度和顏色，大多強調其果香，需要趁酒齡還年輕時飲用。

(一)主要葡萄品種

◆紅葡萄

- Cabernet Franc
- Cabernet Sauvignon
- Pinot Noir
- Gamay

◆白葡萄

- Chenin Blanc
- Sauvignon Blanc
- Muscadet（Melon）
- Chasselas

(二)主要AOC產區

羅亞爾河谷區重要AOC產區、主要葡萄酒類別和葡萄品種如**表 10.6**所示。

二、Alsace（阿爾薩斯）

阿爾薩斯位於法國的東北方，隔著萊因河與德國相鄰，由於位置偏北、地勢較高且離海較遠，因而使得當地氣候較為乾冷，因此只適合種植白葡萄品種，成為法國唯一以生產白葡萄酒為主的酒產區。且由於當地曾受德國統治，居民之中有許多德國後裔，許多當地所出產的葡萄酒受到德國製酒風格影響，而有近似德國酒的風貌。因此阿爾薩斯所生產的葡萄酒如德國一般，通常由單一品種釀製，同時極少使用橡木桶，並且也像德國一般根據葡萄品種命名，而非如法國其他地區，多以混和品種製酒並以酒莊命名，強調土地特性的製酒風格。

表10.6　Val de Loire酒產區的重要AOC產區、主要葡萄酒類別和葡萄品種

AOC產區名	葡萄酒類別	葡萄品種	附註
Sancerre	白葡萄酒 紅葡萄酒	Sauvignon Blanc Pinot Noir	
Pouilly-Fumé	紅葡萄酒	Cabernet Sauvignon	
Touraine	紅葡萄酒	Cabernet Sauvignon	
Bourgueil	紅葡萄酒 玫瑰紅酒	Cabernet Franc Cabernet Franc	
Vouvray	白葡萄酒	Chenin Blanc	
Anjou	白葡萄酒 紅葡萄酒 玫瑰紅酒	Chenin Blanc Cabernet Franc Cabernet Franc	甜
Muscadet	白葡萄酒	Muscadet	微含氣，微甜或不甜

　　阿爾薩斯地區所產製的葡萄酒大多使用一種稱之為flute的長笛形酒瓶，這種外形有如拉長放大後的槌頭形狀的酒瓶，其實與德國Mosel地區的葡萄酒瓶形狀頗為相似，只是較瘦長一些而已。

　　阿爾薩斯分為南、北兩區，南是Haut-Rhin，而北是Bas-Rhin，全區的葡萄園，總面積約13,500公頃，年產約1億5,700萬瓶葡萄酒。如羅亞爾河谷區一般，Alsace的土壤成分也很複雜，地質組成包括石灰岩、花崗岩、沙岩、火山岩和片頁岩，表土層除砂礫外，大多是河川的沖積土或腐植土等沃土。因為這些多樣化的土壤結構，使得Alsace種植著許多不同的葡萄品種，其中白葡萄酒約占總產量的95%，其餘的5%紅葡萄品種中，幾乎全部都是Pinot Noir。

(一)主要葡萄品種

◆白葡萄

• Riesling（23% of Alsace wines）

- Pinot Blanc（0％）
- Gewürztraminer（18％）
- Tokay Pinot Gris（13％）
- Sylvaner（12％）

◆紅葡萄

- Pinot Noir
- Savagnin Rosé

(二)葡萄酒分級

阿爾薩斯自1945年就已採用AOC分級系統。目前阿爾薩斯的AOC葡萄酒約分為以下幾個等級：

◆AOC Alsace Grand Cru

合法可以標示為Grand Cru的阿爾薩斯葡萄酒，是這個地區所生產的葡萄酒中等級最高品質最好的一類，目前共有五十家葡萄園屬於這類，而且Alsace Grand Cru葡萄酒所可以合法使用的葡萄品種只限Gewürztraminer、Pinot Gris、Riesling和Muscat等四種。

◆AOC Alsace

這是一般的AOC葡萄酒，通常在其產區標示中，只可以看到Alsace或Vin d'Alsace，如果標籤上有Edelzwicker標示，卻未顯示釀酒品種，代表這支酒是由數種不同品種的葡萄所混和製作。

◆AOC Crémant d'Alsace

這是Alsace地區所生產的氣泡酒，通常採用本區的傳統二次發酵方法製酒（標示為méthode traditionnelle），且葡萄品種多為Pinot Blanc，但也可以使用Pinot Gris、Pinot Noir、Muscat、Gewürztraminer、Riesling或Chardonnay。此外，阿爾薩斯也產製少量

以Pinot Noir釀製稱為Crémant rosé的淡紅色氣泡酒。

◆Vendanges Tardives

　　Vendanges Tardives的意思為「晚摘的葡萄酒」，也可以簡稱為VT，類似德國酒裡Auslese以上等級的葡萄酒，由於葡萄較晚採摘，因此甜度較甜，製酒成本較高且產量較少，因此在Alsace的一般AOC葡萄酒中，屬於等級較高的一類。葡萄酒要達到這個等級，只能使用以下四種葡萄品種製作，且發酵前的果汁含糖量必須達到以下標準：

　　　1. Gewürztraminer 243g/L。

　　　2. Pinot Gris 243g/L。

　　　3. Riesling 220g/L。

　　　4. Muscat 220g/L。

◆Sélection de Grans Nobles

　　阿爾薩斯也產類似德國TBA等級的貴腐酒，這類AOC葡萄酒的製酒方法類似VT，但以更晚採摘且部分受到貴腐黴所感染的葡萄所釀，稱為Sélection de Grans Nobles，簡稱為SGN。要製作這類的葡萄酒，也只能使用以下四個品種，且發酵前的果汁含糖量必須達到下列標準：

　　　1. Gewürztraminer 279g/L。

　　　2. Pinot Gris 279g/L。

　　　3. Riesling 256g/L。

　　　4. Muscat 256g/L。

三、Côtes-du-Rhône（隆河地區）

　　隆河地區（也可稱為Vallée-du-Rhône，隆河谷地）是法國第三大

葡萄酒產區，位於法國東南部，沿著法國東部著名河——流隆河分布的一個狹長葡萄酒區，南北相距約200公里，兩端各有一個法國著名城市，位於北邊的法國第三大城里昂（Lyon）與位於南方被稱為教皇城的亞維儂（Avignon）。

與羅亞爾河流域及阿爾薩斯地區一般，隆河地區也是一個概念性的葡萄酒區，雖然全區的天氣較法國其他地區溫暖且陽光充足，但因地形影響，所生產的葡萄酒的品類也因此非常複雜多變，風味各異。然而就地理位置大致加以區分，可分為南北兩區，北區（稱為Rhône Septentrionale）葡萄園種植面積約2,500公頃，以Hermitage為代表。南區（Rhône Méridionale）的葡萄園則約有7,300公頃，是北區的三倍大，其中包括Côtes-du-Rhône地區最廣為人知的Châteauneuf-du-Pape。

然而無論南北，Côtes-du-Rhône全區以生產紅葡萄酒為主，約占總產量的90%以上。由於日光充足，使得當地的葡萄都可以充分生長，因此隆河地區所生產的紅葡萄酒向來都以其醇度厚、強健有力和酒精含量高於法國其他葡萄酒產區著稱。

過去在法國乃至於世界各地，對於Côtes-du-Rhône所產的葡萄酒的評價一向不高，但自1937年開始導入AOC葡萄酒分級制度以後，品質受到有效管制，讓全區所產製的葡萄酒的地位不斷提升，1990年以後，由於鄰近的Beaujolais等地區的葡萄酒的熱銷，連帶地使得隆河地區所產的葡萄酒也吸引許多人的注意，原本為人所稱道的隆河葡萄酒的特性，如酒精度高、酒香與風味豐富、厚度高等特性慢慢地為世人所熟知，再加上這裡的酒通常不需要太長的熟成時間就可以達到最佳品質，且成熟後的紅葡萄酒的品質可以保持在最佳狀態長達十五年，白葡萄也能保持大約三年，多變的葡萄酒風味也適合搭配各種美食，因此近年來更成為Beaujolais風潮之後的另一個廣受歡迎的法國葡萄酒產區。

(一)隆河地區著名的AOC葡萄酒產區

◆北區

1. Côte-Rôtie

Côte-Rôtie所產的葡萄酒常被認為是Côtes-du-Rhône地區最佳的葡萄酒產區，主要的釀酒品種有Viognier和Syrah，Côte-Rôtie地區的山丘終年沐浴在陽光裡，造就了當地葡萄酒一種溫暖、健康、醇厚，而且顏色深紅的紅葡萄酒製酒風格。年輕的酒的口感較粗糙且顏色較深，但隨著存放時間的延長，可以發展出一種特別的酒香，口感也可以變得較為柔順。

2. Hermitage

Hermitage包括三個村莊Tain-l'Hermitage、Crozes-Hermitage及Larnage。這是一個歷史久遠的葡萄酒產區，葡萄酒製酒歷史可以遠溯自西元10世紀時，17世紀時法國國王路易十四授予本地區這個特殊的地名，Hermitage的法文原意為「修道院」或「隱居地」，說明這裡是法國一個質樸內斂的葡萄酒產區，這裡也曾經是俄國沙皇最喜歡的一個葡萄酒產區。Hermitage的地形也如Côtes-du-Rhône的其他地方一般，是多山巒的丘陵地形所以也稱為Coteaux de l'Hermitage，意思就是Hermitage的山坡。這裡所產的葡萄酒風味平衡且豐富多變，帶著濃郁的香氣與完整的酒香結構，長期存放之後，風味可以變得圓熟而甘美芳醇。

◆南區

Côtes-du-Rhône的南區生產了整個隆河地區約80%的葡萄酒。然而這裡所產的葡萄酒大多以每日飲用的葡萄酒為主，較著名的AOC產區只有Châteauneuf-du-Pape。

Châteauneuf-du-Pape所產的葡萄酒，無疑是整個隆河地區所產的葡萄酒中最具代表性且最有名的葡萄酒。Châteauneuf-du-Pape的法文

原意為「教皇的新城堡」或「教皇的新酒廠」。這個AOC產區分布於Bédarrides、Courthézon、Orange及Sorgues等四個村莊，大約是自Orange到Avignon之間的一大片丘陵地，當地人習慣稱之為Coteaux，意思就是斜坡，國內許多的翻譯書和酒商也喜歡稱之為「教皇丘」，這裡是法國普羅旺斯最美麗的景色所在，也曾是教皇的夏宮所在地。事實上在歷史上，14世紀時教皇曾經一度以這個酒區附近的大城市亞維儂（Avignon）作為教皇城，並且在這片美麗的景色中蓋了一座稱為Châteauneuf-du-Pape的夏宮，到了19世紀以後，亞維儂周邊地區的酒區，才被稱為Châteauneuf-du-Pape，取自法國人習慣城堡與酒廠的雙關字Château，正式地標示出這個地區葡萄酒的特色。

　　Châteauneuf-du-Pape地區以產製紅葡萄酒為主，一般以風味濃郁、單寧結實、強而有力，而且顏色深沉著稱。目前共有十三個合法的葡萄品種可以用來產製Châteauneuf-du-Pape葡萄酒。分別是Grenache、Mouvèdre、Syrah、Muscardin、Vaccarèse、Counoise、Picpoul、Cinsault、Clairette、Bourboulenc、Terret Noir、Picardan及Roussanne。其中以Grenache、Syrah和Mouvèdre等三種最重要。

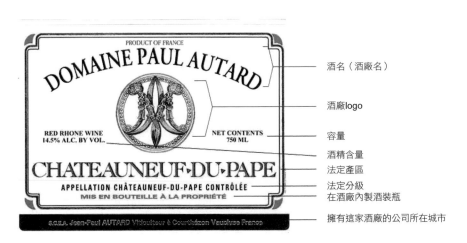

解讀法國隆河地區葡萄酒標籤

(二)主要葡萄品種

◆ 紅葡萄

- Cabernet Sauvignon
- Syrah
- Grenache
- Carignan
- Cinsaut
- Mouvèdre
- Terret Noir
- Muscardin
- Counoise
- Vaccarèse（Camarese）
- Picardan
- Picpoul

◆ 白葡萄

- Muscat
- Rousanne
- Clairette Blanche
- Viognier
- Marsanne
- Bourboulenc
- Picpoul Blanc
- Grenache Blanc
- Ugni Blanc

(三)葡萄酒分級

◆ AOC Côtes-du-Rhône

　　和別的地區不同的是，隆河地區所產的葡萄酒，並無Grand Cru等之等級分別，大多數的葡萄酒都以Côtes-du-Rhône或Côtes-du-Rhône Villages標示其法定的AOC等級，雖然來自於Côtes-du-Rhône Villages的葡萄酒產量較少，品質較受保障，但由於這些村莊的地名並不如表10.6所列的Côtes-du-Rhône AOC著名，因此Village並不代表它的等級。反倒是在Côtes-du-Rhône Villages中，有無標示地名代表了在這個類別裡的等級分別，有標示地名的等級較高。然而無論哪一種Côtes-du-Rhône Villages或Côtes-du-Rhône葡萄酒都屬於讓人容易親近，適合日常佐餐飲用的葡萄酒。

◆ AOC Côtes-du-Rhône Villages（加村莊名）

- Beaumes-de-Venise
- Cairanne
- Chuselan
- Laudun

表10.6　隆河地區的AOC葡萄酒產區

北區	南區	其他AOC	強化酒
Côte-Rôtie	Gigondas	Costières de Nîmes	Muscat de Beaumes-de-Venise
Condrieu	Vacqueyras	Côtes du Ventoux	Rasteau
Château-Grillet	Châteauneuf-du-Pape	Côteaux du Tricastin	
Saint-Joseph	Lirac	Châtillon-en-Diois	
Hermitage	Tavel	Clairette de Die	
Crozes-Hermitage		Côtes du Luberon	
Cornas			
Saint-Péray			

- Rochegude
- Rasteau
- Roaix
- Rousset-les-Vignes
- Sablét
- Saint-Gervais
- Saint-Pantaléon-les-Vignes
- Séguret Saint-Maurice
- Valréas
- Vinsobres
- Visan

◆AOC Côtes-du-Rhône Villages（不加村莊名）

此外約有九十五個村莊所產的葡萄酒不標示村莊名，只標示為AOC Côtes-du-Rhône Villages的法定分級。

 第六節　其他法國葡萄酒產區

1990年以來，世界葡萄酒市場劇烈改變，新興市場消費需求倍增，對於高價葡萄酒的需求孔急，導致高價的法國葡萄酒價格越來越高，也同時使得世界各國的葡萄酒都大為增產，尤其北美、東歐、澳洲、南非、智利、阿根廷與中國等新發展的葡萄酒廠更如雨後春筍般地出現，越來越多價格低廉且風味良好且價格平易近人的葡萄酒進入國際市場，以上兩點改變了今天的對全球葡萄酒事業的面貌。另一方面，過去法國所產製的葡萄酒，以國內市場為主要的銷售對象，近年來因為健康生活習慣的改變，國內消費大為減少，因此法國葡萄酒業者轉而尋求國外市場。

過去許多有品味的法國中產階級人士喜愛法國葡萄酒，講究酒廠產區的歷史名聲與等級，追求特優年份，到如今已經發展成全球富人的共同嗜好，在產量受限，且消費需求增加的情況下，來自波爾多與勃根地等著名產區的優質葡萄酒也變得似乎是一般人不可高攀的奢侈品，連帶地使得法國葡萄酒成為高價昂貴的代名詞，直接影響到法國葡萄酒的整體競爭能力，尤其是在平價AOC與AOC等級以下的葡萄酒市場更是很難與義大利、西班牙與美國競爭。

　　但由於Beaujolais Nouveau的行銷成功經驗，使得法國政府與INAO更加重視平價葡萄酒的生產，於是近年來，致力發展新興葡萄酒產區的葡萄酒生產事業，同時為因應來自歐洲聯邦境內各國葡萄酒的競爭，讓許多原來屬於Vin de Pays的產區如Languedoc-Roussillon和Sun Ouest等地區，轉換升級成為AOC產區，以現代生產工藝，量產平價的法國AOC等級葡萄酒以供外銷。

　　其他法國葡萄酒產區包括：

一、Corsica（科西嘉島）

　　這裡同時有屬於AOC與Vin de Pays的葡萄酒生產，品種與風格多與法國本土不同，主要產區有：

- Coteaux du Cap Corse
- Patrimonio
- Calvi
- Ajaccio
- Sartène
- Figari
- Porto-Vecchio
- Greater Vin de Corse-

二、Jura

　　Jura是個位於法國東部靠瑞士的小產區，較著名的葡萄酒有Vin Jaune和Vin de Paille。由於靠近勃根地，因此製酒風格近似Burgundy，也只生產Chardonnay與Pinot Noir。

三、Languedoc-Roussillon

　　如前所述，Languedoc-Roussillon地區是法國近年來大力發展的新興葡萄酒產區，葡萄園面積與酒產量已經雙雙成為法國之首，因此這個地方也被戲稱為「葡萄酒湖」，許多本地所產的葡萄酒還是以Vin de Pays d'Oc來標示。主要以產紅葡萄酒為主，重要的品種有Merlot、Cabernet Sauvignon、Mourvèdre、Grenache、Syrah和Viognier，白葡萄則有Chardonnay、Sauvignon Blanc、Chenin Blanc和Mauzac，Chardonnay除了用在製作白葡萄酒以外，也用在本地所產的氣泡酒Crémant de Limoux。

　　本區較出名的AOC有以下五個：

1. Coteaux du Languedoc。
2. Corbières。
3. Faugères。
4. Minervois。
5. Saint-Chinian。

四、Provence（普羅旺斯）

　　是法國最溫暖，陽光最足的產區，以產製紅葡萄酒為主，重要的葡萄品種有Mourvèdre、Grenache、Cinsault、Cabernet Sauvignon

和Syrah，白葡萄品種則有Bourboulenc、Clairette、Grenache Blanc、Marsanne、Viognier、Chardonnay、Sauvignon Blanc、Sémillon、Rolle和Ugni Blanc。本地區在1955年以後有自己的分級系統，被分級為Crus Classés的酒廠有：

- Château de Brégançon（Bormes-les-Mimosas）
- Clos Cibonne（Le Pradet）
- Château du Galoupet（La Londe-les-Maures）
- Domaine du Jas d'Esclans（La Motte）
- Château de Mauvanne（Hyères）
- Château Minuty（Gassin）
- Clos Mireille（La Londe-les-Maures）
- Domaine Rimauresq（Pignans）
- Château Roubine（Lorgues）
- Château Ste. Marguerite（La Londe-les-Maures）
- Château St. Maur（Cogolin）
- Château Ste. Roseline（Les Arcs）
- Château de Selle（Taradeau）

五、Savoy

　　Savoy又被寫成是Savoie，也是法國東邊靠近瑞士的一個小產區，白葡萄品種有Jacquère、Roussanne、Altesse（Roussette）和Gringet，紅葡萄酒則以Mondeuse最有名。本地被標示為Roussette de Savoie或Vin de Savoie，且可以合法標示村莊名的酒只有來自Frangy、Monthoux、Marestel和Monterminod等四個村莊的酒，算是本區較著名的酒。

六、Sud-Ouest

在波爾多南方，也就是法國最西南的一大片地區，法文稱為Sud-Ouest，原本被認為不適合生產葡萄酒，如今由於農業技術進步，近年來也發展成為重要的葡萄酒產區，然而由於地理的差異，也如羅亞爾河谷區一樣是個異質性很高的產區，本地重要產區有：

1. Bergerac。
2. Dordogne河上游。
3. Garonne河上游。
4. Gascony。
5. Béarn。
6. Basque Country地區。

Chapter 11

義大利、西班牙與德國葡萄酒

Italy, Spain and Germany Wines

除了第十章所介紹的法國以外，所謂的舊世界葡萄酒（Old World Wines），應該包括整個歐洲乃至於環地中海各個有生產葡萄酒的國家和地區。然而，雖說中南歐洲各國都有葡萄酒生產，但義大利、西班牙與德國等三國所產製的葡萄酒不僅產量大，在世界葡萄酒市場舉足輕重，同時更各具特色，廣為世界各國人士所喜愛，是學習葡萄酒知識的人所必須認識的三個重要葡萄酒生產國家。

 第一節　義大利葡萄酒

義大利的製酒傳統源遠流長，用葡萄製酒的歷史遠較法國為長，至今已有超過三千年的葡萄酒釀酒文化。雖然今天在部分昂貴的高價葡萄酒市場上的重要性，或許比不上法國波爾多等地所產的一些葡萄酒出名，但是義大利的葡萄酒生產量在近二十年來一直是世界第一，而且有著自成一格的製酒風格，出產許多精緻的極品美酒。

由於義大利的天氣普遍較法國各地為熱，日照也較為充足，降雨情形更符合地中海型氣候型態，所以全境都能種植葡萄及製酒，大多數地區所釀製的葡萄酒以紅葡萄酒為主，而且大多有酒精度高、單寧厚、味道酸、風味複雜且顏色深等特色。同時更由於葡萄製酒歷史悠久，許多地方至今都已演化出屬於當地特有的葡萄品種以及當地特殊的製酒方法，因此葡萄品種繁雜成為義大利葡萄酒的一大特色，義大利全境已經被命名確定的葡萄品種竟已多達兩千種以上，由此所塑造出的各地葡萄酒的濃厚地域特性也是另外一大特色。

一、葡萄酒產區

義大利全境的葡萄酒生產依其行政區，可分為20個產區，同時可

依地理分布分成以下四大區,分別是:

(一)西北部

- Valle d'Aosta
- Piedmont
- Liguria
- Lombardy

(二)東北部

- Trentino
- Alto Adige
- Friuli-Venezia Giulia
- Veneto
- Emilia-Romagna

(三)中部

- Marches
- Tuscany
- Umbria
- Lazio

(四)南部與離島

- Abruzzi
- Molise
- Apulia
- Campania
- Calabria

- Basilicata
- Sardinia
- Sicily

　以上各個葡萄酒生產地區，所生產的葡萄酒，通常可依葡萄來源的產區地名命名，稱為普通名（generic name），或依據其葡萄品種命名，稱為品種名（varietal name），也有依酒廠等生產者的名稱命名的，稱為商標名（proprietary name）。**表**11.1是義大利各葡萄酒生產區所產的著名葡萄酒，包含以上各種命名和分類方式。

表11.1　義大利各葡萄酒生產地區與當地所生產的著名葡萄酒

地區	酒名
Abruzzi	Montepulciano d'Abruzzo Trebbiano d'Abruzzo
Apulia	Castel del Monte San Severo Brindisi Salice Salentino
Basilicata	Aglianico del Vulture
Calabria	Ciro Rosso Ciro Bianco
Campania	Lacryma Christi del Vesuvio Greco di Tufo Fiano di Avellino Taurasi
Emilia-Romagna	Lambrusco Albana di Romagna Sangiovese di Romagna
Friuli-Venezia Giulia	Picolit Sangiovese Blanc Pinot Grigio Merlot Cabernet Tocai Pinot Blanc Chardonnay

（續）表11.1　義大利各葡萄酒生產地區與當地所生產的著名葡萄酒

地區	酒名
Latium	Frascati Est! Est!! Est!!! di Montefiascone Marino
Liguria	Dolceacqua Cinque terre
Lombardy	Valtellina Superiore（e.g. Sassella, Inferno） Oltrepo Pavese Franciacorta Lugana
Marches	Verdicchio dei Castelli di Jesi Rosso Piceno and Rosso Conero
Molise	Biferno
Piedmont	Barolo Barbaresco Barbera Asti Spumante Dolcetto Gavi Gattinara Ghemme Vermouth Nebbiolo d'Alba Spanna
Sardinia	Vernaccia Cannonau
Sicily	Marsala Etna Regaleali Corvo Segesta Moscato di Pantelleria
Trentino-Alto Adige	Pinot Grigio Chardonnay Lago di Caldaro Riesling Santa Maddalena

（續）表11.1　義大利各葡萄酒生產地區與當地所生產的著名葡萄酒

地區	酒名
Tuscany	Chianti Vino Nobile di Montepulciano Brunello di Montalcino Vernaccia di San Gimignano Carmignano
Umbria	Orvieto Torgiano（Torre di Giano and Rubesco）
Valle d'Aosta	Blanc de Morgex Passito di Chambave
Veneto	Valpolicella Bardolino Soave Amarone Prosecco Gambellara Bianco di Custoza

　　在以上所列出的各個產區，幾乎已完全涵蓋整個義大利的所有行政地區，然而最為世人所熟知的，卻只有皮埃蒙特和托斯卡尼兩省，許多著名的義大利DOCG葡萄酒產區都位於這兩省。**表11.2**是義大利最重要的幾個DOCG葡萄酒產區。

表11.2　1993年義大利DOCG葡萄酒產區與主要釀酒葡萄品種

DOCG產區	省分	主要釀酒葡萄品種
Barbaresco	Piedmont	Nebbiolo
Barolo	Piedmont	Nebbiolo
Brachetto d'Acqui	Piedmont	Brachetto
Brunello di Montalcino	Tuscany	Sangiovese
Carmignano	Tuscany	Sangiovese, Carbernet Sauvignon
Chianti	Tuscany	Sangiovese
Chianti Classico	Tuscany	Sangiovese
Franciacorta	Lombardy	Chardonnay, Pinot Noir
Taurasi	Campania	Aglianico
Torgiano Rosso Riserva	Umbria	Sangiovese
Vino Nobile di Montepulciano	Tuscany	Sangiovese

義大利葡萄酒產區

二、主要葡萄品種

　　前面提到義大利的葡萄酒生產，其葡萄品系複雜是一大特色，許多地方都有其特殊的地區性葡萄栽培品種（variety），甚至有許多品種是以原產地名來命名，大多數的這些地方性葡萄品種的來源多已不可考，直至今日已經被命名及分類確定的義大利葡萄品種已超過兩千種，近年來義大利農業和林業部（MIPAAF）整理義大利境內的釀酒葡萄品系，已經確認並登錄的已被認證的葡萄品種已經超過三百五十種，尚待審查中的也還有超過五百種。

　　由於認識葡萄品種，對於認識義大利葡萄酒乃至於解讀義大利葡萄酒的標籤至為重要，因此有志於瞭解義大利葡萄酒的讀者，無論如何還是應該試著多認識來自義大利的葡萄品種，以下列出一般認為義大利最重要，也是義大利各地種植較多的葡萄品種（**表**11.3）。

葡萄酒賞析

表11.3 義大利最重要且各地種植較多的葡萄品種

紅葡萄	
Aglianico	Malvasia Near
Aglianico del Vulture	Merlot
Barbera	Monica
Bonarda	Montepulciano
Brachetto	Nebbiolo
Cabernet Franc	Negroamaro
Cabernet Sauvignon	Nerello Mascalese
Cabreo di Biturica	Nero d'Avola
Calabrese	Pignolo
Cannonau	Pinot Noir
Catarratto	Primitivo
Ciliegolo	Refesco dal Peduncolo
Corvina	Refosco
Damachino	Rondinella
Dolcetto	Sagrantino
Freisa	Sangiovese
Gaglioppo	Sassicaia
Grecanico	Schiava
Grignolino	Schiopettino
Grillo	Syrah
Inozolia	Teroldego
Lagrein	Tignanello
Lambrusco	Trebbiano Toscano
Malbec	Uva di Troia
白葡萄	
Arneis	Pecorino
Bovino	Picolit
Catarratto	Pigato
Chardonnay	Pinot Bianco
Fiano	Pinot Grigio
Friulano	Ribolla Gialla
Galestro	Riesling Italico
Garganega	Riesling Renano（Johnnisberg Riesling）
Greco Biaco	Sauvignon Blanc
Greco di Tufo	Tocai Friulano
Malvasia Bianca	Traminer Aromatico（Gewürztraminer）
Malvasia Istriana	Trebbiano
Moscato	Veduzzo Friulano
Nuragus	Verdicchio
Passerina	Vermentino

三、義大利葡萄酒分級制度

義大利的葡萄酒分級制度係仿效法國的AOC法，於1963年7月12日實施的葡萄酒法規DOC法中，將義大利的葡萄酒分成Vini da Tavola和DOC兩個等級；這個法案於1990年作修正，在原有的兩級葡萄酒之外再加上DOCG（Denominazione di Origine Controllata e Garantita）與IGT（Vini da Tavola Con Indicazione Geografica/Indicazione Geografica Tipica）等兩級。

2012年以後，義大利的葡萄酒分成四個分級，標籤上應分別依規定標示以下重要的訊息：

(一)Vini

一般的紅白葡萄酒，也就是過去的Vini da Tavola，可以是來自歐洲聯邦各地所產製的紅白葡萄酒，標籤上不可以標示年份、葡萄來源與葡萄酒的產地訊息，只需標示葡萄酒顏色、酒精含量與酒廠資訊即可。

(二)Vini IGP

義大利文IGP即是英文PGI（Protected Geographical Indication）之意，意思是被保護的地理性標示，有時也保留義大利原文縮寫IGT（Indicazione Geografica Tipica），標示這支酒的義大利原產地。在這類葡萄酒的生產過程中，義大利政府對於釀酒用的葡萄品種、種植方法、製酒流程與成品的理化特性及產品標示方法，都有嚴格的規定，以保障這支葡萄酒的品質與產地名聲，標籤上可以標示其義大利的原產地，唯其葡萄來自於較廣的地區，IGP/IGT相當於法國的Vin de Pays或德國的Landwein。葡萄酒的標籤上可標示來源、葡萄酒的年份、品種、酒精含量與產地訊息，但不可以標示品種。

(三)Vini Varietali

這類葡萄酒基本上是不屬於IGP一般葡萄酒,葡萄來源可以是來自歐洲聯邦各地,因此不受義大利原產地保護規定限制,但可以標示品種,唯所標示的葡萄品種,必須85%以上來自Cabernet Franc、Cabernet Sauvignon、Chardonnay、Merlot、Sauvignon Blanc、Syrah等所謂的國際品種,或完全由以上兩種品種以上的這類品種製作而成。

(四)Vini DOP(Wines with Protected Designation of Origin)

這類葡萄酒為特定葡萄酒產區葡萄酒,符合2012年歐洲聯邦受保護原產地名DOP規範的特定產區優質葡萄酒,這一大類葡萄酒就是原先的DOC與DOCG分類,要成為DOC葡萄酒,這支酒必須先留在IGP裡五年並且符合IGP有關規範,而如果要由DOC升格成為DOCG,則必須先屬於DOC至少十年以上,除了要能符合嚴格的DOCG規範之外,也必須通過特別的審查流程,直到2014年底為止,義大利全境共有332個DOC產區以及73個DOCG產區,換言之,共有405個屬於DOP原產地保護規範的產地。有關DOC與DOCG的規範,分述如下:

◆DOC

相當於法國的AOC葡萄酒,對於葡萄的來源加以管制,通常有較IGP葡萄酒較高的酒精含量以及較長的儲藏年限規定,有時也可見到如Classico和Superiore等標示,代表較一般DOC更嚴格的規定以及更佳的品質。DOC葡萄酒除了在標籤上必須標示特定的葡萄園名稱與地址、葡萄品種、來源與葡萄酒的年份、酒精含量與產地訊息之外,也代表這支葡萄酒已經取得義大利農政當局的品質認證,其葡萄栽培與葡萄酒生產與製造過程均已符合DOC法的嚴格規定。

◆DOCG

葡萄酒除了應符合DOC法的所有規定外。還應接受更嚴格的葡萄酒生產與標示法規的管制，如較低的單位面積內的葡萄產量、較長的窖藏時間等。一支酒在成為DOC等級之後，必須等十年之後，才有資格申請成為DOCG葡萄酒，義大利到2014年為止，已經有73個DOCG產區，其中大多數是近幾年升格的，而1993年DOCG法剛開始的時候就已取得DOCG資格的13個產區（**表11.4**），更被認為是義大利最精華的13個DOCG產區。

表11.4　2014年義大利DOCG產區

區域	省分	DOCG產區	可特別標示的次產區
Northern regions	Emilia-Romagna	Albana di Romagna	
		Colli Bolognesi	
	Friuli-Venezia Giulia	Ramandolo	
		Colli Orientali del Friuli Picolit	
		Rosazzo	
	Lombardy	Franciacorta	
		Oltrepo Pavese Metodo Classico	
		Moscato di Scanzo/Scanzo	
		Sforzato di Valtellina/Sfursat di Valtellina	
		Valtellina Superiore	
	Piedmont	Asti/Moscato d'Asti	
		Barbaresco	
		Barbera d'Asti	Nizza in
			Tinella in
			Colli Astiani in
		Barbera del Monferrato Superiore	
		Barolo	
		Brachetto d'Acqui/Acqui	
		Dolcetto di Dogliani Superiore	
		Dolcetto di Ovada Superiore	
		Gattinara	

（續）表11.4　2014年義大利DOCG產區

區域	省分	DOCG產區	可特別標示的次產區
Northern regions	Piedmont	Gavi/Cortese di Gavi	
		Ghemme	
		Roero	
		Erbaluce di Caluso	
		Dolcetto di Diano d'Alba/Diano d'Alba	
		Ruché di Castagnole Monferrato	
		Alta Langa	
	Veneto	Amarone della Valpolicella	
		Bardolino Superiore	
		Colli di Conegliano	
		Colli Euganei Fior d'Arancio/Fior d'Arancio Colli Euganei	
		Colli Asolani Prosecco/Asolo Prosecco	
		Conegliano Valdobbiadene	
		Lison-Pramaggiore	
		Malanotte Raboso Superiore	
		Montello	
		Recioto di Soave	
		Soave Superiore	
		Recioto di Gambellara	
		Recioto della Valpolicella	
		Prosecco	
Central regions	Abruzzo	Montepulciano d'Abruzzo	
	Lazio	Cannellino di Frascati	
		Cesanese del Piglio/Piglio	
		Frascati Superiore	
	Marche	Castelli di Jesi Verdicchio Riserva	
		Conero	
		Offida	
		Vernaccia di Serrapetrona	
		Verdicchio di Matelica Riserva	
	Tuscany	Brunello di Montalcino	
		Carmignano	

（續）表11.4　2014年義大利DOCG產區

區域	省分	DOCG產區	可特別標示的次產區
Central regions	Tuscany	Chianti	Classico
			Colli Aretini
			Colli Senesi
			Colli Fiorentini
			Colline Pisane
			Montalbano
			Montespertoli
			Rufina as normale and Riserva
			Chianti Superiore
		Montecucco	
		Morellino di Scansano	
		Suvereto	
		Val di Cornia	
		Vernaccia di San Gimignano	
		Vino Nobile di Montepulciano	
	Umbria	Sagrantino di Montefalco	
		Torgiano Rosso Riserva	
Southern regions	Basilicata	Aglianico del Vulture Superiore	
	Campania	Aglianico del Taburno	
		Fiano di Avellino	
		Greco di Tufo	
		Taurasi	
	Puglia	Castel del Monte Bombino Nero	
		Castel del Monte Nero di Troia Riserva	
		Castel del Monte Rosso Riserva	
		Primitivo di Manduria Dolce Naturale	
	Sardinia	Vermentino di Gallura	
	Sicily	Cerasuolo di Vittoria	

四、解讀義大利葡萄酒的標籤

義大利葡萄酒的標籤上通常有以下的訊息：

1.葡萄酒名。

2.法定分級。

3.酒莊名。

4.製酒者的標誌或酒廠的代表性建築。

5.製酒的年份。

6.葡萄品種。

7.生產方式（是否為合作生產、裝瓶者）。

8.葡萄產區。

9.葡萄園。

10.酒精含量。

11.擁有這家酒廠的公司名與地址。

12.容量。

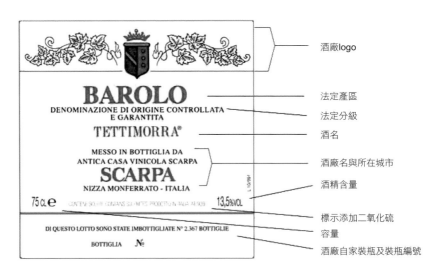

解讀義大利酒標籤

在義大利葡萄酒上有一些常見的標示文字，由於是義大利文，對於國內的學生而言，常會有閱讀困難，因此解釋如**表**11.5。

表11.5　**義大利葡萄酒酒標上常見的文字及解釋**

文字	解釋
Abboccato/Amabile	微甜
Annata/Vendemmia	年份
Azienda Agricola（AZ. AGR.）	自種葡萄的酒廠
Brut	非常不甜的氣泡酒
Cantine Sociale （C.S.）	合作生產的酒廠
Cantine	酒窖
Casa Vinicola	酒廠
Classico	DOP葡萄酒上如此標示，表示葡萄來自這個DOP產區的精華地區，或是來自於這個葡萄的原產地，Classico常常就是DOP產區本身名字的一部分，如著名的Chianti Classico DOCG
Dolce	甜
Fattoria	葡萄莊園
Frizzante	低含氣的葡萄酒
Imbottigliato All'Origine	由葡萄酒莊自行釀酒以及裝瓶的葡萄酒，代表酒莊可以完全控管這支葡萄酒的所有生產與品質，即法國的Estate Bottled
Imbottigliato Nella Zone Di Produzione	在產區裝瓶
I.N.E.	在許多義大利葡萄酒瓶的頸部，常見的一個紅色油蠟或塑膠印記，上面打印有Marchio Nazionale字樣，代表符合義大利葡萄酒出口管制的品管標準
Liquoroso	一種義大利的強化酒
Produttori	製酒者
Riserva	在許多義大利DOC與DOCG葡萄酒上常見的標示，代表這支葡萄酒已經經過一段較一般未如此標示的同級葡萄酒較長的儲藏時間
Secco	不甜
Spumante	氣泡酒

（續）表11.5　義大利葡萄酒酒標上常見的文字及解釋

文字	解釋
Superiore	在部分的DOP葡萄酒中可以看到這樣的標示，代表這支葡萄酒經過較長的存放時間且有較高的酒精含量，最少必須比未標示的同等級葡萄酒高0.5%（alc%/vol），Superiore本身也常是DOP產區名稱的一部分，如Soave Superiore DOCG
Tentuta	酒廠或酒莊等物業
Vino Tipico	某些標示於標籤上的地區或葡萄的典型或特色葡萄酒
VQPRD	代表這是「來自於某地區的優質葡萄酒」，是一個在平價葡萄酒上常見的的標示，非法定分級名詞。VSQPRD則是用在氣泡酒上的標示詞句

五、義大利葡萄酒命名法

(一)產地名

　　義大利的葡萄酒通常依據葡萄酒來源的產地命名，所以也稱作普通名，例如：

- Barbaresco
- Gavi
- Frascati
- Barolo
- Orvieto
- Taurasi
- Chianti
- Soave
- Torgiano

　　許多這類以地名作為酒名的葡萄酒是DOC或DOCG產區，但有時酒莊會將其葡萄酒莊的名字放在地名之前作為酒名，如Zonchera Barolo、Asij Barbaresco。

(二)葡萄品種名

◆與非DOC產區名結合成為酒名

例如：

- Barbera（del Piemonte）
- Pinot Grigio（del Veneto）
- Chardonnay（dell' Umbria）
- Trebbiano（di Sicilia）
- Nebbiolo（del Piemonte）
- Spanna（del Piemonte）

以上括弧中所列地名均非DOC葡萄酒產區。

◆和DOC產區名結合成為酒名

例如：

- Barbera（d'Asti）
- Pinot Grigio（dell'Alto Adige）
- Fiano（di Avellino）
- Trebbiano（d'Abruzzo）
- Greco（di Tufo）
- Tocai Friulano（Collio）
- Nebbiolo（d'Alba）
- Verdicchio（dei Castelli di Jesi）

以上括弧中所列地名都是DOC葡萄酒產區。

(三)傳奇名（legendary name）

如以下幾種葡萄酒一般，許多義大利葡萄酒的命名是來自當地的

傳統或傳說，例如：

- Est! Est!! Est!!! di Montefiascone（DOC）
- Lacryma Christi del Vesuvio（DOC）
- Vino Nobile di Montepulciano（DOCG）

當這些酒名與合格的DOC或DOCG酒產區結合後，就成為一種DOC或DOCG葡萄酒。

(四)商標名（proprietary name）

這是酒廠、葡萄園或製酒公司所擁有的註冊商標和葡萄酒名稱，許多公司以自己的名字來命名他們所生產的葡萄酒，如**表11.6**所示。

表11.6　以商標命名的義大利葡萄酒

酒名（商標名）	酒廠
Tignanello	Antinori Winery
Cà del Pazzo	Caparzo Estate
Ghiaie della Furba	Capezzana Estate
Sammarco	Castello dei Rampolla
Regaleali	Count Tasca
Rubesco	Lungarotti
San Giorgio	Lungarotti
Plinius	Mastroberardino
Nemo	Monsanto
Tinscvil	Monsanto

這類的葡萄酒通常都不能符合DOC葡萄酒的有關規定，因為酒名的商標權是酒廠所有，所以大多只是作為一般日常飲用的餐酒。

第二節　西班牙葡萄酒

　　西班牙是義大利與法國之外，另一個具有悠久葡萄製酒傳統的國家，近年來西班牙一直都是世界上前三大的葡萄酒生產、消費和出口國。西班牙最有名的葡萄酒莫過於雪莉酒（Sherry）等獨具西班牙特色的強化酒，然而西班牙也產製許多世界知名的一般紅、白葡萄酒、玫瑰紅酒以及氣泡酒。雖然西班牙的製酒歷史很久，而且如果以葡萄園的面積來看，西班牙一直是世界上種植釀酒葡萄面積最廣的國家，然而所生產的葡萄酒大多是由Airén等葡萄所製作的廉價葡萄酒為主，產量大但風味品質不佳。

　　現代製酒工業在西班牙的濫觴則始於1850年，Luciano de Murrieta在Rioja地區利用木桶發酵技術製作所謂的現代Riojo葡萄酒開始。

一、葡萄酒產區

　　由西北地方的Galicia向東順時針方向，西班牙15個主要的葡萄酒生產地區，包括：

　　1. Galicia。

　　2. Castilla y Leon。

　　3. Pais Vasco（Basque Country）。

　　4. La Rioja。

　　5. Navarra。

　　6. Aragon。

　　7. Catalunya（Catalonia）。

　　8. Extremadura。

　　9. Madrid。

10. Castile-La Mancha。

11. Valencia。

12. Murcia。

13. Andalusia。

14. Balearic Islands。

15. Canarias（Canary Islands）。

　　西班牙的DO到目前為止共有55個DO，**表11.7**為這些DO以及各個DO所生產的葡萄酒類別。

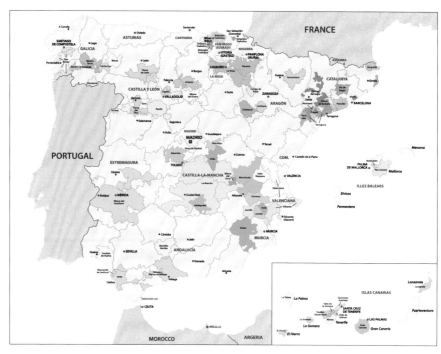

西班牙葡萄酒產區

表11.7　西班牙葡萄酒的法定產區和所生產類別

DO	地區	主要葡萄酒類別
Abona	Canary群島	紅葡萄酒 白葡萄酒 玫瑰紅酒
Alella	東北部臨地中海地區	白葡萄酒
Alicante	中部地中海區	紅葡萄酒
Almansa	南部中央區	紅葡萄酒
Ampurdan-Costa Brava	東北部臨地中海地區	玫瑰紅酒 Cava氣泡酒 紅葡萄酒
Bierzo	東北部	紅葡萄酒
Binissalem	Mallorca島	Manto Negro紅葡萄酒
Bullas	東南部	玫瑰紅酒
Calatayud	北部中央區	紅葡萄酒 玫瑰紅酒
Campo de Borja	北部中央高原區	紅葡萄酒 玫瑰紅酒
Cariñena	北部中央區	紅葡萄酒
Chacolí de Guetaria	北部（Bay of Biscay）	Txakoli白葡萄酒
Chacolí de Vizcaya	北部（Bay of Biscay）	白葡萄酒
Cigales	東北中央區	玫瑰紅酒
Conca de Barbera	東部（鄰近Barcelona）	白葡萄酒 Cava氣泡酒
Condado de Huelva	西南部臨大西洋地區	白葡萄酒
Costers del Segre	東北部	紅葡萄酒 白葡萄酒
El Hierro	Canary群島	紅葡萄酒 白葡萄酒
Jerez-Xéres-Sherry, Manzanilla Sanlucar de Barrameda	西南部臨大西洋岸	Sherry和Manzanilla等強化酒
Jumilla	東南部中央區	紅葡萄酒
La Mancha	東南部中央區	白葡萄酒 紅葡萄酒 玫瑰紅酒
La Palma	Canary群島	紅葡萄酒 白葡萄酒

（續）表11.7　西班牙葡萄酒的法定產區和所生產類別

DO	地區	主要葡萄酒類別
Lanzarote	Canary群島	Malvasía白葡萄酒
Málaga	南部臨地中海地區	Moscatel甜酒
Manchuela	南部中央區	紅葡萄酒 白葡萄酒
Mondéjar	中央高原	紅葡萄酒 白葡萄酒
Méntrida	中央高原	紅葡萄酒
Monterrei	東北部	紅葡萄酒 白葡萄酒
Montilla-Moriles	南部	類似Sherry的Amontillado強化酒
Navarra	North Pyrenees	紅葡萄酒 玫瑰紅酒
Penedés	東北部臨地中海地區	紅葡萄酒 白葡萄酒 Cava氣泡酒
Pla de Bages	東部臨地中海地區	紅葡萄酒 白葡萄酒
Pla i Llevant	東部臨地中海地區	紅葡萄酒 白葡萄酒
Priorato	東部臨地中海地區	紅葡萄酒
Rias Baixas	西北部大西洋岸	白葡萄酒
Ribeira Sacra	西北部	紅葡萄酒 白葡萄酒
Ribeiro	西北部	白葡萄酒
Ribera del Duero	西北部中央區	紅葡萄酒
Ribera del Guadiana	西部	紅葡萄酒
Rioja	北部中央區	紅葡萄酒
Rueda	西北中央區	白葡萄酒
Somontano	Central Pyrenees	紅葡萄酒
Tacoronte-Acentejo	Canary群島	紅葡萄酒 白葡萄酒
Tarragona	地中海沿岸	紅葡萄酒 白葡萄酒
Terra Alta	地中海沿岸	白葡萄酒
Toro	西北中央區	紅葡萄酒
Utiel-Requena	東部（鄰近Valencia）	紅葡萄酒

（續）表11.7　西班牙葡萄酒的法定產區和所生產類別

DO	地區	主要葡萄酒類別
Valdeorras	西北部	白葡萄酒
Valdepeñas	中央高原	紅葡萄酒 白葡萄酒
Valencia	東部臨地中海地區	紅葡萄酒 白葡萄酒
Valle de Güímar	Canary群島	白葡萄酒
Valle de la Orotava	Canary群島	紅葡萄酒 白葡萄酒 玫瑰紅酒
Vinos de Madrid	中部	紅葡萄酒
Ycoden-Daute-Isora	Canary群島	紅葡萄酒 白葡萄酒
Yecla	西南部	紅葡萄酒

二、葡萄酒分級制度

　　過去西班牙的葡萄酒由於沒有一套嚴格的管理制度，而缺乏國際競爭力，於是1930年開始規範葡萄酒的生產，Codorniu於1930年成為第一個類似法國AOC的DO（Denominación de Origen），Jerez DO成立於1935年，而Malaga DO在1937年成立，而Montilla-Moriles DO則成立於1945年，之後各地的葡萄酒法定葡萄酒產區陸續成立，到2009年，西班牙共有79個合格的DO法定葡萄酒產區。到了1972年西班牙政府更成立一個管理全國葡萄酒產區的機構，稱為Instituto Nacional de Denominaciones de Origen，簡稱INDO，總管全國各地的葡萄酒生產事務。到了1991年，Rioja地區所產的葡萄酒，被授予DOC（Denominación de Origen Calificada, DOCa/DOC）的等級，成為西班牙最高等級的葡萄酒產區，也開始了一個相較於傳統的DO更高的葡萄酒分級類別，然而由於規範嚴格，使得成為符合DOC的產區非常困難，多年來只有Priorat在2003年成功成為DOC外，另一個西班牙著名

的產區Ribera del Duero，在2008年被核准加入DOC，因為無法完全符合規範，至今也還留在DO等級裡面。

除了DO和DOC的分級系統外，西班牙紅葡萄酒的標籤上，還會依據其儲存時間的長短標示為Crianza、Reserva或Gran Reserva，也代表在同一種酒的不同等級。各地對於這些在DO之外的附註名詞的定義不一樣，例如在Rioja和Ribera del Duero兩地，Crianza代表這支酒已經過兩年以上的儲存，其中必須放在橡木桶裡最少十二個月，在其他酒區，Crianza葡萄酒則只要儲存六個月就夠了。至於被標示為Reserva等級的葡萄酒則最少要經過三年的儲存，其中最少一年要放在橡木桶內，Gran Reserva則必須存放五年，其中橡木桶儲存兩年，裝瓶後則必須再儲存三年以上。

西班牙葡萄酒由下而上，共有以下幾個等級：

(一)Vino de Mesa（VdM）

相當於法國的Vin de Table的餐酒，如今已不論其葡萄來源，只要來自歐洲聯邦即可。

(二)Vinos de la Tierra（VdlT）

相當於法國Vin de Pays或義大利IGT等級的葡萄酒，可標示其產區，符合歐聯今天地理性產地標示法規的IGP葡萄酒。這些產區都是較大的地區，如Andalucia、Castilla La Mancha和Levante等地區。

(三)Vino de Calidad Producido en una Región Determinada （VCPRD）

相當於過去法國的Vin Délimité de Qualité Supérieure（VDQS）系統，是過渡到DO的必經之路。

(四)Denominación de Origen（DO）

這是符合歐盟原產地保護規範DOP等級的葡萄酒，是目前西班牙葡萄酒生產的最大宗，約占三分之二的西班牙葡萄酒屬於這類。

(五)Denominación de Origen Calificada（DOCa/DOC）

如前所述，DOC也是屬於歐盟DOP規範的優質葡萄酒產區，目前西班牙只有Rioja和Priorat等兩個產區是DOC。

(六)Vino de Pago

此外西班牙還有大約15家葡萄酒莊，因為具有國際知名度，所以可以被標示為Denominación de Pago（DO de Pago）。

三、釀酒葡萄品種

西班牙一如義大利品系複雜，各地方皆有具地方性特色的栽培品種，這些種類繁多的地方品種總數超過六百種以上，其中在西班牙全境最廣的葡萄栽植品種包括：

(一)紅葡萄

- Tempranillo（在Ribera del Duero稱作Tinto del Pais，在Catalonia 稱作Cencibel in la Mancha，Valdepenas和Ull de Llebre）
- Garnacha Tinta（Grenache）
- Carinena
- Graciano
- Tinta de Toro
- Mencia
- Monastrell

- Bobal
- Cabernet Sauvignon
- Merlot
- Syrah
- Mazuelo
- Viura
- Malavasia
- Xarello
- Parellada

(二)白葡萄

- Airén
- Albariño
- Verdejo
- Viura
- Ribera del Guadiana
- Costers del Segre
- Palomina
- Pedro Ximenez
- Muscatel

四、解讀西班牙葡萄酒標籤

由於同屬拉丁語系，且製酒文化接近，西班牙葡萄酒的標籤上的標示文字方法和義大利葡萄酒相類似，而標示有法定的Denominación de Origen分級的葡萄酒代表這支葡萄酒是經過法律規範的生產區域所產的葡萄酒。如前面所述的，在1991年以後DO之上還有DOC這

個等級的葡萄酒，但至今仍然只有Rioja屬於這一類，所以在這種以Tempranillo釀造的紅葡萄酒的標籤上，DO之後可以看到Calificada這個字。

如義大利一般，葡萄酒的標籤上還可以看到一些例如Reserva和Gran Reserva等標示名詞，各個產區對於這些附加標示名詞各有其特殊規定。例如在Rioja地區，一支Gran Reserva的葡萄酒在上市之前必須經過最少兩年以上的橡木桶儲存以及裝瓶後窖藏三年以上。如此長時間的儲藏，可以保證每一支Rioja葡萄酒的風味飽滿醇厚，且一旦上市之後，這支葡萄酒就可以立即為人所享用。相對而言，Brunello Riserva在裝瓶之後十年還能保持其完整緊密的單寧口感，總之Riserva代表了較精緻的葡萄酒品質。

西班牙葡萄酒的標籤上主要的標示訊息包括：

(一)酒莊名

西班牙文的酒莊叫Bodega，葡萄酒的標籤上通常都會有葡萄園或酒廠的名字。通常是酒標上最顯眼的一排字，大多數的西班牙葡萄酒也像法國一樣，以酒莊名作為酒名。

(二)葡萄產區

葡萄來源的法定產區的地名，例如Rioja。

(三)葡萄品種

用來製作這支葡萄酒的葡萄品種的名稱，例如Garnacha、Tempranillo、Graciano、Mazuelo、Viura、Malavasia、Xarello和Parellada等品種。

(四)製酒的年份

葡萄酒釀造的年份，而非裝瓶年份。

(五)葡萄酒等級

除了以上應標示文字之外，標籤上還有幾個應標示的文字，代表同種葡萄酒的不同等級，以Rioja地區的葡萄酒為例，不同等級的Rioja有以下的標示文字：

◆Vino Joven

年輕的Rioja葡萄酒，如此標示只能保證釀酒葡萄來自Rioja這個產區。這支葡萄酒，無論紅、白或玫瑰紅酒，在葡萄被採收並製成葡萄酒之後幾個月就可以上市，雖然如此，但這種葡萄酒還是經過短時期的橡木桶儲存。

◆Crianza

這種葡萄酒必須在葡萄酒莊裡的熟成至少兩年，其中一年要在橡木桶中儲存，對於白葡萄酒和玫瑰紅酒（Rosado）則可以只在橡木桶中存放六個月。

◆Reserva

紅葡萄酒在酒莊中最少要經過三年的儲存，其中最少一年要放在橡木桶內，白葡萄酒則必須在橡木桶中存放六個月以及在瓶中存放六個月。

◆Gran Reserva

在上市之前必須經過最少兩年以上的橡木桶儲存以及裝瓶後窖藏三年以上。部分酒莊至今還製作Gran Reserva的白葡萄酒，這些白葡萄酒，必須經過至少六個月的橡木桶儲存和裝瓶後四十二個月以上的窖藏之後才能上市。

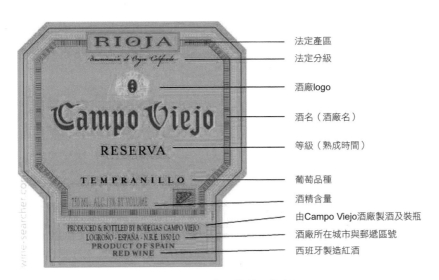

法定產區

法定分級

酒廠logo

酒名（酒廠名）

等級（熟成時間）

葡萄品種

酒精含量

由Campo Viejo酒廠製酒及裝瓶

酒廠所在城市與郵遞區號

西班牙製造紅酒

解讀西班牙葡萄酒標籤

第三節　德國葡萄酒

　　德國的葡萄酒生產事業自成一格，和歐洲以及世界各地的葡萄酒生產國最大的不同，在於德國的葡萄酒生產以白葡萄酒為主，在德國全境大約10萬公頃的葡萄園中，大約有81%是種植白葡萄品種，其餘的19%則是種紅葡萄品種。這樣的紅白葡萄生產比例和世界總體的葡萄酒生產恰好相反，因此以白葡萄酒為主的葡萄酒生產是德國葡萄酒的一大特色。

　　然而德國依然有部分地區生產以Pinot Noir等較耐寒葡萄品種所生產的紅葡萄酒，雖然在德國以外的地區並非頗富盛名，但其中仍然有許多酒品質相當良好。在德國所生產的紅葡萄，有相當大的比例在製酒時先去皮榨汁，混入白葡萄品種中製作白葡萄酒，或用來生產低含氣的淡玫瑰紅酒。例如在Baden地區所製作的Weissherbst葡萄酒，則

是以Pinot Noir葡萄去皮之後，以製作白葡萄酒的方法製作的淡紅色葡萄酒，這種酒帶著Pinot Noir的特色卻有著一般白葡萄酒所無的豐厚酒體，也有著一般紅葡萄酒所沒有的濃郁果香。

德國葡萄酒的另一個特色，在於其甜度的高低決定了這支葡萄酒的價值。由於德國位於歐洲的中北部，緯度幾乎已經達到釀酒葡萄所可以生長的極限，寒冷漫長的冬天，以及缺少陽光的夏天生長季節，使得大多數紅葡萄品種無法生長良好，而白葡萄也常會因為生長季節裡的氣候因素而無法達到應有的含糖量。因此德國大多數的葡萄酒在製酒時必須採用Chaptalization的方法，加入蔗糖或果糖來提高葡萄汁的含糖量，如此在發酵完成後才能達到預期的法定酒精含量。

唯有最高級的QmP葡萄酒不能使用Chaptalization方法製酒，所以嚴格的產量控制，以及利用田間作業技巧以延長葡萄在枝頭上的生長時間是必須的，如此可以保證葡萄可以達到製酒所需的最低含糖量。而葡萄留在葡萄藤上的時間越久，含糖量越高，但製酒的成本也越高，所以製成的葡萄酒單價與等級也越高。最高級的TbA貴腐酒並曾經過俗稱貴腐黴的黴菌感染，讓葡萄脫水糖度升高，並帶來特殊的風味與口感。因此含糖量越高的葡萄酒等級越高，也成為德國葡萄酒的另一項特色。

一、葡萄酒產區

德國共有13個法定葡萄酒產區，都位於西南部萊因河流域沿岸的谷地，這13個法定葡萄酒產區，分別是：

1. Ahr。
2. Baden。
3. Franken。

4. Hessische Bergstrasse。

5. Mittelrhein。

6. Mosel-Saar-Ruwer。

7. Nahe。

8. Pfalz。

9. Rheingau。

10. Rheinhessen。

11. Saale-Unstrut。

12. Sachsen。

13. Württemberg。

德國葡萄酒產區

二、葡萄酒分級制度

德國的葡萄酒分級制度在2007年做了大幅修改，以符合2012年歐洲聯邦新的葡萄酒規範，由低而高分為四個等級，分別是：

(一)Tafelwein（table wine，餐酒，最低酒精濃度8.5%）

這是相當於法國Vin de Table的一類葡萄酒，主要作為日常飲用的廉價葡萄酒。葡萄來源可以是德國任何地區或進口自歐洲聯邦各國，只要是在德國裝瓶（abgefüllt），就可以算是餐酒。然而如果標籤上特別標示為Deutscher Tafelwein，則葡萄的來源必須是德國境內的五個Tafelwein生產區域之一。產區與次產區必須在標籤上標明。除了Baden州以外，葡萄必須達到44度Oechsle單位（約可以達到5%酒精度），Baden則必須達到50Oe（約可以達到6%酒精度）才可採收。葡萄酒的最低酒精濃度必須達到8.5%。允許使用Chaptalization方法來達到這樣的酒精度，酸度則必須超過4.5g/L。未標示Deutscher Tafelwein的餐酒也稱作Euroblend，說明它來自歐洲聯邦各地的葡萄所釀製。

(二)Landwein（country wine，鄉村酒，最低酒精濃度8.5%）

1982年才有的葡萄酒分級，相當於法國Vin de Pays等級的葡萄酒，其實就是一種特別的餐酒，其法令要求與Deutscher Tafelwein非常相似，唯葡萄必須來自於德國全境19個法定Landwein產區，且葡萄汁的糖度必須較Deutscher Tafelwein多0.5度潛在酒精度，所製作的葡萄酒必須是乾（trocken）或半乾（halbtrocken）；同時Landwein也可以是德國其他水果酒。

(三)QbA（Qualitätswein bestimmter Anbaugebiete，法定最低酒精濃度7.0%）

QbA這級葡萄酒是德國葡萄酒中產量最大的一類。製作這個等級的葡萄酒的葡萄必須來自德國13個法定的葡萄酒產區（Anbaugebiete），葡萄採收時的成熟度必須達到足以保證所製成的葡萄酒能維持該葡萄酒傳統風格與風味，採收時葡萄依種類其葡萄汁的濃度必須達到51Oe到72Oe以上，然而由於這樣的含糖量可能仍無法達到製酒所需的甜度，因此法規上准許QbA這類的葡萄酒使用Chaptalization。此外，這個等級的德國葡萄酒，在風味上通常較淡而且強調其果香，因此適合在裝瓶之後的短時間內作為日常佐餐飲用之用。然而部分的QbA葡萄酒由於品質特優，不下於Pradikatswein，可以只標示為Qualitätswein與產區名即可。

(四)Prädikatswein

德國葡萄酒中最高的等級，2007年以前稱作Qualitätswein mit Prädikat（QmP），現在一律改稱為Prädikatswein，意即「優質葡萄酒」。屬於這級的葡萄酒通常有獨特的風味特性和嚴格的品質管制，是德國所有葡萄酒中最高的等級。製作QmP葡萄酒的葡萄必須是法定的葡萄品種，且必須完全來自德國的13個法定葡萄酒產區及其39個次產區（Bereich），且達到法定的成熟度與含糖量才能採收，製酒時不能使用Chaptalization。每一支Prädikatswein葡萄酒的標籤上除了可以見到產區資訊與Prädikatswein的等級標示之外，也同時必須標有六個代表不同品質等級的標示名詞其中之一，這六個等級標示，代表釀酒葡萄在採收時的六種不同的成熟程度，以及葡萄酒成品的六種不同甜度（**表11.8**、**表11.9**）。

表11.8　德國Prädikatswein糖度與酒精度規範

Prädikat	法定最低葡萄汁濃度	範例		法定葡萄酒最低酒精濃度
	依產區與品種的不同	Mosel的 Riesling	Rheingau的 Riesling	
Kabinett	67～82Oe	70Oe	73Oe	7%
Spätlese	76～90Oe	76Oe	85Oe	7%
Auslese	83～100Oe	83Oe	95Oe	7%
Beerenauslese, Eiswein	110～128Oe	110Oe	125Oe	5.5%

表11.9　德國葡萄酒糖度標示規範

標示	中文／英文	最高糖度（g/L）		
		低酸度酒品	中酸度酒品	高酸度酒品
trocken	乾／dry	4	比所測得的總酸度高2	9
halbtrocken	半乾／half-dry	12	比所測得總酸度高10	18
feinherb	微甜／off-dry	未有規範，但較halbtrocken稍微高一些		
lieblich, mild, restsüss	半甜／semi-sweet	通常無需標示 依照Prädikat法定標示		
Süss, edelsüss	甜／sweet	通常無需標示 依照Prädikat法定標示		

這六個等級的葡萄酒，是依含糖量的多寡，由低而高分別是：

1.Kabinett（珍品）（法定最低酒精濃度7.0%）。

2.Spätlese（晚摘）（法定最低酒精濃度7.0%）。

3.Auslese（選摘）（法定最低酒精濃度7.0%）。

4.Beerenauslese（選果採摘）（法定最低酒精濃度5.5%）。

5.Eiswein（冰酒）（法定最低酒精濃度5.5%）。

6.Trockenbeerenauslese（乾果選摘）（法定最低酒精濃度5.5%）。

三、釀酒葡萄品種

　　由於氣候關係，位於北方的德國日照不足，因此主要以生產白葡萄酒為主，白葡萄品種的生產面積約占整個德國的63%，德國全境約有一百三十五種法定釀酒葡萄品種，其中一百種是白葡萄品種，其餘為紅葡萄品種，許多紅葡萄也用在製作白葡萄酒或玫瑰紅酒。

　　表11.10列出在德國較具經濟規模的二十種葡萄品種，這二十種葡萄的生產量總計已經超過92%以上，尤其Riesling、Müller-Thurgau、Spätburgunder、Dornfelder、Silvaner等五大品種合計更已超過一半。

表11.10　德國最重要的釀酒葡萄品種

排名	品種	顏色	別名	種植量（%）
1	Riesling	白		21.9
2	Müller-Thurgau	白	Rivaner	13.4
3	Spätburgunder	紅	Pinot noir	11.5
4	Dornfelder	紅		7.9
5	Silvaner	白	Grüner Silvaner	5.1
6	Grauburgunder	白	Pinot Gris Grauer Burgunder Ruländer	4.4
7	Blauer Portugieser	紅		4.3
8	Weißburgunder	白	Pinot Blanc Weißer Burgunder Klevner	3.6
9	Kerner	白		3.6
10	Trollinger	紅		2.4
11	Schwarzriesling	紅	Mülerrebe Pinot Meunier	2.3
12	Regent	紅		2.1
13	Bacchus	白		2
14	Lemberger	紅	Blaufränkisch	1.7

（續）表11.10　德國最重要的釀酒葡萄品種

排名	品種	顏色	別名	種植量（%）
15	Scheurebe	白		1.6
16	Chardonnay	白		1.1
17	Gutedel	白	Chasselas	1.1
18	Traminer	白	Gewürztraminer	0.8
19	St. Laurent	紅		0.7
20	Huxelrebe	白		0.6

解讀德國葡萄酒標籤

Chapter 12

新世界葡萄酒
New World Wines

　　1990年以來，由於全球經濟地理版圖的改變，歐洲以外的世界如美國、台灣與中國等許多國家，因為經濟繁榮，教育普及以及飲食習慣的改變，對於葡萄酒的需求量大為增加，也帶動許多國家的葡萄酒生產事業，如今葡萄酒消費與生產已然成為全球化底下的一種普遍現象，在介紹過歐洲舊世界葡萄酒之後，本章將繼續介紹美國、智利、阿根廷、澳洲與世界其他所謂的新世界葡萄酒產區。

 第一節　美國葡萄酒

　　美國的葡萄酒製酒歷史最早可追溯到16世紀中葉歐洲人移民美洲大陸初期，隨著當時的移民潮，部分歐洲移民將歐洲所種植的Vitis vinefera葡萄自歐洲帶入美洲各地，在北美洲由於最初的墾植地在較冷的東北部，葡萄的生長總是受到天候的影響而受到限制，20世紀以前的美國葡萄酒，品質一直不足以稱道，到了1920年代，更因禁酒令（Prohibition）的推行，更受到致命的打擊。然而自1933年禁酒令被解除以後，美國各地的葡萄酒生產事業才逐漸地恢復生機，特別是在加州等地蓬勃發展，到了20世紀下半葉，葡萄酒事業已經發展成為美國的一項重要的事業，更由於大量採用現代科學技術種植葡萄和製酒，並實施嚴格的葡萄酒標示法，如今的美國葡萄酒品質與產量都已足以成為與歐洲傳統製酒大國分庭抗禮。目前全美國各州都有或大或小的葡萄園產製各種類型的葡萄酒，連過去因氣候因素與地理條件，被認為不適合種植葡萄的阿拉斯加、內布拉斯加、南北達科達和懷俄明等州，如今都有葡萄酒產出。而傳統的葡萄酒生產大州如加州、華盛頓州與紐約州等地也大為增產，尤其加州所生產的葡萄酒，占有美國全年葡萄酒消費量的88.5%之多。

　　由於美國幅員廣大，各地的氣候風土迥異，適合種植的葡萄品

種也各不相同，同時由於移民來自世界各地，葡萄園主人習慣將家鄉的葡萄品種帶來新大陸試種，並製作原居地的傳統葡萄酒。更且由於美國大多數地區的葡萄酒事業為近年才開始的新事業，對於該地區最適合種植的葡萄尚未確定，還是嘗試種植階段，因此美國種植著全球僅次於義大利的最多葡萄品種，許多品種已經證明為適合在新大陸生長，而且可以釀造出極佳品質的葡萄酒，例如加州的Cabernet Sauvignon和Chardonnay，紐約州的Riesling和Pinot Noir。

自1983年起，美國由聯邦政府制定所謂的American Viticulture Area法，由司法部的菸酒、槍炮及爆裂物管理局（Bureau of Alcohol, Tobacco, Firearms and Explosives，簡稱BATF或ATF）負責管理葡萄酒標示和與葡萄酒有關的生產銷售事宜。

一、American Viticulture Area法

在美國所生產的葡萄酒，無論是哪一州，都必須遵照ATF的規定，在葡萄酒的標籤上標示以下訊息，同時這些訊息所代表的意義如下：

(一)年份（vintage date）

如果標籤上標示某一特定的生產年份，則釀造這瓶酒的葡萄95%以上必須來自於所標示年份所採收的釀酒葡萄，同時標籤上也必須同時標示其葡萄的來源產區，而非籠統的國名。

(二)釀酒葡萄品種（varietal name）

自1983年起，在美國所生產的葡萄酒如果在標籤上顯示某種葡萄品種名稱，則這瓶葡萄酒必須是由75%以上的所標示之品種所釀製而成（27CFR4.34(a)），到了1996年，這項規定經過修正，所標示的葡萄品種只限於ATF所規定的法定葡萄品種（**表12.1**），同時這些法定

新世界葡萄酒
New World Wines

表12.1　ATF所規定的法定葡萄品種

Aglianico	Cowart	Lenoir	Rubired
Agawam	Creek	Léon Millot	Ruby Cabernet
Albariño（Alvarinho）	Cynthiana（Norton）	Limberger（Lemberger）	St. Croix
Albemarle	Dearing	Madeline Angevine	Saint Macaire
Aleatico	De Chaunac	Magnolia	Salem
Alicante Bouschet	Delaware	Magoon	Salvador
Aligoté	Diamond	Malbec	Sangiovese
Alvarelhão	Dixie	Malvasia Bianca	Sauvignon Blanc（Fumé Blanc）
Alvarinho（Albariño）	Dolcetto	Maréchal Foch	Scarlet
Arneis	Doreen	Marsanne	Scheurebe
Aurore	Dulcet	Melody	Sémillon
Bacchus	Durif	Melon de Bourgogne（Melon）	Sereksiya
Baco Blanc	Dutchess	Merlot	Seyval（Seyval Blanc）
Baco Noir	Early Burgundy	Meunier（Pinot Meunier）	Siegerrebe
Barbera	Early Muscat	Mish	Siegfried
Beacon	Edelweiss	Mission	Southland
Beclan	Eden	Missouri Riesling	Souzão
Bellandais	Ehrenfelser	Mondeuse（Refosco）	Steuben
Beta	Ellen Scott	Montefiore	Stover
Black Corinth	Elvira	Moore Early	Sugargate
Black Pearl	Emerald Riesling	Morio-Muskat	Sultanina（Thompson Seedless）
Blanc Du Bois	Fiano	Mourvèdre（Mataro）	Summit
Blue Eye	Feher Szagos	Müller-Thurgau	Suwannee
Bonarda	Fernão Pires	Münch	Sylvaner
Bountiful	Fern Munson	Muscadelle	Symphony
Burdin 4672	Flame Tokay	Muscat Blanc（Muscat Canelli）	Syrah（Shiraz）

（續）表12.1　ATF所規定的法定葡萄品種

Burdin 5201	Flora	Muscat du Moulin	Swenson Red
Burdin 11042	Florental	Muscat Hamburg（Black Muscat）	Tarheel
Burgaw	Folle blanche	Muscat of Alexandria	Taylor
Burger	Fredonia	Muscat Ottonel	Tempranillo（Valdepeñas）
Cabernet Franc	Freisa	Naples	Teroldego
Cabernet Pfeffer	Fry	Nebbiolo	Thomas
Cabernet Sauvignon	Furmint	Negrette	Thompson Seedless（Sultanina）
Calzin	Gamay Noir	New York Muscat	Tinta Madeira
Campbell Early（Island Belle）	Garronet	Niagara	Tinto cão
Canada Muscat	Gewürztraminer	Noah	Tocai Friulano
Captivator	Gladwin 113	Noble	Topsail
Carignane	Glennel	Norton（Cynthiana）	Touriga
Carlos	Gold	Ontario	Traminer
Carmenere	Golden Isles	Orange Muscat	Trousseau
Carmine	Golden Muscat	Palomino	Trousseau Gris
Carnelian	Grand Noir	Pamlico	Ugni Blanc（Trebbiano）
Cascade	Green Hungarian	Pedro Ximenes	Valdiguié
Castel 19-637	Grenache	Petit Verdot	Valerien
Catawba	Grignolino	Petite Sirah	Van Buren
Cayuga White	Grillo	Peverella	Veeblanc
Centurion	Gros Verdot	Pinotage	Veltliner
Chambourcin	Helena	Pinot Blanc	Ventura
Chancellor	Herbemont	Pinot Gris（Pinot Grigio）	Verdelet
Charbono	Higgins	Pinot Noir	Verdelho
Chardonel	Horizon	Precoce de Malingre	Vidal blanc
Chardonnay	Hunt	Pride	Villard blanc
Chasselas doré	Iona	Primitivo	Villard noir
Chelois	Isabella	Rayon d'Or	Vincent

（續）表12.1　ATF所規定的法定葡萄品種

Chenin Blanc	Ives	Ravat 34	Viognier
Chief	James	Ravat 51（Vignoles）	Vivant
Chowan	Jewell	Ravat Noir	Welsch Rizling
Cinsaut（Black Malvoisie）	Joannes Seyve 12-428	Redgate	Watergate
Clairette blanche	Joannes Seyve 23-416	Regale	Welder
Clinton	Kerner	Riesling（White Riesling）	Yuga
Colombard（French Colombard）	Kay Gray	Rkatziteli（Rkatsiteli）	Zinfandel
Colobel	Kleinberger	Roanoke	
Cortese	LaCrosse	Rosette	
Corvina	Lake Emerald	Roucaneuf	
Concord	Lambrusco	Rougeon	
Conquistador	Landal	Roussanne	
Couderc Noir	Landot Noir	Royalty	

葡萄品種之後必須同時標示其葡萄來源的產區，釀酒所用的葡萄必須超過75%來自所標示的葡萄產區。

如果釀酒葡萄的品種屬於美洲原種的Vitis labrusca則只需超過51%即可，但必須在品種名之前標示「不少於51%」（contains not less than 51%）。如果釀酒業者認為某支由Vitis vinifera所製作的葡萄酒中，因為含有超過75%的某種葡萄的會導致成品葡萄酒的味道失衡，可以向ATF申請判定，由ATF決定這支葡萄酒是否只需含有51%這種葡萄品種即可。但必須如對Vitis labrusca的標示一般須在品種名之前標示「不少於51%」（contains not less than 51%）。

酒廠可以選擇在標籤上標示釀製這支葡萄酒的所有葡萄品種以及所含的百分比，同時如果葡萄來源不只一個郡或州，則所有的產區所生產的葡萄的比例都必須顯示在標籤上。

(三)普通名

然而在美國所生產的葡萄酒，並非全部都是採用葡萄品種來命名，ATF同時認可部分葡萄酒的酒名標示，採用如Vermouth和Sake等通俗的普通名（generic name），或是如Burgundy、Claret、Rhine Wine和Sherry等半通俗酒名。如果某支葡萄酒的標示是以某一個地理名稱來作為酒名，則標籤上必須同時標示美國的法定葡萄產區來源，如此消費者可以知道Rhine Wine from New York是美國紐約州所生產的德國萊因地區風格的葡萄酒。

ATF授權使用的特別名稱設計如下，使用這些名稱的同時也應標示葡萄來源的法定產區。

1. Muscadine：釀酒用的葡萄汁中最少必須含有75%的Muscadinia rotundifolia葡萄。
2. Muscatel：釀酒用的葡萄汁中最少必須含有75%的Muscat葡萄，同時標示以下文字Its predominant taste, aroma and characteristics（這支酒主要的味道香氣和特性來自於……）。
3. Muscat or Moscate：釀酒用的葡萄汁中最少必須含有75%任何Muscat葡萄。
4. Scuppernong：釀酒用的葡萄汁中最少必須含有75%的Muscadinia rotundifolia葡萄。
5. Gamay Beaujolais：釀酒用的葡萄汁中最少75%必須來自於Pinot Noir和Valdiguié的組合。自2007年4月8日以後，Gamay Beaujolais的酒名將不再可以合法使用。

(四)法定葡萄的來源產區

ATF認可以下六類美國的法定葡萄的來源產區（Appellation of Origin）：

1. 一個國家：即美國酒，標示為American wine的酒，不能合法地標示年份。

2. 一個州：例如California。

3. 兩個或三個鄰近的州所構成的區域：如Pacific Northwest地區，由華盛頓州、奧瑞岡州和愛達荷州所組成。

4. 一個郡：郡名必須為全名，包含「郡」（County），且字體與大小寫必須與地名一致。

5. 兩個或三個鄰近的郡所構成的區域。

6. 某一個法定的美國釀酒葡萄產區（American Viticulture Areas, AVA's）：如法國的法定AOC產區一般，法定的AVA為經過ATF認可，有著相同土質與為氣候的區域。依據美國聯邦政府法規第27章第九部分（CFR Chapter 27, Part 9），美國法定的AVA如**表12.2**。

(五)其他葡萄酒標示詞（effective since 1983）

◆Generic Wine

普通名美國酒的標示中如見到Chablis、Burgundy、Rhone、Tokay、Sherry、Port等歐系酒名或酒產地名，代表這支酒的製造方法延續著歐陸製酒傳統方法，並由相同的釀酒葡萄釀製而成，故所產製的葡萄酒具有近似其原產地的風味與品評特性。

◆Alcohol Content

美國葡萄酒皆必須於標籤上標示其中所含的酒精含量，其方法是以酒精在葡萄酒中所占的體積百分比為準，如alc. % vol、_Alc./Vol.、Alc._ to% Vol.。

新世界葡萄酒
New World Wines

表12.2　美國的法定釀酒葡萄來源產區

American Viticulture Areas（AVA's）	
Augusta	Madera
Napa Valley	Mendocino
Chalone	Howell Mountain
San Pasqual Valley	Clarksburg
Guenoc Valley	Mississippi Delta
Lime Kiln Valley	Sonoita
Santa Maria Valley	Monterey
Sonoma Valley	Clear Lake
North Coast	Mesilla Valley
Santa Cruz Mountains	The Hamptons, Long Island
Los Carneros	Sonoma Mountain
Fennville	Mimbres Valley
Finger Lakes	South Coast
Edna Valley	Cumberland Valley
McDowell Valley	North Yuba
California Shenandoah Valley	Lodi
Cienega Valley	Ozark Mountain
Paicines	Northern Neck George Washington Birthplace
Leelanau Peninsula	San Benito
Lancaster Valley	Kanawha River Valley
Cole Ranch	Arkansas Mountain
Rocky Knob	North Fork of Long Island
Solano County Green Valley	Old Mission Peninsula
Suisun Valley	Ozark Highlands
Livermore Valley	Sonoma Coast
Hudson River Region	Stags Leap District
Monticello	Ben Lomond Mountain
Central Delaware Valley	Middle Rio Grande Valley
Temecula	Sierra Foothills
Isle St. George	Warren Hills
Chalk Hill	Western Connecticut Highlands
Alexander Valley	Mt. Veeder
Santa Ynez Valley	Wild Horse Valley

（續）表12.2　美國的法定釀酒葡萄來源產區

American Viticulture Areas（AVA's）	
Bell Mountain	Fredericksburg in the Texas Hill Country
San Lucas	Santa Clara Valley
Solano County Green Valley	Cayuga Lake
Carmel Valley	Arroyo Grande Valley
Arroyo Seco	San Ysidro District
Shenandoah Valley	Mt. Harlan
El Dorado	Rogue Valley
Loramie Creek	Rutherford
Linganore	Oakville
Dry Creek Valley	Virginia's Eastern Shore
North Fork of Roanoke	Texas Hill Country
Russian River Valley	Grand Valley
Catoctin	Benmore Valley
Merritt Island	Santa Lucia Highlands
Yakima Valley	Atlas Peak
Northern Sonoma	Escondido Valley
Hermann	Spring Mountain District
Southeastern New England	Texas High Plains
Martha's Vineyard	Dunnigan Hills
Columbia Valley	Lake Wisconsin
Central Coast	Hames Valley
Knights Valley	Seiad Valley
Altus	St. Helena
Ohio River Valley	Cucamonga Valley
Lake Michigan Shore	Puget Sound
York Mountain	Malibu-Newton Canyon
Fiddletown	Redwood Valley
Potter Valley	Chiles Valley
Lake Erie	Texas Davis Mountains
Paso Robles	Diablo Grande
Willow Creek	San Francisco Bay
Anderson Valley	Mendocino Ridge
Grand River Valley	Yorkville Highlands

新世界葡萄酒
New World Wines

（續）表12.2　美國的法定釀酒葡萄來源產區

American Viticulture Areas（AVA's）	
Pacheco Pass	Yountville
Umpqua Valley	
Willamette Valley	
Walla Walla Valley	

◆Table Wine

　　酒標上若標示有Table Wine字樣的酒，其酒精含量必須在7～14%之間，且在不超過14%的情形下，容許有1.5%的誤差。

◆Wine Beverage

　　酒精含量低於7%的葡萄酒屬於此類。

◆Dessert Wine

　　餐後酒或甜酒，通常是強化酒。酒精含量高於14%的葡萄酒屬於此類，如Sherry和Port等。

◆Appellation of Origin

　　葡萄來源的產區；標籤上所標示的葡萄酒原產地；標籤上所標示的郡、州或產地所產的葡萄必須占釀製這瓶酒的葡萄75%以上。

◆Viticulture Area

　　葡萄酒產地；這瓶酒中含有標籤上所標示的地名，代表製作這支葡萄酒的葡萄的法定產區，製作這支酒的葡萄85%以上必須來自這個地區。

◆Estate Bottled

　　意即「在我們的酒廠裡裝瓶」，換言之，製酒與裝瓶為同一家公司，而且釀酒所用的葡萄通常也來自這家酒廠所擁有的葡萄園，因此

葡萄酒的品質可以得到更多的保障，品質與單價也較高。

◆Produced and Bottled by

意即「製酒與裝瓶者為」，和「Estate Bottled」意思相同，葡萄酒的品質也受到保障，但所標示的酒名可能和酒廠的名字不一樣，而是以普通名或傳統名來命名。

◆Blended and Bottled by

意即「由某公司混製後裝瓶」，換言之，這家公司本身不製酒，葡萄酒是向其他的製酒者如農民或酒廠所購買，然後由這家公司加以混和調整，裝瓶後貼上他們的商標名之後行銷，因此葡萄來源和葡萄酒的品質較無法受到控制，如此標示的葡萄酒通常是廉價的餐酒。

◆Cellared and Bottled by

意即「在我們的酒廠中儲存後裝瓶」，換言之，葡萄酒來自其他的製酒者且未經過我們的混和，這家酒廠只是單純的裝瓶者，購買別人所釀製的葡萄酒後裝瓶，並以自己的商標名貼標後行銷，通常也是廉價的餐酒。

解讀美國葡萄酒標籤

二、美國的主要葡萄酒生產區域

美國幾乎全國都是葡萄酒產區，但以下三個地區所產的葡萄酒產量較大，且較為有名，依序為：

(一)加州（California State）

加州是美國最重要的葡萄酒產地，生產美國全國90%以上的葡萄酒，因此對許多人而言所謂的美國葡萄酒其實就是指加州葡萄酒。

◆主要的葡萄產區

加州葡萄酒生產區，依據地理位置，約略可以舊金山為中心，將加州的葡萄產區分成四個主要區域，分別是：

1. 北海岸（North Coast）

   位於舊金山灣區的北方，是整個加州也是全美最重要的葡萄酒產區，包括Napa Valley、Sonoma County、Mendocino County和Lake County等地區的法定AVA產區，如Mendocino、Clear Lake、Guenoc Valley、Dry Creek Valley、Alexander Valley、Russian River Valley、Knights Valley、Sonoma Valley、Napa Valley和Los Cameros。

2. 北部中央海岸（North-Central Coast）

   位於舊金山灣區的西南方，也就是從舊金山到洛杉磯之間的加州西部海岸山脈的北段，包括Monterey County等郡的法定AVA產區，如Livemore Valley、Santa Clara Valley、Santa Cruz Mountains、Mountain Harlan、Mount Hardan、Chalone、Carmel Valley、Santa Lucia Highlands、Arroyo Seco。

3. 南部中央海岸（South-Central Coast）

   位於洛杉磯的西北方，也就是從舊金山到洛杉磯之間的加州西

部海岸山脈的南段，包括San Luis Obispo和Santa Barbara等地區，包括以下AVAs：San Lucas、York Mountain、Paso Robles、Edna Valley、Arroyo Grande、Santa Maria Valley、Santa Ynex Valley。

4.中央谷地（Central Valley）

這是位於加州中部的狹長縱谷，沿著San Joaquin從北邊的加州首府的沙加緬度到南部的Fresno等地綿延分布廣大的葡萄園，

美國加州葡萄酒產區

所以又稱為San Joaquin Valley。法定的AVA有Solano County Green Valley、Suisun Valley、Clarksburg、Lodi、El Dorado、California Shenandoah Valley、Fiddletown。

5.南海岸（South Coast）

在加州南部，鄰近美墨邊境附近，也就是聖地牙哥北方也有少量的葡萄酒生產，法定的AVAs包括Temecula和San Pasqual Valley。

◆主要釀酒葡萄品種

加州所種植的主要釀酒葡萄品種有：

1.紅葡萄品種：Cabernet Sauvignon、Merlot、Pinot Noir、Zinfandel、Syrah、Sangiovese、Mouvedre、Marsanne、Rousanne。

2.白葡萄品種：Chardonnay、Sauvignon Blanc（Fumé Blanc）、Riesling。

(二)紐約州（New York State）

紐約州種植葡萄和製酒的歷史，其實可以遠溯自歐洲移民在北美洲拓殖的初期，但是從歐洲帶來的Vitis vinifera卻無法忍耐新英格蘭地區酷寒的冬季，因此早期的移民改以在美洲所發現的土生葡萄Vitis labrusca品種來製酒，衍生的品系包括Concord、Delaware和Niagara等葡萄，由Vitis labrusca所製作的葡萄酒風味不佳且缺少厚度，更不耐久放，因此評價不高，連帶地使紐約州的葡萄酒無法與加州相提並論。

直到1960年代，由來自俄羅斯Konstantin Frank博士利用Vitis vinifera來嫁接到Vitis labrusca的根上，種出耐寒的Chardonnay，這是在紐約州首次種出高品質的Vitis vinifera葡萄。利用Konstantin Frank博士所發展出來的技術，紐約州的葡萄酒生產得以開展和發達。

到2003年為止，紐約州共有155家酒廠，超過1,000個小型葡萄農場，每年生產超過1,000萬瓶的葡萄酒，是美國第二大的葡萄酒生產地。由於紐約州的葡萄酒廠大多是1990年以後（112家），因應葡萄酒熱潮才設立的新酒廠，因此大多數的酒廠對於自身的葡萄酒製酒風格和品種選擇，大多都還在實驗和嘗識的階段，還須一段相當長的時間才能形成有如加州一般繁雜豐富的葡萄酒製酒文化與區域性的整體製酒風格。

但由於紐約州的地理位置偏北，主要的葡萄酒產區所在的Figure Lakes地區的氣候條件近似法國東北部或德國萊因地區，因此本地區所釀製的葡萄酒，依稀有上述地區的特色，例如白葡萄酒以Riesling和Chardonnay；紅葡萄酒以Pinot Noir、Cabernet Sauvignon與Gamay為大宗，此外，在這個區域也生產大量由美洲原種的Vitis labrusca（如Concord、Delaware和Niagara）所釀製的葡萄酒。

紐約州的葡萄酒生產區域分成四區，分別是：

1. The Finger Lakes region。
2. The Hudson River region。
3. Long Island。
4. Lake Erie。

(三)西北太平洋岸地區（Pacific Northwest）

在美國西北部臨太平洋地區，包括華盛頓州、奧瑞岡州和愛達荷等三州的部分地區，近年來也有許多葡萄酒廠設立，形成美國第三大葡萄酒生產區，所生產的葡萄酒以廉價的量產餐酒為主。其中又以華盛頓州的葡萄酒產量較大，已形成Columbia Valley、Yakima Valley和Walla Walla Valley等三大產區。

三、美國大酒商

美國葡萄酒事業，還有一點與歐洲差異很大，在於有幾家非常大型的公司，以非常企業化的經營方式，掌握絕大多數的葡萄酒市場，同時更以併購與跨國投資的方式，在世界許多地區如澳洲與智利等地投資葡萄園與酒廠，擴大其葡萄酒事業版圖，這些著名的美國大型葡萄酒企業，如下：

1. Constellation Brands：透過跨國投資，如今這家公司已經是世界最大的葡萄酒企業，他們擁有包括Robert Mondavi Winery和Columbia Winery等美國著名的葡萄酒品牌。
2. E & J Gallo Winery：世界第二大葡萄酒企業，掌握美國25%以上的市場。
3. The Wine Group。
4. Bronco Wine Company。
5. Diageo plc。
6. Brown-Forman Corporation。
7. Beringer Blass。
8. Kendall-Jackson Wine Estates。

 第二節　智利葡萄酒

智利位於南美洲安地斯山脈西側，是世界上最狹長的一個國家（長寬比約為18：1），南北兩端相距達4,300公里（相當於從舊金山到紐約或英國愛丁堡到伊拉克巴格達的直線距離），東西橫向最大距離卻只有240公里寬。這樣的地理條件，帶給智利許多優勢，首先南北綿延的距離，讓智利有著從低緯度到高緯度的各種天氣型態，然而

除了東邊安地斯山區和北邊Atacama沙漠地區以外，大多數的地方氣候溫和舒適，晝夜溫差明顯，極為適合葡萄生長。同時由於東邊高聳的安地斯山脈的屏障，以及西邊的太平洋的調節作用，使得智利的氣候跟世界其他地方比較起來，相對地穩定，換言之，每年的氣候變化情形都很一致，不容易有令人意外的溫度變化情形。因此就氣候而言，智利是全世界自然條件最好的葡萄酒產區之一。

此外，由於智利的地形北邊高南邊低，北部靠近玻利維亞邊境附近有著極度貧脊乾燥的Atacama沙漠，南部則沉降入海，形成Patagonia群礁，以及險峻的合恩角（Cape Horn）。只有中部靠近首都聖地牙哥附近的地區才有較寬闊肥沃的河谷平原，而智利的葡萄生產也集中在這個中央谷地的北區，也就是南緯27度到39度之間的區域。

由於智利距離世界上其他主要的葡萄酒生產地區遙遠，再加上封閉的地形與乾燥的氣候等因素，因此是目前世界上主要的葡萄酒生產國中，少數未曾受到葡萄蟲危害的國家，不必採用嫁接抗病品種樹根，就可直接栽種Vitis vinifera。

有著以上許多的氣候與地理條件，並未讓智利的葡萄酒事業發展一帆風順。1850年之前，這裡只種植一種叫做Pais的葡萄品種，製作廉價的葡萄酒以供本地教會與歐洲移民使用，到了1850年之後，聖地牙哥附近的富裕地主夢想擁有類似法國的葡萄酒莊園，於是聘請當時因為法國發生葡萄蟲病流行而失業的製酒師，開始採用歐洲的葡萄品種與現代製酒的技術製酒。然而由於距離遙遠，運輸成本過高，智利的葡萄酒在之後的一百多年仍然無法越過安地斯山脈以及太平洋岸，同時由於品管不良，葡萄酒的品質良莠參差，直到1980年以後，大型的跨國葡萄酒公司如美國加州的Kendall-Jackson、Franciscan、Robert Mondavi、Ernest Gallo，法國的Mouton Rothschild、Lafite Rothschild，澳洲的Penfolds以及西班牙的Torres等著名酒廠，幾乎同時看中智利發展葡萄酒的潛力，紛紛到智利投資葡萄酒事業，除了將歐美最新的葡

萄酒釀酒技術帶入智利外，也同時提升了智利葡萄酒的品管標準，此外更重要的是透過這些具有國際行銷能力的大企業的通路，逐步地將智利葡萄酒介紹到世界各地。

　　自此智利葡萄酒的價美物廉，氣候與品質穩定，以及集合各國葡萄酒優點的國際化形象，為智利葡萄酒確立了一個有別於其他地區的葡萄酒風格與良好名聲。根據wine-searcher.com到2014年底，智利共有214家酒廠（**表12.3**），無論酒廠數目或是葡萄酒的總生產量，過去

表12.3　智利著名的葡萄酒廠

Viña de Larose	Cono Sur	Balduzzi Vineyards
De Martino Wines	Viña Manquehue	Viñedos J. Bouchon
Viña Domaine Oriental	Montes	Viña Bisquertt
Viña Santa Rita	Almaviva	Viña Cousiño Macul
Casa Lapostolle	Champagne Alberto Valdivieso	Viña Santa Carolina
Lomas De Cauquenes Terra	Correa Albano	Viña Gracia
Andina	Villard Fine Wines	Viña Carta Vieja
Viña Calina	Viña Anakena	Viña Aquitania
Viña Canepa	Viña Carmen	Viña Casa Silva
Concha y Toro	Vina Cremaschi	Furlotti
El Aromo	Viña El Huique	Viña Errazuriz
Francisco de Aguirre	Viña La Fortuna	Viu Manent
Jacques et Francois Lurton	Viña La Rosa	Viña Santa Ines
Linderos	Lomas de Cauquenes	Viña Santa Monica
Chateau Los Boldos	Viña Los Vascos	Viña Santa Rita
Viña Manquehue	Matetic Vineyards	Viña Segu
Viña Montgras	Viña Porta	Siegel
Vina Portal del Alto	Pueblo Antiguo	Selentia
San Esteban	Viña San Pedro	Viña Caliterra
Viña Santa Ema	Viña Santa Emiliana	Viña Tarapaca Ex-Zabala
Vinedos J A Bouchon	Viña Undurraga	Veramonte
Vistamar Wines	Viña Viu Mandnt	Viña William Fevre
Vinedos Terranoble	Luis Felipe Edwards	Torreon de Paredes
Vinos Los Robles Torrealba	Vinedos Sutil	

二十年來之間都成長了數倍，穩居世界前十大的葡萄酒生產國，也是目前世界第五大的葡萄酒出口國。

一、葡萄酒產區

智利的葡萄酒生產集中在智利中部地區的河谷地帶，也就是首都聖地牙哥周邊地區，法定的葡萄酒區共有四大區，其下又分成13個酒區，由北而南，分別是：

(一)科金博地區（Coquimbo Region）

1. Elqui Valley。
2. Limarí Valley。
3. Choapa Valley。

(二)阿空加瓜地區（Aconcagua Region）

1. Aconcagua Valley。
2. Casablanca Valley。
3. San Antonio Valley。

(三)中央谷地（Central Valley）

1. Maipo Valley（三個次產區Alto Maipo、Central Maipo和Pacific Maipo）。
2. Rapel Valley（兩個次產區Cachapoal Valley和Colchagua Valley）。
3. Curico Valley。
4. Maule Valley。

(四)南部地區（Southern Region）

1. Itata Valley。
2. Bio Bio Valley。
3. Malleco Valley。

此外，智利還有位於北方的Atacama地區，以及Coquimbo部分地區，以生產葡萄蒸餾酒Pisco的葡萄產區。

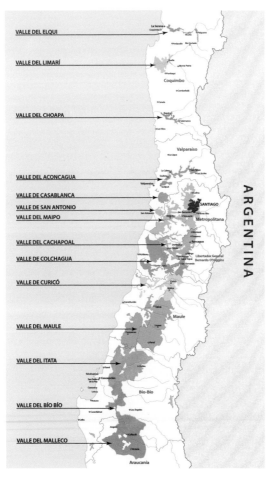

智利葡萄酒產區

二、釀酒葡萄品種

(一)紅葡萄品種

- Barbera
- Cabernet Franc
- Cabernet Sauvignon
- Carignan
- Carménère
- Malbec
- Merlot
- Nebbiolo
- Pais
- Petite Sirah
- Pinot Noir
- Pinot Noir, Syrah
- Sangiovese
- Shiraz
- Zinfandel

(二)白葡萄品種

- Chardonnay
- Chenin Blanc
- Gewürztraminer
- Muscat of Alexandria
- Pedro Ximénez
- Riesling
- Sauvignon Blanc

- Sauvignon Vert
- Sémillon
- Torontel
- Viognier

三、解讀智利葡萄酒標籤

與多數新世界葡萄酒一般，智利葡萄酒的標籤簡單清楚，且多以英文標示，標籤中酒莊名、酒精含量、容量與酒廠地址必須標示清楚外，其餘資料都可以選擇性的標示。一般而言，智利葡萄酒標籤上會有以下資訊：

1.酒廠名或品牌名Winery Name（必須標示）。
2.品種（依法標示）。
3.熟成程度（如Reserva，依法標示）。
4.年份（依法標示）。
5.法定產區〔如Denomination of Origin（產區地名），依法標示〕。
6.是否是自家裝瓶（如Embotellado en Origen/Estate Bottled，依法標示）。
7.容量（必須標示）。
8.酒精含量（必須標示）。
9.酒廠或公司的地址（必須標示）。
10.產品特色描述文字。

有關葡萄品種的標示，如在智利銷售的葡萄酒，所標示的葡萄品種只需占瓶中葡萄的75%即可，但如果目的是外銷之用，則這種葡萄必須超過85%，且必須是來自所標示的同一年份。外銷用的白葡萄酒的酒精含量必須高於12%，紅葡萄酒則必須超過11.5%。

第三節　阿根廷葡萄酒

　　雖然阿根廷一直是世界第五大產酒國，但一直以來，由於國內消費量奇大，1990年以前，每人每年的葡萄酒消費量竟然高達90公升以上，雖然阿根廷的人口不多，但1990年以前的葡萄酒生產幾乎全數只足以供應國內消費所需，1990年以後，由於國內經濟一蹶不振，通脹嚴重及缺乏資金，同時國內每人的年平均葡萄酒消費量也大幅下滑，因此大部分的葡萄酒莊為求生存，開始大量外銷。為配合美國等地的消費市場，近年來阿根廷的葡萄酒廠，也致力釀製產量較小但品質較佳的葡萄酒，同時也尋求國外投資者的資金挹注與技術協助，期待能與鄰近的智利在外銷市場上一較長短，如今阿根廷全國有超過1,500家酒廠，支撐著阿根廷的經濟與國民生計。

　　阿根廷葡萄酒事業的發展，和智利在差不多的時間開始，1557年，西班牙殖民者開始在這裡種植一種帶著粉紅色外皮的Criolla葡萄品種，這種葡萄可以用來製作產量大、顏色深、帶有被氧化味道的白葡萄酒。如今Criolla和它的近親Torrontes和Palomino等葡萄藤的種植分布於南起Rio Negro，北到Salta，距離超過1,700公里之遠的廣大區域，用來生產年產超過14億公升的葡萄酒。許多標有歐洲葡萄酒名如Borgona和Chablis等葡萄酒，其實都可能是由上述葡萄所混和製成。

　　來自歐洲的葡萄酒品種中，以源自法國的Malbecs最為重要，這個品種非常適合阿根廷炎熱的大陸性氣候，這裡所生產的葡萄酒具有黑醋栗、蜜李和辛香料的香味，跟法國原產地完全不一樣。此外，Syrah與來自義大利的Sangiovese和Barbera的種植也很廣，只是在大多數用於混和製酒的情形下，這兩種葡萄的傳統風味特色，不容易被人發現。白葡萄品種則以Pedro Giménez與Torrontés Riojano種植最廣，而Sémillon、Chenin Blanc、Ugni Blanc和Chardonnay等國際品種也很重要。

　　位於西邊的安地斯山對阿根廷的葡萄生產者而言，是影響最大

的自然環境限制因素。從太平洋氣流所帶來的濕氣，無法越過高聳的安地斯山脈，因此造成了非常乾燥晴朗的天氣型態，以及每年超過三百二十天的日照，這些凝結於高山上的雪水，卻也為阿根廷的農業灌溉帶來了豐沛的水源。此外，阿根廷沒有像智利有天然屏障來阻擋葡萄蟲的蔓延，如今已蔓延於阿根廷全國的葡萄酒生產地區，不時影響葡萄酒的生產。

近年來，部分葡萄酒廠透過併購與整併擴大經營規模，並且接受美國等外資的資金挹注與技術協助，阿根廷葡萄酒大量外銷，且採用美元計價，阿根廷的葡萄事業逐漸復甦，更形成超大型的兩家葡萄酒企業Bodegas Esmeralda（Alamos）和Peñaflor（Bodegas Trapiche），合計掌握阿根廷全國超過40%的葡萄酒生產。

一、葡萄酒產區

阿根廷的葡萄酒生產區大多位於國境的中西部靠安地斯山脈東側的丘陵河谷地區，由北而南，依其行政區劃分成以下八區：

1. Salta。

2. Tucuman。

3. Catamarca。

4. La Rioja。

5. San Juan。

6. Mendoza。

7. La Pampa。

8. Rio Negro。

其中又以位於西部安地斯山區乾燥沙漠地帶的Mendoza高原地區最為著名，生產阿根廷全國超過75%的葡萄酒。

(一)Mendoza

　　Mendoza省的緯度與智利的主要葡萄酒生產區相當，這裡雖然是乾燥的沙漠型氣候，但早在16世紀歐洲殖民者入侵之前，當地原住民早已知道可以利用高山積雪融化的水來灌溉，將此地開闢成一處處鬱鬱蔥蔥的沙漠綠洲。Mendoza如今已成為阿根廷最著名的釀酒產區，本地的葡萄種植面積約有美國全國葡萄園面積的一半，甚至超過澳洲與紐西蘭的葡萄園總和。

　　全區有超過1,200家酒莊（Bodegas），年產高達10億公升的葡萄酒，其中90%外銷。由於當地為典型的沙漠型氣候，夏日溫度常常高達40℃，卻又不乏雪水的灌溉，空氣乾燥使所種植的葡萄即使不用農藥也少有蟲災感染的風險，兼且風高氣爽，葡萄在日間成熟後，晚間氣溫大幅下降，可以確保葡萄香味不失，且能維持一定酸度。迄今為止，阿根廷僅有的兩個法定葡萄酒區——Luján de Cuyo和San Rafael都位於Mendoza省。San Rafael位於Mendoza市南邊約200公里處，以產製紅葡萄酒為主，最有名的品種為Aberdeen Angus Cabernet。而Luján de Cuyo則位於Mendoza市附近，海拔1,000公尺的高原上，以生產Chardonnay、Sauvignon Blanc和Riesling等白葡萄品種為主。鄰近的Maipu地區的海拔則只有700公尺高，不如Luján地區寒冷，因此以生產Cabernet Sauvignon和Malbec等紅葡萄酒為主。

　　近年來，由於國際間葡萄酒的消費量大增，跨國葡萄酒企業將目標對準南美洲等新興葡萄酒生產區，除了前節所提及的智利以外，Mendoza地區優異的葡萄種植條件也成為另一個吸引外國投資的地區，其中包括一些法國著名酒莊的經營者如Jacques Lurton以及Möet et Chandon等公司。

(二)其他地區

San Juan、La Rioja、Catamarca和Salta等新進葡萄酒生產地區都位於Mendoza省的北方。這些地區主要的葡萄生產還是以提供Sherry酒製造之用。Salta被稱為是阿根廷最好的白葡萄酒產地，Salta是位在海拔1,800公尺上，這是全世界最高和最漂亮的葡萄園之一。

二、阿根廷葡萄品種

阿根廷本地最重要的紅葡萄釀酒品種是Malbec，其次是Bonarda與Cabernet Sauvignon。白葡萄酒則是以Pedro Giménez與Torrontés Riojano最多。阿根廷全境常見的葡萄品種如下：

(一)紅葡萄品種

- Barbera
- Bonarda
- Cabernet Sauvignon
- Dolcetto
- Freisa
- Lambrusco
- Malbec
- Nebbiolo
- Raboso
- Sangiovese
- Syrah
- Tempranillo

(二)白葡萄品種

- Chardonnay

- Chenin Blanc

- Muscat of Alexandria

- Pedro Giménez

- Pinot Gris

- Riesling

- Sauvignon Blanc

- Sauvignonasse

- Sémillon

- Torrontés Riojano

- Torrontés Sanjuanino

- Ugni Blanc

- Viognier

第四節　澳洲葡萄酒

在澳大利亞的葡萄酒發展歷史中，充滿了許多令人驚奇的故事，讓這個原本沒有葡萄酒發展優勢的地方成為當今世上前十名的葡萄酒生產國。這裡原先沒有任何野生的原生葡萄品種的存在，因此澳洲原住民從來都沒有葡萄釀酒的歷史。二次世界大戰以前移民到此的歐洲移民，幾乎全部都來自英倫三島，同樣沒有如法國、義大利和西班牙一般悠久的葡萄酒製酒傳統。在發展葡萄酒產業的同時，作為澳洲的主要貿易夥伴的東南亞各國，甚至沒有任何葡萄酒文化，因此澳洲在發展其葡萄酒事業的初期，面臨重重限制。

無論如何，澳洲葡萄酒的生產事業開始於18世紀中期，直到1970年以前，澳洲所生產的葡萄酒，主要還是為了要供應英國的平價葡萄酒市場。然而1970年以後，澳洲葡萄酒生產事業經過長期不斷地努力與改進，同時引入現代化的生產管理技術和科技，品質不斷地提升，澳洲葡萄酒開始在國際間嶄露頭角，屢獲國際酒展的肯定，以及世界各地葡萄酒消費者的肯定，從此以後澳洲的葡萄酒產量和出口量不斷地擴大。根據澳洲統計局的估計，澳洲目前共有158,595公頃的釀酒葡萄園。從1996年到2000年的短短五年間，澳洲葡萄酒莊的數量成長了20%，達到1,798家，產量則擴增39%，而且最近十年來，每年幾乎都以10%的增加率成長。到現在，澳洲幾經成為世界上第六大的葡萄酒產國，和第四大的葡萄酒輸出國。

　　澳洲的葡萄園大多分布在東南部與西南人口較稠密的濱海地區，海洋的調節使得氣候較為溫和，然而由於澳洲葡萄酒產區的土質與氣候差異情形不大，所以就以不同品種混和釀製的方式來強化葡萄酒風味的層次，以達到製造者所要求的標準。然而並非所有的葡萄酒都是混和釀製而成，澳洲也有許多單一品種所釀製的葡萄酒。

　　澳洲葡萄酒生產的另一個特色，在於生產集中於4家大型的製酒公司，這4家公司分別是Penfolds、BRL Hardy、Orlando和Mildara Blass。這4家公司及其旗下的酒莊，每年釀製了澳洲超過80%以上的葡萄酒。為了達到量產的需求，單一產區的葡萄往往無法滿足需求，因此大型酒商過去往往採用跨區域或產區內不同葡萄園的葡萄來混和製酒，因此澳洲政府對於這類的葡萄酒有特殊的產區標示規定。

一、葡萄酒法規

　　澳洲在1994年實施的葡萄酒誠實標示計畫（Label Integrity Program, LIP）中，將澳洲原本以州為單位的葡萄酒生產區域，分割

成依據地理與地質特性所劃分的葡萄酒產區（Geographical Indication, GI）加以管理，並要求酒莊依政府所訂定的統一規定，誠實標示。這些法定葡萄酒產區的界線的勘定曾受到很大的阻力，直到1997年才完成。澳洲葡萄酒管理辦法與LIP產區標示法的精神與美國AVA法相似，立法的精神在於誠實的商品標示，並不作為法定分級之用，因此澳洲並無類似法國AOC或義大利DOC的法定分級。

LIP法中規定所有的澳洲葡萄酒標上，必須標示製酒所使用的主要葡萄品種，而且這個葡萄品種在釀酒葡萄汁中必須超過85%以上。如果酒標上標註產區名稱，則製酒所用的葡萄，95%以上必須出自所標示的葡萄酒產區。如果若標籤上標註年份，那麼95%以上所使用的釀酒葡萄汁必須來自所標示的葡萄收成年份。

LIP產區標示法中，規定葡萄酒標籤上，至少還應包含以下訊息：

1.製酒者的商標名（producer's brand name）。

2.製酒年份（vintage）。

3.產區（葡萄的來源）（designation of origin）。

4.製酒者的完整名稱，所在位置與所屬葡萄酒產區（producer's name, location and wine locality）。

5.酒精含量（alcohol content）。

6.國籍（澳洲）（international designation of origin, production country）。

7.容量（volume）。

以上標示要求與美國等新大陸葡萄酒的標示規定相去不大，相較於歐洲的葡萄酒產區標示法，可謂非常簡單明瞭，但對於澳洲葡萄酒的正常發展卻有長足的影響。

二、葡萄酒產區

澳洲幅員遼闊，依行政區劃，可以將全澳的葡萄酒產區劃分成幾個大產區，包括：

1. Western Australia。

2. South Australia。

3. Victoria。

4. New South Wales。

5. Queensland。

6. Tasmania。

其中除了西澳（Western Australia）以外地區所產的葡萄酒，依法可以標示為Wine of south-eastern Australia，幾乎占了全澳葡萄生產面積的98%以上，葡萄可以來自西澳以外所有的葡萄產區，在過去十五年來這類葡萄酒已成功行銷世界各國，在LIP立法以後，仍然可以合法作為標示，但因葡萄來源廣泛，品質等級通常被視為次於標示LIP法定小產區的葡萄酒。

以上所標示的各大產區，所包括的各個主要的GI法定葡萄酒產區，以及當地所產的主要葡萄酒，整理如下（**表12.4**）：

(一)South Australia

◆Barossa Valley

1.紅葡萄：Shiraz、Cabernet Sauvignon、Grenache。

2.白葡萄：Riesling、Sémillon、Chardonnay、Palomino、Pedro Ximénez。

◆Adelaide Hills（包括Adelaide Metropolitan）

　　1.紅葡萄：Pinot Noir、Merlot、Cabernet Sauvignon、Cabernet Franc、Shiraz。

　　2.白葡萄：Chardonnay、Riesling、Sémillon、Sauvignon Blanc。

◆Riverland

　　1.紅葡萄：Shiraz、Merlot。

　　2.白葡萄：Chardonnay。

◆McLaren Vale

　　1.紅葡萄：Shiraz、Cabernet Sauvignon、Grenache、Merlot。

　　2.白葡萄：Chardonnay。

◆Langhorne Creek

　　1.紅葡萄：Cabernet Sauvignon、Shiraz。

　　2.白葡萄：Chardonnay、Riesling。

◆Clare Valley

　　1.紅葡萄：Cabernet Sauvignon、Shiraz、Grenache。

　　2.白葡萄：Palomino、Pedro Ximenez、Crouchen、Sauvignon Blanc、Sémillon、Chardonnay。

◆Coonawarra

　　紅葡萄：Cabernet Sauvignon。

◆Padthaway

　　1.紅葡萄：Shiraz、Cabernet Sauvignon。

　　2.白葡萄：Chardonnay。

(二)New South Wales

◆Hunter Valley

  1.紅葡萄：Shiraz。

  2.白葡萄：Semillon、Chardonnay。

◆Mudgee

  1.紅葡萄：Cabernet Sauvignon。

  2.白葡萄：Chardonnay。

◆Riverina

  1.紅葡萄：Shiraz、Cabernet Sauvignon、Merlot、Verdelho。

  2.白葡萄：Semillon、Chardonnay、Marsanne。

(三)Victoria

◆Yarra Valley

  1.紅葡萄：Pinot Noir、Cabernet Sauvignon。

  2.白葡萄：Chardonnay、Sauvignon Blanc、Riesling。

◆Mornington Peninsula

  1.紅葡萄：Pinot Noir、Cabernet Sauvignon、Shiraz。

  2.白葡萄：Chardonnay、Riesling。

◆Geelong

  1.紅葡萄：Shiraz、Cabernet Sauvignon。

  2.白葡萄：Chardonnay。

◆Macedon Ranges

  氣泡酒：Pinot Noir、Chardonnay。

◆Goulburn Valley

　　1.紅葡萄：Shiraz。

　　2.白葡萄：Marsanne、Viognier、Roussanne。

◆Bendigo

　　紅葡萄：Cabernet Sauvignon、Shiraz。

◆Rutherglen

　　強化酒：Tokay與Muscat。

(四)Western Australia

◆Swan Valley

　　1.紅葡萄：Verdelho、Shiraz。

　　2.白葡萄：Chenin Blanc。

◆Margaret River

　　1.紅葡萄：Cabernet Sauvignon、Pinot Noir and Shiraz。

　　2.白葡萄：Chardonnay、Semillon。

◆Great Southern

　　1.紅葡萄：Cabernet Sauvignon、Shiraz、Pinot Noir。

　　2.白葡萄：Chardonnay、Riesling。

(五)Tasmania（2個GI：Launceston和Hobart）

　　1.紅葡萄：Cabernet Sauvignon、Pinot Noir。

　　2.白葡萄：Chardonnay、Riesling、Gewürztraminer。

(六)Queensland（1個GI：Granite Belt）

　　1.紅葡萄：Shiraz、Cabernet Sauvignon。

　　2.白葡萄：Semillon、Chardonnay。

澳洲葡萄酒產區

表12.4　澳洲的法定葡萄酒產區（Geographical Indiction）

省	地區	法定產區（GI）	次產區
South Australia	Barossa	Barossa Valley	
		Eden Valley	High Eden
	Far North	Southern Flinders Ranges	
	Fleurieu	Currency Creek	
		Kangaroo Island	
		Langhorne Creek	
		McLaren Vale	
		Southern Fleurieu	
	Limestone Coast	Coonawarra	
		Mount Benson	
		Padthaway	

（續）表12.4　澳洲的法定葡萄酒產區（Geographical Indiction）

省	地區	法定產區（GI）	次產區
South Australia	Lower Murray	Riverland	
	Mount Lofty Ranges	Adelaide Hills	Lenswood
			Piccadilly Valley
		Adelaide Plains	
		Clare Valley	
	The Peninsulas		
New South Wales	Big Rivers	Murray Darling	
		Perricoota	
		Riverina	
		Swan Hill	
	Central Ranges	Cowra	
		Mudgee	
		Orange	
	Hunter Valley	Hunter	Broke Fordwich
	Northern Rivers	Hastings River	
	Northern Slopes		
	South Coast	Shoalhaven Coast	
		Southern Highlands	
	Southern New South Wales	Canberra District	
		Gundagai	
		Hilltops	
		Tumbarumba	
	Western Plains		
Western Australia	Greater Perth	Peel	
		Perth Hills	
		Swan District	Swan Valley
	South West Australia	Blackwood Valley	
		Geographe	
		Great Southern	Albany
			Denmark
			Frankland River
			Mount Barker
			Porongurup
		Margaret River	

（續）表12.4　澳洲的法定葡萄酒產區（Geographical Indiction）

省	地區	法定產區（GI）	次產區
Queensland		Granite Belt	
		South Burnett	
Victoria	Central Victoria	Bendigo	
		Goulburn Valley	Nagambie Lakes
		Heathcote	
		Strathbogie Ranges	
		Upper Goulburn	
	Gippsland		
	North East Victoria	Alpine Valleys	
		Beechworth	
		Glenrowan	
		Rutherglen	
	North West Victoria	Murray Darling	
		Swan Hill	
	Port Phillip	Geelong	
		Macedon Ranges	
		Mornington Peninsula	
		Sunbury	
		Yarra Valley	
	Western Victoria	Grampians	
		Henty	
		Pyrenees	
Tasmania		Launceston	
		Hobart	

第五節　南非葡萄酒

　　南非的葡萄酒生產事業開始於1652年，當荷屬東印度公司為提供所屬船隊人員乾淨的飲水與新鮮食物，而在開普敦附近設置作為補給站的殖民地，1655年開普敦的首任總督Jan van Riebeeck開始在附近地區種植葡萄，並於1659年2月2日慶祝在南非殖民地的第一次葡萄酒收

成。此後在現今稱為Bishopscourt與Wynberg等地大量種植。繼任者後來在Constantia開展葡萄酒生產事業，並且成為今天南非最著名的酒廠之一。1680年左右來自法國的Huguenots家族帶來法國的葡萄種植與製酒技術，從此南非的葡萄酒生產大為興盛。

到了19世紀上半葉，英國人占領了開普敦，更因為英法長期戰爭，導致英國對於法國以外地區如南非殖民地所生產的葡萄酒的大量需求，因此在往後的四十五年間葡萄酒生產爆增九倍之多。然而1861年英法和解以後，卻導致南非葡萄酒在英國市場的滯銷，1886以後葡萄蟲的危害也入侵南非，使得南非的葡萄酒生產事業幾乎一夕瓦解。

1918年，Charles Kohler為解決自1899年波爾戰爭以來葡萄酒產業的長期衰退，成立了一個類似葡萄酒產業公會，稱為KWV（Ko-operatieve Wijnbouwers Vereniging van Zuid-Afrika Beperkt）的組織，從此以後南非的葡萄酒生產事業才真正進入現代化製酒的行列。

一、葡萄酒標示法

然而遲至1973年，南非才開始有他們的葡萄酒產區標示法稱為Wine of Origin，這個法規係沿襲歐洲的葡萄酒法規而來，在此法律規定下，南非的葡萄酒應標示以下五個項目：

1.酒莊名Estate：即其酒廠或葡萄農莊的名稱，這瓶酒的內容物必須100%由其所標示的一家或多家葡萄農場所產製的葡萄製成，而製酒也必須在他們的物業中進行。

2.法定的產區地名，分為以下五種：

　(1)Ward：即精準的描述葡萄的小範圍的生長區域。

　(2)District：較大的葡萄生長地理區域。

　(3)Region：涵蓋好幾個districts的廣大葡萄生長地理區域。

新世界葡萄酒
New World Wines

(4)Wineland：與地理區域無關，但和葡萄酒的重要性有關的非
　　法定描述。

(5)Geographical unit：不作為酒產區，但1997年西開普敦成為唯
　　一的大酒產區。

3.葡萄品種：原則上，標示葡萄品種的葡萄酒應100%由標籤上標
　示的葡萄製作，但可以有25%的混和別種葡萄的選擇權，為外
　銷的葡萄酒只允許15%混製選擇權。

4.酒精含量。

5.容量。

二、葡萄酒產區

南非的葡萄酒主要產區有：

• Constantia（ward）

• Durbanville（ward）

• Douglas

• Klein Karoo

• Malmesbury

• Orange River

• Olifants River

• Overberg

• Piketberg

• Paarl

• Robertson

• Swartland

• Swellendam

• Stellenbosch

- Tulbagh
- Worcester

三、主要的葡萄品種

(一)白葡萄

- Chenin Blanc（Steen）
- Palomino
- Colombard
- Muscat
- Chardonnay
- Sauvignon Blanc
- Sémillon
- Riesling
- Sultana
- Hanepoot
- Chenel（混和種）
- Weldra（混和種）
- Colomino（混和種）
- Grenache（混和種）
- Follet（混和種）

(二)紅葡萄

- Cinsault〔Pinot Noir與Hermitage（Cinsaut）的混和種〕
- Cabernet Sauvignon
- Cabernet Franc
- Merlot

新世界葡萄酒
New World Wines

- Pinot Noir

- Shiraz

- Pinotage

表12.5為南非釀酒葡萄品種占總體生產面積比例。

表12.5　南非釀酒葡萄品種占總體生產面積比例

品種	比例
Chenin Blanc（Steen）	31.2%
Sultana	9.9%
Colombar（d）	8.8%
Palomino	6.6%
Muscat d'Alexandrie	6.3%
Cinsaut	5.3%
Cabemet Sauvignon	4.3%
Cape Riesling	3.9%
Sauvignon Blanc	3.7%
Clairette Blanche	2.5%
Pinotage	2.0%
Servan Blanc	1.6%
Muscadel	1.1%
Sémillon	1.0%
Shiraz	0.8%
Kanaan（Belies）	0.5%
Ugni Blanc	0.4%
All other white varieties	7.4%
All other red varieties	2.7%

 第六節　亞洲葡萄酒

　　儘管葡萄釀酒的起源在亞洲，但葡萄酒的釀造和飲用卻一直都不是亞洲各國的文化，中東地區長久以來受回教文化的影響，普遍禁酒，因此只有極少數地區如黎巴嫩、敘利亞和以色列等地有一些小型的葡萄酒莊園，較大規模的葡萄酒生產，目前僅可以在中國、印度和日本見到。1990年以來的葡萄酒熱潮，為亞洲各國引入為數可觀的葡萄酒消費人口，其中特別是以日本、韓國以及大中華經濟圈所在的中國、香港、新加坡和台灣等地最為重要，逐漸地形成一種葡萄酒的飲用文化，這個地區已然成為一個世界各國葡萄酒業者所競逐的重要市場。

　　在此同時，在亞洲各地也正逐步地發展屬於自己的葡萄酒生產事業。其中中國到2013年為止，已經發展成為世界第八大的葡萄酒生產國，同時以每年10%以上的速度不斷地擴大生產面積與產量，而所生產的葡萄酒完全用以供應成長中的國內市場所需。泰國、印尼和印度等國雖然天氣炎熱，對於葡萄的生產而言並非絕佳的環境，但如今也各有一家以上的葡萄酒廠生產當地的葡萄酒。台灣則在2002年1月以後開放私人製酒，並且在2003年起，台灣的中部陸續有樹生酒莊等葡萄酒廠出現。

　　由種種跡象顯示，亞洲的葡萄酒消費與生產在未來必將持續成長，而本節將僅介紹中國、印度和日本等三個亞洲較具代表性的葡萄酒生產國。

一、中國

　　中國的葡萄酒生產的歷史可以遠溯到漢朝，但葡萄酒從來未曾成為中國人的本土文化，直到1892年才有華僑張弼士在山東省的煙台地區開設張裕釀酒公司，開始現代葡萄酒生產事業在中國的發展史，

其後雖然歷經中國近代的各種內憂外患，這家公司始終存在。1990年以後，新的葡萄酒廠與新的葡萄產區在中國各地陸續設立與擴張，到2013年底，全國已有超過100家大型葡萄酒公司，並且可以分成山東半島等十大葡萄酒產區。然而由於過去以糧為綱的生產概念依然存在，中國釀酒葡萄的單位面積產量普遍偏高，如此固然可以產製大量的葡萄酒，使農民的生活改善，卻也因此難以製作出如法國AOC葡萄酒一般風味複雜、酒體醇厚的葡萄酒。

然而外來投資者對於中國的市場潛力，莫不一致看好，目前已有法國Remy Martin和Pernod Ricard等公司，在中國投資葡萄酒生產事業，並且採用西歐品系的葡萄品種，以及法國的葡萄酒生產標準來製酒，對於提升中國的葡萄酒水準，也有很大的助益。

(一)葡萄酒產區

中國目前共有十大葡萄酒產區，分別是：

◆山東半島

山東半島是中國歷史最悠久，也是目前最大的葡萄酒產區，產量占全國40%以上。這裡因為三面環海，而受海洋調節影響，與同緯度的內陸相比，氣候較為溫和穩定。主要的葡萄酒生產區，又可細分為煙台和青島二區。

1. 煙台：傳統產區主要分布在蓬萊、龍口和福山等縣市，屬渤海灣半濕潤區。有Cabernet Sauvignon、Carignane、Italian Riesling、Ugni Blanc、Rkatsiteli等品種。

2. 青島：青島市轄管的平度市等地區是山東另外一個重要的葡萄酒產區，特別是大澤山地區，位處山東半島中部，屬溫帶半濕潤季風大陸性氣候。栽培品種為Cabernet Sauvignon、Italian Riesling、Chardonnay和Ugni Blanc。

◆黃河故道

黃河故道產區包括河南的蘭考、民權，安徽的蕭縣以及蘇北的部分地區，氣候偏熱。有Cabernet Gernischt、Pinot Noir、Grey Riesling、Italian Riesling、Muscathamburg、Seibel Noir、Saperavi、Blue French、煙74（Yan74）等品種。

◆河北昌黎

昌黎地處河北省，屬半濕潤大陸性氣候，四季分明。主要以生產Cabernet Sauvignon與Merlot紅葡萄酒為主。出產知名品牌長城乾紅葡萄酒的華夏葡萄釀酒有限公司就在這個產區。

◆天津

天津地區的葡萄園分布在天津薊縣、權沽等地。以生產Cabernet Sauvignon、Merlot、Cabernet Franc、Italian Riesling、Ugni Blanc、Chardonnay、Muscathamburg等葡萄酒為主，本區最具代表性的葡萄酒品牌為中法合資經營的王朝葡萄酒。

◆河北沙城

範圍包括河北省的宣化、逐鹿、懷來等地，位處長城以北，光照充足，晝夜溫差大，夏季涼爽，氣候乾燥，雨量偏少。以釀造Cabernet Sauvignon、Cabernet Gernischt、Merlot、Grey Riesling、Chardonnay等主。

◆銀川

位於中國西北寧夏省，沿賀蘭山東麓整片廣闊的沖積平原，氣候乾旱，晝夜溫差大，土壤為沙壤土，含砂石，透氣性佳，且含有大量有機質。主要的栽培品種為Cabernet Sauvignon和Merlot。

◆甘肅武威

甘肅武威地區包括民勤縣、武威市與古浪縣等地，主要栽培品種為Cabernet Sauvignon、Cabernet Franc和Pinot Noir等。

◆新疆

新疆地區主要的葡萄酒產區包括吐魯番盆地的鄯善、瑪納斯平原和石河子地區。主要的栽培品種包括：Sangiovese、Grenache、Gamay、Cinsaut、Saperavi、Chenin Blanc、Sémillon、Chardonnay等品種。

◆雲貴高原

雲貴高原上海拔1,500公尺的彌勒、東川、永仁和川滇交界處金沙江畔的攀枝花。主要栽培品種以Cabernet Sauvignon和Merlot的栽培面積最大，此外還有玫瑰蜜（Rose Honey）、Grenache、Chardonnay、Italian Riesling、煙73等。

◆東北產地

中國東北地區的葡萄酒生產以北緯45度以南的長白山麓及東北平原為主。然而在這個地區的冬季氣候極為嚴寒，因此很難種植歐洲系的Vitis vinifera品系，只能栽種本地原生的山葡萄（Vitis amurensis），並作為原料製成紅葡萄酒。

(二)葡萄品種

由於最早在中國種植釀酒葡萄及製酒的是德國人，而且在清末民初的時期，山東半島長期被劃為德國人的勢力範圍，因此山東地區乃至華北地區的葡萄酒生產受到德國的影響頗深，因此所種植的釀酒葡萄品種仍以德國常見白葡萄品種如Riesling、Gewürztraminer和Müller-Thurgau以及混和種為大宗，此外，在中共建政以後，農業生產受到蘇聯的影響，也種植一些東歐葡萄品種如季米爾特、白羽和紅玫瑰等品

種，1990年以後則大量改種植歐洲葡萄品種，如Cabernet Sauvignon、Grenache、Merlot、Mission、Nebbiolo、Petit Verdot以及Pinot Noir等葡萄品種。此外，在各個葡萄酒產區也種植許多本土的原生葡萄品種（如龍眼）和培育品種（如煙74等）。**表**12.6為中國常見的歐系釀酒葡萄品種的中文譯名對照表。**表**12.7為中國主要的葡萄酒生產企業一覽表。

表12.6　中國常見的釀酒葡萄品種之中文譯名與國際通用名稱對照表

顏色	中文譯名	別名	原文名稱	原產地
紅葡萄	赤霞珠	雪華沙和蘇維翁	Cabernet Sauvignon	法國
	品麗珠		Cabernet Franc	法國
	蛇龍珠		Cabernet Gernischt	
	佳利釀	佳醴釀	Carignan	法國
	神索		Cinsaut	法國
	佳美	黑佳美、紅加美	Gamay	法國
	歌海娜		Grenache	西班牙
	美樂	梅鹿輒、梅鹿汁	Merlot	法國
	彌生		Mission	西班牙
	內比奧羅	納比奧羅	Nebbiolo	義大利
	味而多	魏天子	Petit Verdot	法國
	黑品樂	黑彼諾、黑比諾	Pinot Noir	法國
	寶石	寶石百納	Ruby Cabernet	美國
	桑嬌維塞		Sangiovese	義大利
	西拉		Syrah	法國
	增芳德		Zinfandel	美國
白葡萄	阿里高特	阿里戈特	Aligote	法國
	霞多麗	查當尼、莎當妮	Chardonnay	法國
	白詩南		Chenin Blanc	法國
	瓊瑤漿		Gewürztraminer	德國
	貴人香	意斯林、薏絲琳	Italian Riesling	義大利
	灰雷司令	雷司令	Grey Riesling	德國
	白雷司令	麗詩玲	White Riesling	德國
	米勒	雷司令—西萬尼米勒特勞高	Müller-Thurgau	德國

（續）表12.6　中國常見的釀酒葡萄品種之中文譯名與國際通用名稱對照表

顏色	中文譯名	別名	原文名稱	原產地
白葡萄	白麝香		Muscat Blanc	
	白品樂	白根地、索維濃	Pinot Blanc	法國
	長相思	白蘇味濃、白蘇維翁、白索維濃	Sauvignon Blanc	法國
	賽美蓉	賽美容、瑟美戎	Sémillon	法國
	西萬尼		Silvaner	德國
	白玉霓		Ugni Blanc	法國
	白福爾		Folle Blanche	法國
	鴿籠白		Colombard	法國

表12.7　中國主要的葡萄酒生產企業

中法合營王朝葡萄釀酒有限公司	煙台森堡酒業有限公司	青島彼特堡酒業有限公司
中國長城葡萄酒有限公司	寧夏香山酒業（集團）有限公司	煙台紅寶石葡萄酒有限公司
煙台張裕集團有限公司	中國糧油食品進出口（集團）有限公司	煙台紅波兒葡萄酒有限公司
甘肅莫高實業發展股份有限公司	懷來容辰葡萄酒園有限公司	吉林天池葡萄酒有限公司
通化葡萄酒股份有限公司	青島瑪麗酒業有限公司	天津市天尊酒業有限責任公司
青島華東葡萄釀酒有限公司	山東密水葡萄釀酒有限公司	古井葡萄酒有限責任公司
青島富獅王葡萄酒釀造有限公司	煙台白洋河釀酒有限責任公司	北京歐陸陽光葡萄酒有限公司
北京豐收葡萄酒有限公司	威斯諾查理斯酒業（煙台）有限公司	煙台裕華酒業有限公司
煙台華僑葡萄釀酒有限公司	中外合資青島友瑞酒業有限公司	雲南紅酒業有限公司
煙台正大葡萄酒有限公司	朗格斯酒莊（秦皇島）有限公司	河北馬丁葡萄釀酒有限公司
煙台中糧葡萄釀酒有限公司	鎮江市中海天意酒業有限責任公司	煙台龍庭酒業有限公司
萬達酒業公司	青島澤山葡萄酒有限公司	山東蓬萊百瑞山莊酒業有限公司
寧夏恆生西夏王酒業有限公司	煙台市艾妮葡萄酒公司	北京佐佳莊園葡萄酒有限公司
三九蘭考葡萄酒有限公司	駿德酒業	通化志國葡萄酒有限公司
北京龍徽釀酒有限公司	吉林省長白山酒業集團公司	山東華威酒業有限公司
煙台裕龍葡萄酒有限公司	煙台蓬萊海市葡萄酒公司	山東禹王亭集團
新疆樓蘭酒業有限公司	甘肅皇台酒業股份有限公司	青島鈿鑫葡萄釀酒有限公司
民權五豐葡萄酒有限公司	天津大亨集團	南京芬士蘭酒業製造有限公司
煙台瑞事臨酒業有限公司	龍口葡萄酒廠	通化華龍山葡萄有限公司
新天國際葡萄酒業有限公司	山東高密葡萄宋酒業有限公司	懷來斯帕多內葡萄酒莊有限公司
煙台華魯葡萄酒有限公司	印象酒業	青島怡珠葡萄釀酒有限公司
煙台歐華酒業有限公司		

新世界葡萄酒
New World Wines

二、日本

　　日本的葡萄事業發展，具有許多優勢，首先日本有很大的國內葡萄酒消費市場，自1990年以後，葡萄酒的飲用在日本幾乎已經成為一種新的全民運動，日本人每年的平均葡萄酒消費量一直是亞洲各國最高的，同時對葡萄酒的平均消費金額也是亞洲最高的。強大的購買力，以及充裕的投資資金，使得日本的葡萄酒生產事業也隨著國內消費市場大幅成長。

　　然而日本在發展其葡萄酒生產事業時，卻也面臨許多限制因素。首先日本地窄人稠，土地成本高昂，讓投資成本居高不下；其次因為日本多雨，且集中在春天與夏天，使得葡萄在成熟時的含水量容易過高，而造成葡萄酒的風味厚度普遍不足；同時含土量過高，太酸且過於肥沃的土壤，也使葡萄無法充分發展根系，從而影響葡萄的品質；最後，由於日本的地形崎嶇，日照充足適合種植葡萄的平緩山坡地有限，在在都使日本葡萄酒的品質無法與進口葡萄酒匹敵。

　　無論如何，由於日本人對於葡萄酒的熱愛，日本全國四十七個行政區，包括各個都道府縣，幾乎都有或大或小規模的葡萄酒生產事業。總體而言，在日本所裝瓶的葡萄酒的品類中，日常餐酒中紅、白酒與玫瑰紅酒的比例約為3：4：3，而中價位的葡萄酒中，紅、白酒的比例約為4.5：5.5。換言之，日本所生產的葡萄酒中，白葡萄酒多於紅葡萄酒，這點與中國頗為近似，這也許是因為日本進口許多高價的紅葡萄酒，因而降低了對於國內紅葡萄酒的需求。

(一)主要的釀酒葡萄產地

　　此外，日本全國共有超過80,000家種葡萄的農家，種植面積通常都小於0.5公畝，然而製酒的酒莊，卻有許多都是由大企業如Mercian、Suntory和Sapporo等公司所投資和擁有。過去日本沒有如法

國AOC的全國性原產地管理標示制度，只在長野縣與山梨縣甲州地區有各自的原產地認證制度，2014年起開始立法實施日本全國的葡萄酒「原產地呼稱管理制度」。

主要的釀酒葡萄產地在以下各縣：

- Yamanashi（山梨縣）甲州市
- Hokkaido（北海道）池田町、富良野市、小樽市、空知地區
- Aomori（青森縣）
- Akita（秋田縣）鹿角市、橫手市、由利本莊市
- Iwate（岩手縣）
- Yamagata（山形縣）
- Niigata（新潟縣）
- Tochigi（木縣）
- Nagano（長野縣）
- Saitama（埼玉縣）
- Shiga（滋賀縣）
- Osaka（大阪府）
- Hyogo（兵庫縣）
- Tottori（鳥取縣）
- Shimane（島根縣）
- Shiga（佐賀縣）
- Fukuoka（福岡縣）
- Oita（大分縣）
- Nagasaki（長崎縣）

(二)葡萄品種

◆白葡萄

- Kosyu
- Muscat Bailey A
- Chardonnay
- Müller-Thurgau
- Riesling

◆紅葡萄

- Cabernet Sauvignon
- Cabernet Franc
- Merlot

三、印度

在印度，葡萄酒釀造歷史最少已有五千年之久，但在印度漫長的文明發展史裡，葡萄酒卻一直未被重視，這可能是因為印度人篤信宗教，無論印度教、佛教和回教的教義裡對於飲酒這件事情都是抱持禁慾的態度，因此葡萄酒文化一直未能成為印度人的飲食習慣的一部分，如今印度全境約123,000英畝的葡萄園中，僅有不到1%用來製作葡萄酒。

歷史上幾度有紀錄的葡萄酒生產也僅止於在一些地區，如16世紀葡萄牙人統治的果阿（Goa）地區，19世紀英國人在喀什米爾（Kashmir）與巴拉瑪第（Baramati）等地的葡萄園。現代印度葡萄酒的生產事業可以從1980年代果阿地區的Tonia Group引進歐洲Vitis vinifera品種開始。

現今印度最有名的一種葡萄酒叫做Omar Khayyam，這是一種與法

國著名香檳酒製造商Piper-Heidsieck合作，且採用製香檳的方法所製造的氣泡酒。這些葡萄酒自1985年上市以來，深受好評。而製作這種酒的葡萄來自孟買附近的Maharashtra高原，在適當高度所種植的葡萄，以避免印度平原區的高溫，即使如此，大量的灌溉對印度的葡萄生產事業而言還是必須的。製作Omar Khayyam的葡萄來自於Chardonnay、Pinot Noir、Pinot Blanc、Ugni Blanc與Thompson Seedless的混和。

此外，在印度一般的紅葡萄酒叫做Anarkali，主要的葡萄品種是Cabernet Sauvignon，有的也會和Bangalore Purple等葡萄混和製酒。白葡萄則稱為Chhabria，主要是由Chardonnay、Ugni Blanc和Thompson Seedless等三種葡萄所混和釀製。

主要的葡萄酒產區包括Maharashtra（占總體產量的40%以上）、Karnataka、Andhra Pradesh、Punjab等省分。

新世界葡萄酒
New World Wines

Chapter 13

氣泡酒
Sparkling Wines

　　本章將介紹世界上主要的氣泡酒（sparkling wines），以及它們的產區。氣泡酒相較於一般紅、白葡萄餐酒，製作過程較為複雜，同時風味、口感、理化性質和使用場合也多有不同，因此必須以專章介紹。

　　氣泡酒，特別是法國的香檳，被許多葡萄酒熱愛者譽為是用途最廣的一類葡萄酒，因為香檳的含氣特性，以及繁複的製酒流程，讓每一支用傳統方法製作的葡萄酒厚度深厚，風味變化無窮，無論用來佐餐或純飲都非常適合，因此有許多書上都建議，香檳可以用在任何場合，搭配各種食物。

 第一節　氣泡酒的定義

　　和世界上許多地方的人們一樣，在台灣許多人雖然沒有喝過任何一種帶有氣泡的葡萄酒，但曾經聽過香檳的名字，知道所謂的香檳，就是一種含氣的葡萄酒，當然也有不少人知道，香檳酒產自法國。這些都沒錯，Champagne是法國的一個葡萄酒產區，這裡所產的酒都含氣，而且就叫做champagne，中文稱為「香檳」或「香檳酒」，以往這只是一種音譯，如今已經成為一個中文通用名稱，用來說明任何含氣的葡萄酒。至於在中文世界裡，充斥於坊間的所謂「香檳飲料」，其實只是一種汽水，和champagne葡萄酒並無任何關聯。任何人在中文世界裡，製造含有二氧化碳氣體的葡萄酒，並以中文標示為「香檳酒」，也許沒有問題，但如果同時以原文標示為champagne，則會侵犯到1994年歐洲聯邦對Champagne產區保護法，以及法國利用雙邊協定，要求各國政府保護Champagne這個字以及其所代表的葡萄酒產區法律的各項條約。如今世界上已經有超過七十個國家與歐洲聯邦簽訂了對Champagne的保護條約，立法保障Champagne氣泡酒的命名權。

為規避上述法律，如今世界上的主要葡萄酒生產國家，對於本身所生產的氣泡酒，都有其特別名稱，如在義大利氣泡酒被稱為spumante，在德國稱為schaumwein或sekt，在西班牙則稱作espumante或cava，即使在法國，除了在Champagne地區，以Champagne的傳統方法所生產的氣泡酒以外，其餘地區所生產的氣泡酒也只能稱作vin mousseux。在1985年，當時的歐洲共同市場（European Common Market, ECM）通過了一項法律，讓Champagne以外的地區可以合法地使用méthode champenoise（以香檳製酒法製造）的標識，因此除了各國自身的氣泡酒名稱以外，標籤上還是可能看這樣的標示文句。然而1994年以後，由於法國政府的進一步要求，在歐洲聯邦地區，Champagne以外地區使用méthode champenoise所製作的氣泡酒，也不能再如此標示，只能標示為傳統方法（méthode tradionelle、traditional méthode classique或classic method）。除了méthode champenoise以外，製作氣泡酒的方法還有以「加壓大桶法」和「換瓶法」，以及最快、最直接的「直接加氣法」。**表13.1**為各國氣泡酒的名稱說明。

第二節　氣泡酒的製作方法

　　氣泡酒的製酒方法共有四種，分別是：(1)傳統方法（méthode champenoise）；(2)加壓大桶法（稱為cuve close或charmat process）；(3)換瓶法（transversage, transfer method）；(4)直接加氣法（carbonation）。

一、傳統香檳製酒法

　　這就是所謂的香檳製酒法，是製作香檳酒的傳統方法，製酒過程

表13.1　各國氣泡酒的名稱

國家或產區	名稱		備註
法國	champagne		只有在Champagne所生產的氣泡酒可以稱為champagne
法國 （Champagne 以外）	vin mousseux		在Vouvray有一個AC也叫這個名字
	pétillant		稍微含氣；在Vouvray有一個AC也叫這個名字
	perlant		含氣量非常低
	crémant		較低含氣量的氣泡酒
義大利	spumante		
西班牙	espumosa	cava	
德國	sekt	schaumante	Sekt品質較好
	spritzig		稍微含氣
	perlwein		稍微含氣
奧地利	sekt	schaumante	
保加利亞	champanski		
匈牙利	pezsgo		
葡萄牙	espumante		
	VEQPRD		用傳統二次發酵方法製作的氣泡酒
	VFQPRD		未加氣增壓的傳統方法氣泡酒
	VQPRD		加氣增壓的傳統方法氣泡酒
	espumosos		用加氣法製作的廉價氣泡酒
巴西	espumante		
南斯拉夫	sampanjac		
南非	cap classique		
英國	moussec		
美國	sparkling wine		每100mL酒中CO_2含量需達到0.392g

中，葡萄汁經過兩次發酵而成。第一次發酵過程為酒精發酵，做法上與製作一般紅白葡萄酒無異，但之後要進行各種葡萄酒之間的混和調製，如果與前幾年所釀製的葡萄酒混和，則不能標示年份，成為所謂的不標年份香檳（non-vintage champagne），混入這種champagne的葡萄酒可能多達四十至五十種之多，最老的酒可能達到十年以上。而如

果相互混和的都是同一年度所釀製的葡萄酒，則可以標示年份，成為年份香檳（vintage champagne）。

　　無論何種成分配方的葡萄酒，在加入由蔗糖、釀酒酵母以及一點單寧所組成的溶液（稱為liqueur de tirage）之後裝入酒瓶中，並以附有鐵絲的鐵蓋將瓶口鎖緊後，在酒瓶裡進行第二次的發酵，這次發酵的目的是為了要產生二氧化碳，時間約需三到四週，之後，這些酒被存放在酒窖裡熟成並讓二氧化碳氣體完全溶入酒中，不標年份香檳的約需十五個月以上，年份香檳則需三年以上的熟成時間，**Krug Grande Cuvée**甚至需要六年以上的時間。

　　在二次發酵完成後以及之後的漫長熟成時間裡，酒中會產生許多沉澱物，必須重複進行一系列的淨化過程，以清除雜質。香檳酒的淨化過程被稱作remuage，做法是將酒瓶搖晃，讓酒瓶內壁上沉積的沉澱物鬆脫，然後瓶口斜向下倒置於稱為pupitres的木架上，在未來十二至二十週的時間中，每日被稍微搖晃並旋轉一定的角度，使沉澱物逐漸地沉積於瓶口蓋下。

　　接著將酒瓶倒置，瓶口伸入於冷凍液中，使瓶口的沉澱物與部分葡萄酒急速冷凍，形成一個冰做的蓋子，讓酒中的二氧化碳氣體不至於排出，接著利用特製的工具，可以在冰塊溶解前，將帶有沉澱物的部分葡萄酒冰塊去除，這個步驟被稱為dégorgement，並加入一定比例的酒和糖漿的混和液，以補充被取出的酒與二氧化碳，同時調整這瓶酒的甜度。這種用以補充和調整甜度的溶液，稱為liqueur d'expédition，至於dosage之後的甜度標準，請參考**表**13.2。

　　以上步驟必須重複進行，直到甜度、酒精度、二氧化碳的含氣量以及淨化程度都已達到所希望的品質水準後，打入Champagne專用的軟木塞，並以附有鐵絲的鐵蓋緊密封鎖，這樣就完成champagne的製作，然而大多數的香檳此後還會再存放六個月左右的時間才上市。

表13.2　歐洲聯邦的含糖量標示規定（European Community Guideline for Dosage）

含糖標示	中／英文意思	Dosage所加入的糖漿濃度	歐洲聯邦標準
Brut Naturelle	完全無糖 Bone dry	無	0～6g/L
Brut	接近無糖 Very dry	1%	<15g/L （大多為8～10g/L）
Extra Sec	非常乾 Extra-dry	3%	12～20g/L
Sec	低甜度（乾） dry	5%	17～35g/L
Demi-sec	半乾 Semi-dry	8%	33～50g/L
Demi-doux	半甜 Semi-sweet	10%	50g/L
Doux	非常甜 Very sweet	10%	無上限

二、加壓大桶法

　　加壓大桶法的原文標示，通常可以在以這種方法所製作的氣泡酒標籤上看到，標示為Cuve close或Charmat process，在義大利叫做autoclave。顧名思義，加壓大桶法就是用大型的木桶或不鏽鋼桶來進行二次發酵。Charmat process的做法是將已經釀製好的一般葡萄酒打到一個可以加壓緊密的大型桶槽，再加入一定比例的糖和酵母菌之後，在經控制的溫度下進行二次發酵作業。葡萄酒在桶槽中，持續循環攪拌以增進發酵速率，經過幾天之後，發酵過程就已完成。然後，在加壓密封的環境下，葡萄酒被過濾之後裝瓶、打入軟木塞並以附有鐵絲的鐵蓋鎖緊固定。以這種方法所製造的氣泡酒，其二氧化碳氣泡一般而言較以傳統香檳製酒法來得大，而且持久性也較差。然而這個方法顯然較傳統香檳製酒法快了許多，製酒成本也便宜很多，雖然在

法國的AOC產區葡萄酒中不能合法使用，只能用來製作等級較低的
Vin de Table和Vin de Pays，但是在德國的QmP和義大利的DOC等級
的葡萄酒中，這卻是一種合法而且常見的製酒方法。以這種方法所製
作的著名氣泡酒，包括德國的Henkell Trocken Sekt以及義大利著名的
Asti。

三、換瓶法

這種方法的第二次發酵也如同傳統香檳製酒法一般在瓶中進行，
但完成二次發酵之後，含氣的葡萄酒被倒入一個加壓的大桶中，在這
裡進行dosage調製的過程，葡萄酒在加壓的環境下過濾之後，重新裝
瓶及封蓋後就已完成，這個方法常見於大瓶裝或小瓶裝的氣泡酒製
作。

四、直接加氣法

直接加氣法是所有氣泡酒製作方法上最便宜的一種，這種方法
的做法和製作碳酸飲料無異，就是直接將液態二氧化碳加壓打入已經
釀製完成的一般葡萄酒中後裝瓶。直接加氣法所製作的氣泡酒的氣泡
大，持久性不佳，是所有氣泡酒中品質最差的，但由於廉價，所以也
有它一定的市場存在。

第三節　Champagne與其他法國氣泡酒

1927年7月22日法國政府通過的一個法案，依據足以生產符合
Champagne葡萄酒應有標準的自然條件，劃定Champagne葡萄酒產區
的法定界線。從此確立Champagne酒產區的法定區域與Champagne葡

萄酒的定義。並於1941年成立一個半官方組織Comité Interprofessionnel du Vin de Champagne（CIVC）來管理Champagne葡萄酒產區的所有葡萄酒事務。

　　法國人向來都非常堅持除了在這個地區依據傳統製酒方法所製作的氣泡酒以外，其他地方所生產的葡萄酒，無論用何種方法製作，風味如何的好、氣泡如何漂亮都不能叫做champagne。因此，此後法國政府透過種種方法，例如條約和雙邊協定，積極地要求世界各國同意並接受這項觀點。例如1883年的巴黎合約，1891年的馬德里合約，1899年荷蘭海牙公約，1899年的布魯塞爾條約，乃至於1919年的凡爾賽合約等各項會議與條約中，法國都一再的強調各國接受她的葡萄酒產區法律和商標名。此外，1927年在海牙、1934年在倫敦、1946年和1949年兩次馬德里都曾經召開國際性會議，由世界上的主要葡萄酒生產國參與討論如何保障各國葡萄酒產區與葡萄酒產區標示的商標權，最後在1958年簽定「里斯本協議」，組成一個叫做Office International du Vin（OIV）的國際組織，進一步對各國葡萄酒產區法律進行保護。

　　1960年法國透過訴訟，使英國保障champagne這個名詞在英國的的專屬權，1973年法國和西班牙與日本分別簽訂協定，自1978年以後，這兩國所生產的氣泡酒不得繼續標示為champagne。自此世界上主要的葡萄酒生產國除了美國和俄國以外，都曾簽署合約或立法保障champagne的商標權；即使在美國champagne這個字作為一種葡萄酒的類別，而可以合法地用於葡萄酒標示，但由司法部BATF所管轄的美國AVA葡萄酒區與標示法上也規定，如果美國氣泡酒業者要使用champagne這個字於標籤上，為免產生混淆，必須在champagne這個字之前加上產區名，以表示這不是來自Champagne地區的champagne，而是一種產於美國的氣泡酒。

　　Champagne地區距離巴黎的東北方約145公里，由於緯度與氣候因素，這裡是法國最北的葡萄酒產區，全區約有3萬公頃的葡萄園，300

家以上的葡萄酒莊。Epernay是這個區域的中心城市，也是這個地區的首府和最大城市，所以也常被稱為「香檳之都」。

Champagne的主要négociant，通常同時也是製造商，在英文裡常被稱作「香檳之家」（Champagne House）的企業總部，幾乎都集中在這裡以及Reim和Aÿ等城市。這些著名的香檳葡萄酒之家，如Moët et Chandon、Bollinger、Mumm、Taittinger、Veuve Clicquot，以及Pol Roger等組成了所謂的「知名香檳俱樂部」（Club des Grandes Marques），這幾家公司所產的香檳酒的知名度較其他小酒廠的酒高，品管標準也較嚴，再加上較具行銷能力，因此售價也較高。除了這幾家知名廠牌外，Champagne地區還有許多重要的香檳酒製酒公司，產製自有品牌但較為平價的葡萄酒，主要的銷售對象是法國國內外的超市和大賣場。此外，Champagne地區還有不少獨立的小型葡萄酒莊，自製自銷產量不大的香檳酒。

對於世界各地的葡萄酒愛好者，特別是喜愛喝氣泡酒的人而言，champagne永遠是唯一的，即使品質再好，甚至是法國其他地方用同樣方法所產的氣泡酒，只要不是Champagne所產的氣泡酒，就不是champagne。確實，Champagne是一個特別的葡萄酒產區，這裡每年產製超過200萬瓶的氣泡酒，幾乎是法國其他地方所產的氣泡酒總數的八倍，這些葡萄酒都是由Chardonnay、Pinot Noir和Meunier等葡萄所釀製而成。

一、次產區

Champagne地區的葡萄酒生產可以分成五個次產區，分別是：

1. Vallée de la Marne。
2. Môntagne de Reims。
3. Côte de Blancs。

氣泡酒 *Sparkling Wines*

4. Côte de Sézanne。

5. Aube。

二、葡萄品種

用來製作champagne的葡萄品種只有三種：Chardonnay、Pinot Noir和Meunier。其中Chardonnay是白葡萄之外，其餘兩種都是紅葡萄品種。

葡萄達到完全成熟或是預期的含糖量（大約17～19 Brix）時才採收，此時的葡萄仍然含有很高的天然果酸，可以為所製作的champagne帶來清新純淨的清脆口感。雖然絕大多數champagne的顏色看起來像白葡萄酒，但是傳統的champagne製作方法中，Pinot Noir和Meunier等紅葡萄品種約占70%，Chardonnay只有約30%。製作champagne時，紅葡萄品種須先去皮榨汁之後才進行發酵。如果製作這支champagne的葡萄全部都是Chardonnay，則可以在葡萄酒的標籤上看到blanc de blancs的標示，而如果全部是由紅葡萄品種去皮後榨汁發酵所製成，則會稱作blanc de noirs。

依據1992年法國所通過的champagne法，採收回來的葡萄可以被榨汁兩次，由此可以產生不同等級的葡萄汁。第一次榨得的葡萄汁被稱作jus de cuvée，每4,000公斤的葡萄約可榨出約2,050公升的葡萄汁。第二次榨得的葡萄汁被稱作jus de première taille，每年大約只能榨出500公升的葡萄汁。當葡萄採收、榨汁和發酵之後，釀酒師會將各種不同的葡萄酒汁，依照預定的比例，加以混和調製，這種特定比例的混和配方，被稱作Cuvée。

三、葡萄園分級

CIVC將Champagne的葡萄農場予以評分並分級，最高分為100分的有17家，被稱為Grand Cru，得分90～99的，被稱作Premier Cru，共有40家，其餘都在80～89分之間，共有256家，僅被稱為Cru，即一般種植者。

四、含糖量

根據歐洲聯邦（European Union）的規定（Guideline for Dosage），在champagne的製作過程中，在第二次發酵之後的淨化過程中，可以加入少量由老champagne、蔗糖和白蘭地酒的混和液（liqueur d'expédition），來調整其風味、甜度與酒精濃度，達到所希望能達到的品質與風格，這個過程被稱作dosage。由於dosage之後的含糖量也代表加入的蔗糖量，因此champagne可以由其含糖量的多寡，加以分級。基本上，越不甜（brut）的champagne其等級與單價越高。

五、champagne葡萄酒標示

除了一般的AOC法定標示方法，如產地、AOC法定等級、酒精濃度、製酒者與地址等訊息以外，champagne的標籤上可以看到以下標示：

(一)甜度

champagne的標籤上，通常會標示如**表13.2**所列的甜度，甜度的高低也代表這支酒的一種製酒風格，在許多時候，也代表等級，通常越不甜的酒，由於製作的程序越複雜，且越需要較高品質的葡萄來製

作，葡萄酒本身的風味更重要，因此等級與單價也越高。

(二)cuvée的名稱

製作這支葡萄酒的配方，也就是所謂的cuvée，通常可以在標籤上看到。著名的cuvée包括blanc de blancs，表示製作這支champagne的葡萄，全部都是Chardonnay；而如果全部是由紅葡萄品種製成，則會稱作blanc de noirs。然而最著名的cuvée，還是cuvée Dom Pérignon，這個配方是17世紀發明現代champagne製酒方法的僧侶和釀酒師Dom Pérignon所用的原始配方，至今仍廣受愛酒者喜愛。

(三)年份

champagne的瓶子上不一定可以看到年份，因為大多數的champagne是不標示年份的酒，或者應該更切確的說，是由多年份的酒所混和製作而成，這些所謂的Non-Vintage Champagne的製作風格更能代表每一個香檳之家的特色。每年各家酒廠都會將當年的葡萄酒保存一部分作為未來釀製香檳時的基酒，稱為vin de réserve，這些成熟的老酒可以讓新釀製的酒，帶來較溫和的口感與較複雜的風味。而標示有年份的酒稱為Vintage Champagne，則未加入任何其他年份的葡萄酒，直接以同一年份的酒來製作，但最少必須存放三年以後再上市，著名的酒莊所產製的champagne則通常儲放更久的時間之後才上市。**表**13.3為法國著名的香檳之家（Union des Maisons de Champagne, UMC）與其著名的Cuvée。

(四)註冊號碼

在註冊號碼之前，可以看到一個由兩個大寫字母所組成的專業註冊碼，其所代表的意義如下：

1.CM：是Cooperative de Manipulantion的縮寫，代表這是由某製

酒企業所製造的酒。

2.NM：是Négociant Manipulant的縮寫，代表這瓶酒是由某家
　Négociant所製造，並以Négociant的名稱命名。

3.RM：是Récoltant Manipulant的縮寫，代表這瓶酒是由某位葡萄
　園主人用自己所種植的葡萄釀製而成。

4.RC：是Récoltant Coopérateur的縮寫，代表這支酒是由葡萄農民
　所銷售的一個由製酒企業所製造的酒。

5.MA：是Marque d'Acheteur，代表這支酒是由某家公司向製酒者
　所購買，並貼上自有的品牌後行銷，有點類似超級市場裡的自
　有品牌商品。

6.ND：是Négociant Distributeur的縮寫，用Négociant自有品牌銷
　售。

7.SR：是Société de Récoltants的縮寫，製造某champagne的葡萄農
　協會所製。

六、法國其他地方所產製的氣泡酒

　　法國除了Champagne地區以外，還有許多地方產製氣泡酒，法國
約有五十個法定的AOC葡萄酒產區，以生產氣泡酒為主，當然這些
氣泡酒產區所產的氣泡酒不能稱為champagne，而必須稱為Crémant、
vin mousseux或vin pétillant。這些產區中，最重要的大概是羅亞爾河谷
區的Saumur AC，而勃根地、阿爾薩斯和其他地區的氣泡酒產區也生
產許多令人驚艷的氣泡酒，例如小產區Die的Clairette de Die Methode
Dioise Ancestrale，即是一種知名的甜氣泡酒。

　　Crémant是一種以傳統方法製作的較低含氣量氣泡酒，通常不
甜，但品質良好，較著名的產區和酒名如**表**13.4。

表13.3　法國著名的香檳之家（UMC）與其著名的Cuvée

香檳之家	成立	所在地	著名的Cuvée 年份（vintage）	企業
Henri Giraud	1975	Ay		獨立經營
Gueusquin	1994	Dizy		獨立經營
Irroy	1820	Reims		獨立經營
Jacquinot & Fils	1947	Épernay		獨立經營
Jeeper	1944	Épernay		獨立經營
Charles Mignon	1995	Épernay		獨立經營
René-James Lallier	1966	Ay		獨立經營
Lenoble	1920	Damery		獨立經營
Meunier & Cie	1894	Ay	Cuvée du Fondateur	獨立經營
Eugène Ralle	1925	Verzenay		獨立經營
Marie Stuart	1867	Reims	Cuvée de la Sommelière Brut Millésimé（Vintage）	Alain Thiénot
Duval-Leroy	1859	Vertus	Femme de Champagne（above average years only）	獨立經營
			Fleur de Champagne（above average years only）	獨立經營
Louis Roederer	1776	Reims	Cristal（Vintage）	獨立經營
Boulard	1952	La Neuville-aux-Larris		Findlater
Abelé	1757	Reims	Sourire de Reims	Freixenet
De Venoge	1837	Épernay	Grand Vin des Princes（Vintage）	Groupe Boizel
Boizel	1834	Épernay	Joyau de France（Vintage）	Groupe Boizel
Chanoine Frères	1730	Reims	Gamme Tsarine	Groupe Boize
De Cazanove	1811	Reims	Stradivarius	Groupe Rapeneau
Canard-Duchêne	1868	Ludes	Grande Cuvée Charles VII	Groupe Thiénot
Joseph Perrier	1825	Châlons-en-Champagne		Groupe Thiénot

（續）表13.3　法國著名的香檳之家（UMC）與其著名的Cuvée

香檳之家	成立	所在地	著名的Cuvée 年份（vintage）	企業
Thiénot	1985	Reims	Cuvée Alain Thiénot （Vintage） Cuvée Stanislas （Vintage） Cuvée Garance （Vintage） La vigne aux Gamins （Vintage）	Groupe Thiénot
Alfred Gratien	1864	Épernay		Henkell & Söhnlein
Billecart-Salmon	1818	Mareuil-sur- Ay	Brut Réserve Clos St Hilare	獨立經營
Binet	1849	Reims	Brut Elite Elite Rosé（Rosé de saignée） Elite Blanc de Noirs Médaillon Rouge （Vintage）	獨立經營
Brice	1994	Bouzy		獨立經營
Brun	1898	Ay		獨立經營
Bruno Paillard	1981	Reims	Nec Plus Ultra（Vintage） brut première cuvée （Vintage）	獨立經營
Cattier	1918	Chigny-les- Roses	Clos du Moulin	獨立經營
Veuve Cheurlin	1919	Celles-sur- Ource		獨立經營
Comte de Dampierre	1880	Chenay		獨立經營
Cuperly	1977	Verzy		獨立經營
Deregard Massing	1936	Avize		獨立經營
Desmoulins	1908	Épernay		獨立經營

（續）表13.3　法國著名的香檳之家（UMC）與其著名的Cuvée

香檳之家	成立	所在地	著名的Cuvée 年份（vintage）	企業
Dosnon & Lepage	2007	Avirey-Lingey		獨立經營
Gardet	1895	Chigny-les-Roses		獨立經營
Henriot	1808	Reims	Cuvée des Enchanteleurs（Vintage） brut Souverain（Vintage）	獨立經營
Jacquesson	1798	Dizy	Avize Grand Cru（Vintage）	獨立經營
Lombard & Cie	1925	Épernay		獨立經營
Pierre Mignon	1970	Le Breuil		獨立經營
Moutard-Diligent	1927	Buxeuil	Vieilles Vignes "cépage Arbane" Cuvée "6 Cépages"	獨立經營
Pol Roger	1849	Épernay	Sir Winston Churchill（Vintage）	獨立經營
Louis de Sacy	1967	Verzy		獨立經營
Cristian Senez	1973	Essoyes		獨立經營
A. Soutiran	1990	Ambonnay		獨立經營
Burtin-Besserat de Bellefon	1843	Épernay	Cuvée des Moines	Lanson-BCC
Lanson	1760	Reims	Noble Cuvée（Vintage）	Lanson-BCC
Philipponnat	1522	Mareuil-sur-Ay	Clos des Goisses（Vintage）	Lanson-BCC
De Castellane	1895	Épernay	Commodore（Vintage）	Laurent Perrier
De Telmont	1912	Épernay	Commodore（Vintage）	Laurent Perrier
Laurent-Perrier	1812	Tours-sur-Marne	Grand Siècle	Laurent Perrier
Lemoine	1857	Tours-sur-Marne		Laurent Perrier
Delamotte	1760	Le Mesnil-sur-Oger		Laurent-Perrier
Salon		Le Mesnil-sur-Oger	Champagane Salon（Vintage）	Laurent-Perrier

（續）表13.3　法國著名的香檳之家（UMC）與其著名的Cuvée

香檳之家	成立	所在地	著名的Cuvée 年份（vintage）	企業
Deutz	1838	Ay	Amour de Deutz （Vintage）	Louis Roederer
Krug	1843	Reims	Krug（Vintage） Clos du Mesnil（above average years only）	LVMH
Mercier	1858	Épernay	Vendange（Vintage）	LVMH
Moët & Chandon	1743	Épernay	Dom Pérignon（Vintage）	LVMH
Montaudon	1891	Reims		LVMH
Ruinart	1729	Reims	Dom Ruinart（Vintage） Ruinart blanc de blancs（Vintage）	LVMH
Veuve Clicquot Ponsardin	1772	Reims	La Grande Dame（Vintage） Carte jaune（Vintage） Clicquot Rich Reserve（Vintage）	LVMH
Mumm	1827	Reims	Mumm de Cramant	Pernod Ricard
Perrier-Jouët	1811	Épernay	Belle Époque（Vintage）	Pernod Ricard
Mansard Baillet		Épernay		Rapeneau
G. H. Martel & Co.	1869	Reims		Rapeneau
Gosset	1584	Ay	Celebris（Vintage） Grand Millésime（Vintage）	Renaud-Cointreau
Ivernel	1963	Ay		Renaud-Cointreau
Charles Heidsieck	1851	Reims	Blanc des Millénaires（Vintage）	Rémy-Cointreau
Piper-Heidsieck	1785	Reims	Rare	Rémy-Cointreau
Bollinger	1829	Ay	Vieilles Vignes Françaises（Vintage） R. D.（Récemment Dégorgé）（Vintage）	Société Jacques Bollinger

葡萄酒賞析

（續）表13.3　法國著名的香檳之家（UMC）與其著名的Cuvée

香檳之家	成立	所在地	著名的Cuvée 年份（vintage）	企業
Ayala	1860	Ay	Grande Cuvée（Vintage）	Société Jacques Bollinger
Taittinger	1734	Reims	Comtes de Champagne（Vintage）	Taittinger
Heidsieck & Co Monopole	1785	Épernay	Diamant Bleu（Vintage）	Vranken-Pommery Monopole
Charles Lafitte	1848	Épernay	Orgueil de France（above average years only）	Vranken-Pommery Monopole
Pommery	1836	Reims	Cuvée Louise（Vintage）	Vranken-Pommery Monopole
Vranken	1979	Épernay	Demoiselle（above average years only）	Vranken-Pommery Monopole

第四節　西班牙、義大利、德國、美國與其他國家的氣泡酒

　　除了Champagne以外，世界各地還有許多地方產製各種類型的氣泡酒，這些氣泡酒也許所使用的葡萄品種和生產方法與法國的Champagne不同，品質卻未必不如Champagne。更由於法國政府採取各種政治與法律行動，對於champagne這個字的商標權保護，世界各地的氣泡酒如今大多已不再使用champagne這個字作為產品標示之用，而採用其他的名稱來描述它的氣泡酒類別，1994年以後也不再使用類似méthode champenoise的標示文字。

表13.4　法國其他地方所產製的氣泡酒與製酒所用葡萄品種

產區	酒名	產地	葡萄品種
Languedoc-Roussillon	Crémant de Limoux Blanquette de Limoux	Limoux Carcassonne	Mauzac （Blanquette） Chardonnay Chenin Blanc
Loire	Crémant de Loire	Anjou Touraine Saumur Vouvray Montlouis	Pinot Noir Chardonnay Chennin Blanc Cabernet Franc Cabernet Sauvignon
Alsace	Crémant d'Alsace Crémant Rosé		Pinot Blanc Pinot Gris Pinot Noir
Rhône	Crémant de Die Clairette de Die	Die	Aligote Muscat Muscat Blanc à Petits Grains Clairette
Burgundy	Crémant de Bourgogne Crémant Rosé Bourgogne Mousseux	Yonne Chalonnaise Mâconnais	Pinot Noir Chardonnay

一、西班牙氣泡酒

　　西班牙所生產的氣泡酒Cava，自1970年代開始大量行銷，如今Cava已經成為世界上僅次於法國Champagne地區的第二大的氣泡酒產區。Cava是一種葡萄酒的類別名稱，西班牙原文的意思就是酒窖（cellar）。自1970年起，所有的西班牙氣泡酒，只要是使用傳統方法所製作的一律都被稱作Cava葡萄酒，以其他方法如加壓大桶法、直接加氣法或換瓶法等所製作的氣泡酒則被稱為vino espumosos。到了1986年，西班牙加入歐洲共同體之後，Cava成為歐洲共同體底下一個很特殊的葡萄酒產區，西班牙為規避歐洲共同體要求如Champagne一般，

劃定Cava地理產區的要求，使Cava不再成為一種通用名稱，而將分散在全國所有的Cava葡萄酒園，合併申報為一個法定產區，自此Cava成為一個非常特殊的地理性葡萄酒產區，而非只是一種類別。雖然如此，Cava的主要產地還是在東北部的Penedés省，其中最著名的產區，在San Sadurni d'Anoia周邊地區。製作Cava的葡萄主要有三個品種，分別是Parellada、Macabéo以及Xarel-lo，但也有以Grenache Trepat所製作的Rosé Cava。

二、義大利氣泡酒

義大利所產製的氣泡酒，大多都是甜的，因為它們幾乎都是以加壓大桶法所製作，這種方法很適合如Asti一般的甜氣泡酒的製作，卻不太適合用來製作如法國champagne一般的不甜氣泡酒。為提升義大利氣泡酒的單價，如今義大利的葡萄酒法規裡，也有傳統方法的有關標示規定，採用傳統方法製作的氣泡酒，可以標示為metodo clssico，最著名的不甜（brut）氣泡酒的產區是Lombardy地方的Franciacorta，這個產區自1995年起被提升為DOCG，所製作的氣泡酒是由Chardonnay、Pinot Blanc和Pinot Noir所製成。儘管義大利有許多氣泡酒產區，這裡是唯一以傳統方法生產不甜氣泡酒的法定產區。

然而最有名的義大利氣泡酒，還是來自於皮埃蒙特的Asti spumante，這裡早在1993年就被提升為DOCG，是義大利最早的一個DOCG產區之一。Asti完全是由Moscato（Muscat）葡萄所製成，酒精度通常都只有5.5%左右，因此風味平易近人，Asti一般非常強調新鮮的桃子或柑橘水果香味和甜度，因此不應被長期存放，而應趁新鮮時儘早喝掉。其他義大利氣泡酒較有名的還有Emilia的Lambrusco以及東北部Veneto大區的Prosecco。

三、德國氣泡酒

　　德國的氣泡酒總生產量，是世界第一，年產量可能多達5億瓶，是champagne地區的二倍以上。德國的氣泡酒稱為Sekt，通常是甜的，同時帶點新鮮水果的果香和酸味，和其他地方所生產的氣泡酒的風味明顯不同。過去鮮少有出口，只供應德國國內使用，每年僅有少量出口（約4～8％），所以儘管產量大，在德國以外地區，Sekt因此不如Champagne有名。然而近年來德國國內對於氣泡酒的消費需求逐年升高，使得德國氣泡酒的產量每年不斷地持續增產。

　　雖然Sekt在1850年代開始生產時所採用的方法是傳統發酵法，但是如今幾乎所有的Sekt都已改採加壓大桶二次發酵法（cuve close）製作，同時德國葡萄酒法律規定，在德國所生產的氣泡酒，葡萄來源不一定要是德國，因此超過85％在德國所生產的氣泡酒，是採用來自歐洲聯邦各國所生產的葡萄酒作為基酒。然而這些由德國的葡萄酒廠中進行二次發酵所生產的氣泡酒，不可以稱為德國的氣泡酒，只能標示為一般的Sekt。只有100％由德國葡萄所製成的氣泡酒，才能被稱為德國氣泡酒（Deutscher Sekt），而且如果葡萄的來源是德國葡萄酒法規裡所規定的十三個法定QbA葡萄酒產區，同時生產製造流程符合德國QbA法規的規定，可以標示為Deutscher Sekt b. A.或Deutscher Qualitätsschaumwein。無論Deutscher Sekt或Deutscher Sekt b. A.，都是以Riesling和Pinot Noir為主要的釀酒品種。到目前為止，德國氣泡酒尚未有氣泡酒的法定Pradikatwein（QmP）產區。如果採用傳統香檳製酒法的瓶中發酵方法，則可以標示為Flaschengärung dem Traditionellen Verfahren、Klassische Flaschengärung或Traditionelle Flaschengärung。

　　除了Sekt以外，德國還生產許多低含氣的葡萄酒，如Spritzig和Perlwein等皆是。

四、美國氣泡酒

　　根據美國政府的規定，每100毫升的氣泡酒中，必須含有高於0.392g的二氧化碳，而且氣泡酒中所含有的二氧化碳氣體，必須完全來自於裝瓶後的二次發酵。如同一般不含氣的葡萄酒的生產情形一樣，美國氣泡酒的主要生產地區，也是加州、紐約州和西北部太平洋地區的華盛頓州和奧瑞岡州等地區，而所採用的葡萄則琳瑯滿目，除了各種Vitis vinifera葡萄以外，部分地區如紐約州和俄亥俄州，也曾以美洲原生種的Catawba等葡萄品種試製各種氣泡酒。

　　由於美國拒絕接受法國和歐洲聯邦對於葡萄酒產區的法規，在美國champagne這個字作為一種葡萄酒的類別，而可以合法地用於葡萄酒標示，但由司法部菸酒、槍炮及爆裂物管理局（BATF）所管轄的美國AVA葡萄酒區與標示法上也規定，如果美國氣泡酒業者要使用champagne這個字於標籤上，為免產生混淆，必須在champagne這個字之前加上美國政府所核准的法定AVA產區名或州名，如California champagne或Napa Valley champagne，以表示這並非是來自Champagne地區的champagne，只是一種產於美國的氣泡酒。

五、其他國家所生產的氣泡酒

　　除了以上國家之外，世界上還有許多國家生產氣泡酒，例如加拿大、澳洲、紐西蘭、南非、巴西、阿根廷、智利以及位在東歐的匈牙利與摩達維亞等國。近年來，法國著名的champagne氣泡酒製造公司，如Mumm、Miguel Torres以及Moët et Chandon等公司積極地在南美洲智利和阿根廷等地覓地發展跨國的champagne釀造事業，也和許多當地酒廠合作，並且在許多地方也已有良好的成績。在亞洲的印度，孟買東方Sahyadri山區的Omar Khayyam酒廠，得到法國技術支援，生產優質的氣泡酒，被譽為亞洲最佳氣泡酒。

附錄———
葡萄酒專門名詞解釋

A

Acetic Acid（醋酸）

所有的葡萄酒中都含有一定比例的醋酸，通常含量少到只有大約0.03～0.06%之間，在這樣的含量下，一般人不太容易察覺。如果葡萄酒老化或保存不當，酒中的醋酸含量便會升高，只要酒中所含的醋酸量高過0.07%，一種又甜又酸的醋酸味道便會變得很明顯，甚至成為這支葡萄酒的主要味道，令人感到不愉快，將被視為是重大缺點。而醋酸化的程度也可作為葡萄酒劣化程度的指標。乙基醋酸是葡萄酒帶有類似指甲油味道的來源。

Acid（酸）

存在於所有的葡萄中的各類酸化合物，經過發酵作用之後還可以存留於葡萄酒裡，讓葡萄酒帶來特色與厚度，也可以延長葡萄酒的餘味。葡萄酒中主要的酸化合物包括酒石酸（0.5～5.0克／升）、蘋果酸（0.1～5.0克／升）、乳酸（0.1～5.0克／升）、檸檬酸（0.1～0.5克／升）、醋酸（0.2～1.0克／升）與琥珀酸（0.2～0.6克／升）。

Acidity（酸度）

一瓶均衡的不甜葡萄酒的含酸量約在0.6～0.75%（容積）之間。葡萄酒中所含的酸最好是來自於葡萄，但在法國波爾多、勃根地、澳洲和美國加州等地區，以添加酸的方法將調整酸度是合法的製程。法國波爾多與勃根地地區的製酒法規裡，不允許同時加糖與加酸來調整糖酸比。

Aeration（透氣、曝氣、醒酒）

旋轉杯中的葡萄酒或是將葡萄酒置放於開放空間裡「呼吸」的過程。曝氣對於葡萄酒的品質有無幫助仍有爭議，但此舉可以軟化年輕、富含單寧的葡萄酒，對於老酒的品質則可能會造成鈍化。

Alcohol（酒精）

葡萄酒中的酒精就是乙醇（又叫做Ethyl alcohol），來自於釀酒酵母的酒精發酵過程。每100公克的葡萄糖經過酒精發酵作用，可得到以下的

產物：

- 酒精48.45克

- 二氧化碳46.65克

- 甘油（glycerin/glycerol）3.23克

- 丁二酸（acide succinique）0.62克

- 酵母1.23克

Alcohol by Volume（酒精含量）

各國法律現今都規定葡萄酒的標籤上必須標明酒中所含酒精含量。計算的方法通常是依據其容積百分比。美國的葡萄酒法規裡規定，在不超過上限14%的酒精含量下，可以有1.5%的誤差。因此買酒時必須注意可能會有不肖酒商在未標示實際酒精含量的情況下，合法的將他們的產品標示為「餐酒」（table wine）。

American Oak（美洲橡木）

美洲橡木所製成的酒桶帶給葡萄酒的風味不如法國橡木，但由於來源供應較穩定，且價格較便宜，因此各地在製作需要經過橡木桶熟成的葡萄酒如Cabernet、Merlot and Zinfandel時，常常會採用美洲橡木所製的橡木桶（barrels）。美洲橡木帶有類似蒔蘿〔Dill，為繖形花科（Umbelliferae），蒔蘿屬的一種香料植物，外觀類似茴香但香味不同〕、香草（vanilla）和杉木（cedar）的香味。味道濃郁強烈但延長性較差，較不適合用來儲存Chardonnay或Pinot Noir等葡萄酒。有些酒廠會謊稱他們是用法國橡木來存酒，實際上卻是用美洲橡木，以提高售價，所以專業品評者必須能在品酒時分辨出兩者的風味差異。畢竟法國橡木製的橡木桶價格（每只售價在五百美元以上）較美洲橡木的橡木桶（每只約美金二百五十美元）要貴一倍以上。

American Viticultural Area（AVA）（美國葡萄酒產區法）

美國法定的釀酒葡萄產區，也就是受美國司法部菸酒、槍炮及爆裂物管理局（BATF）的法定葡萄酒產區。

Ampelography（葡萄品種學）

研究葡萄品種的學問。

Appearance（外觀）

檢視葡萄酒的第一步，就是以肉眼辨識葡萄酒是否清澈潔淨。因此這裡所指的外觀，指的是葡萄酒的清澈程度而非其顏色。

Appellation（葡萄酒的產區標示）

葡萄酒標籤中所標示的釀酒葡萄產區，即所謂的「酒區」，如法國的波爾多，或美國加州的Alexander Valley或Russian River Valley等皆是。各國對於葡萄酒標的葡萄產區法規都不相同，以美國加州地區的葡萄酒為例，一支葡萄酒的釀酒葡萄中，85%以上必須來自同一個被嚴格定義的產區，才能在標籤上放入產區地名。

Appellation d'Origine Contrôlee（AOC）（受當地葡萄酒法規所管制的葡萄酒產區）

這是法國自1930年代即已施行的葡萄酒法規。法規中嚴格規定所有有關葡萄酒的生產細節，如葡萄的種植面積、單位面積產量、可種植的葡萄品種、葡萄酒的製程、最低酒精含量與標示方法。如果要在某支葡萄酒的標籤上標示其AOC，製酒者必須完全依照當地AOC的相關規定種植葡萄以及製酒，因此AOC也是法國葡萄酒中一個較廣的葡萄酒分類等級。一般而言，AOC葡萄酒的品質優於Vin de Pays或Vin de Table。

B

Balthazar

可容納大約12～16瓶酒的特大型葡萄酒瓶。

Barrel Fermented（橡木桶發酵）

在容量通常為55加侖的小型橡木桶中發酵的葡萄酒。一般認為在小型橡木桶中發酵的某些種類的葡萄酒，能較和諧在橡木桶和葡萄酒的風味中取得平衡，同時提高醇厚度、質地與風味的複雜性。這個方法主要用於白葡萄酒的製作，然而必須冒著更多的風險和花更多的工夫。

Bin Number（葡萄酒編號）

原來的意思是指葡萄酒儲藏庫的編號，但通常只是製酒者給這批酒的一個批號，與cask number同義。

Blanc de Blancs（法文，意為「白葡萄製的白葡萄酒」）

意即完全由白葡萄所製成的白葡萄酒，如Champagne完全由Chardonnay所製成。

Blanc de Noirs（法文，意為「紅葡萄製的白葡萄酒」）

意即由紅葡萄經去皮榨汁之後所釀製而成的白葡萄酒，這類的葡萄酒往往還是可能帶點淡淡的粉紅色，例如由Pinot Noir或Pinot Meunier所製成的。

Botrytis cinerea

一種長在較寒冷環境中的黴菌，被感染後的葡萄會因此脫水、糖度升高且改變果汁中所含成分，於發酵後帶來特別的濃郁風味，即所謂的「貴腐酒」（Noble Rot）。較著名的貴腐酒產地包括法國波爾多的Sauternes（Château d'Yquem）、德國以及匈牙利的Tokay等地。

Bottle sickness 或 Bottle shock（酒瓶驚嚇症）

部分葡萄酒於裝瓶或運送過程中經過劇烈震動，而失去應有的果香之現象，靜置數日後便能恢復正常。

Bottled by

如於葡萄酒的標籤中看到這個字眼，表示這支葡萄酒是由某公司買下別人已製作好的酒，自行裝瓶並貼上自己的標籤，以自己的商品名來行銷。但如果有Produced and Bottled by或Made and Bottled by，則表示這家酒廠從頭至尾完整地製造這支葡萄酒。

Brix（糖度）

在20℃時，每100g溶液中的含糖量。在葡萄酒釀造過程中，用來測量葡萄、葡萄汁和葡萄酒的含糖量。葡萄含糖量的多寡也代表著這支葡萄酒的成熟程度。大部分用來製造餐酒的葡萄，採收時的含糖量大約在21～25Brix之間。將葡萄的Brix乘上0.55，就可以算出所將釀造的葡萄酒的酒精度。

Browning（棕化）

葡萄酒成熟後逐步的顏色變化。成熟的葡萄酒多少都有棕化的現象，特別是那些已經存放二、三十年的老酒，邊緣色澤都帶有棕色，卻仍然可口。但如果棕化現象發生在年份很輕的葡萄酒，則可能是應保存的溫度太高等原因所造成的缺點。

C

Carbonic Maceration（碳酸浸解法；含碳浸泡，整粒葡萄發酵）

未經擠壓的完整葡萄在二氧化碳的空氣環境中發酵。實際上，發酵桶中上層葡萄的重量會壓破最底層的葡萄表皮，因此這桶葡萄酒通常是混和部分carbonic maceration及部分傳統的葡萄汁發酵所得的葡萄酒。

Cellared by

代表這瓶酒的製酒者和裝瓶者為兩家不同的公司。由後者向某家酒廠買了製好的酒，再裝瓶貼標後出售。

Chaptalization（夏普塔補糖釀酒法）

在法國北部及其他更北方的歐洲國家，由於夏季日照不足，葡萄往往無法經由光合作用產生足夠的糖分，也就無法酒精發酵產生足夠的酒精，因此當地法規允許在葡萄醪中加入蔗糖，以提高糖量，作為酒精發酵的原料，達到法定的酒精含量。但是，補糖釀酒法在義大利、南非、美國加州、法國南方以及其他南歐國家不合法。2008年6月以後，歐洲全境加糖發酵都合法。

Charmat

氣泡酒的量產方法之一。葡萄汁先在大型的不鏽鋼桶中發酵成為葡萄酒，再加壓放入玻璃酒瓶中，又被稱為bulk process。

Clone（純種）

來自同一母株，經由人工以無性繁殖方法如插枝、嫁接等方法育種的葡萄植株，目的在使後代植物保持於母株相同的基因型與表現型。作為純種種源的葡萄植栽，通常都有特別優良的品質，如產量、風味與環境的適應能力。

Cold Stabilization（低溫安定法）

製酒過程中，將葡萄酒的溫度降到接近攝氏零度，酒中酒石酸的化合物與其他許多不能溶解的微小分子，會加速沉澱。

Crush（壓碎、擠榨）

葡萄採收季節，由葡萄園裡所採摘而來的葡萄經挑選後再擠壓榨汁。

Cuvée

某葡萄酒的配方，通常由數種葡萄依特定比例混和而成，可以為這支葡萄酒帶來特別的風味。

D

Decanting（斟酒）

將葡萄酒由酒瓶中清柔小心地移注另一容器的過程。此過程的主要目的在於飲酒前，將葡萄酒中的沉澱物分離去除。

Demi-sec（半甜；半乾）

歐洲聯邦對於香檳等酒類含糖量的規定為每公升酒中含35～50g的糖。氣泡酒中所謂的半甜，其實還是甜的，只是沒有一般所謂的甜酒甜。

Disgorgement（冷凍去除法）

如香檳等氣泡酒的傳統製酒方法中，急速冷凍瓶口以去除沉積於瓶口附近沉澱物的一個製酒程序。

Dosage

在瓶中發酵的氣泡酒中，每次以冷凍去除法去除沉澱物之後，必須將少量的葡萄酒與糖的混和液放回瓶中以補足所去除的酒，並作為後續的產氣發酵過程的原料。

E

Enology（葡萄酒釀造學）

同Oenology。

Estate-Bottled

葡萄酒的標籤上如果如此標示，則代表這支葡萄酒是由酒廠自家所有，且鄰接酒廠的葡萄園中所產的葡萄釀製而成。

Ethyl Acetate（乙基甲酸）

一種酒中常見的化合物，讓葡萄酒帶有一股甜甜的醋酸味。這種化合物與酒中的醋酸並存；微量存在於酒中可以增加葡萄酒的味道，如果過量，則會給葡萄酒帶來指甲油一般的味道，所以是個重大缺點。

F

Field Blend（田間混和）

一個葡萄園中同時種植幾個不同品種的葡萄，並同時採一致做某一種單一種類的葡萄酒時稱之。

Filtering（過濾）

將葡萄酒中的雜質去除的一種過程。大多數的葡萄酒過濾的目的除了淨化外也為使其品質穩定。

Fining（澄清）

利用如皂土（bentonite）、膠質或蛋白等物質，對酒中懸浮的小顆粒黏附沉澱的方法來淨化葡萄酒的過程。

Fortified（強化的）

如Sherry和Port之類的葡萄酒，在製酒過程中，曾加入白蘭地或中性烈酒來提高產品的酒精度。

French Oak（法國橡木）

傳統上用來製作橡木桶的木材。在法國橡木中存放過的葡萄酒，可以得到特別的香草、杉木和一點煙燻味。一般而言，法國橡木帶給葡萄酒的味道，與美洲橡木很不一樣，味道通常輕淡，但在餘味中殘留的延長性卻較佳，也不太有由橡木桶而來的苦味。因此價格上遠較美洲橡木所製作的橡木桶為高，每一只要價可能會在五百美元以上，而相同容量的美洲橡木大約只要二百五十美元左右就可買到。

G

Green Harvest

剪除部分不成熟的葡萄以減少整體的葡萄產量，如此可以改進剩餘果實的果汁濃度。

Grown, Produced and Bottled（由○○酒廠負責葡萄生產、製酒到裝瓶）

葡萄酒的標示詞句，如此標示代表這家酒廠控管了這支葡萄酒從葡萄生產、製酒到裝瓶等所有生產環節，所以是一種以酒廠之名所擔保的品質保證。

H

Half-bottle（半瓶裝）

容量為375mL。

I

Imperial（超級瓶）

一種容量約4～6公升的大葡萄酒瓶（通常可裝相當於8瓶酒的量）。

J

Jeroboam（大酒瓶）

一種大型的酒瓶，容量為一般葡萄酒6瓶的量。如果是香檳的酒瓶則為4瓶裝。

L

Late Harvest（晚採摘）

在葡萄酒的標籤上如此標示，代表這支葡萄酒是由較晚採摘的葡萄所製作。由於葡萄果實留在葡萄藤上的時間較長，行光合作用的時間較長，含糖量也因此較一般葡萄酒為高。這句標示名詞常見於甜酒及貴腐酒一類的葡萄酒標籤上。

 葡萄酒賞析

Lees（葡萄酒渣滓）

葡萄酒在發酵過程中或發酵結束後，在橡木桶或發酵槽中所留下的沉澱物。如用在如on the lees的語句，意同法文的sur lie，代表這支葡萄酒未經淨化即封瓶儲存。

Limousin

從法國Limoges來的一種橡木桶。

M

Maceration（浸泡萃取）

發酵過程中，將葡萄皮與酒中固型物浸泡在酒汁中一段時間，藉由酒精的溶劑作用，將葡萄皮的色素、單寧和香氣萃取出來的過程。

Made and Bottled by（製作並裝瓶）

有點混淆的葡萄酒標示語，意指這家酒廠釀製這支葡萄酒中10%以上的酒，並負責裝瓶作業，並非是一種品質的保證。

Magnum（大酒瓶）

一種兩夸脫或1.5公升容量的大酒瓶。

Malolactic Fermentation（蘋果乳酸發酵）

大部分的葡萄酒在製酒過程中，會經歷這種天然的二次發酵過程。經過蘋果乳酸發酵的葡萄酒，總酸度會降低，葡萄醪中所含的蘋果酸，在細菌的作用下，可以轉換成較易為人所接受、口感柔順的乳酸（Lactic Acid）與二氧化碳，帶來許多特殊的葡萄酒風味，可以帶給Chardonnay等白葡萄酒的複雜風味，也可以使Cabernet Sauvignon與Merlot的口感軟化。

Meritage（優良傳統）

由加州葡萄酒業者結合Merit（優點）與Heritage（傳統）所創造出來的新字，用來標示波爾多類的紅葡萄酒或混和白葡萄酒，因為這樣的葡萄酒中，沒有任何一種葡萄多到可以超過法定的最低葡萄品種含量（75%）。對於紅葡萄酒，法定可以使用的葡萄品種包括Cabernet Sauvignon、Merlot、Cabernet Franc、Petite Verdot和Malbec；白葡萄則有Sauvignon Blanc與Sémillon。

Methode Champenoise（以香檳的方法製酒）

在Champagne以外的地方所產製的氣泡酒如果要採用Champagne的方法製酒，不得標示為Champagne，只能如此標示。這是一種很費力、過程複雜和成本很高的製酒方法，葡萄酒除了要在大型桶中進行酒精發酵之外，在裝瓶之後還要在瓶中進行第二次發酵以產生二氧化碳，之後還要進行一連串複雜而繁瑣的淨化過程才能製成。所有Champagne地方所產的Champagne氣泡酒和其他地方的優質氣泡酒都是以這種方式製酒。

Methuselah

一種特別大容量的葡萄酒瓶，可裝6公升相當於8瓶的葡萄酒的量。名稱來自聖經中的長壽者麥修徹拉。

Must（葡萄醪）

葡萄採收後，經過擠壓榨汁所得到的葡萄汁與果皮、種子的汁液，提供發酵之用。紅葡萄酒的酒汁中，葡萄皮被擠壓破裂，但未曾去除；白葡萄酒的酒之中則無果皮。

N

Nebuchadnezzar

一種特別大容量的葡萄酒瓶，可裝15公升相當於20瓶葡萄酒的量。名稱來自巴比侖王尼布甲尼撒（605-562B.C.），他曾破壞耶路撒冷，將猶太人幽禁在巴比侖。

Négociant（Négociant-Eleveur）（葡萄酒的大盤商）

法文裡對於從事葡萄酒買賣的大盤商的稱謂。Négociant可能是個人或公司組織，具有行銷能力並掌握葡萄酒的通路，主要業務除了代理某些知名酒廠的葡萄酒上市作業外，也有的Négociant向農民購買葡萄來製酒，或者收購農民或酒廠釀好的葡萄酒來混和調製之後裝瓶、貼標，以自有品牌行銷。勃根地地區的Joseph Drouhin and Louis Jadot就是極為著名的例子。許多Négociant本身就擁有一家以上的著名酒廠，或者與一些著名的酒廠有長久的合作關係，每年酒廠所製的酒，只賣給Négociant，再由Négociant上市行銷，例如波爾多地區著名的Baron

Rothschild、Castel Fréres即是著名的例子。

Non-Vintage（不標年份的）

由一個年份以上的葡萄酒所混和製作的酒，因此無法標示正確的年份。這種做法可以讓一家酒廠每年所產製的葡萄酒都能保持相同的風格與品質，特別是許多Champagne和氣泡酒都採這種做法。此外Sherry和許多的Port也採不標年份的做法。

Nouveau（新酒）

法文的「新」，對葡萄酒而言，則是指這是一支風格屬於酒體較輕薄，較注重果香，適合及早飲用的葡萄酒。這個字大部分用在Beaujolais。

P

pH（酸鹼度）

許多葡萄酒廠以葡萄酒的酸度來作為衡量這支葡萄酒是否已熟成的標準，因此在採樣時，除了感官品評外，也會定期測量其酸鹼度。pH值較低的葡萄酒喝起來較酸澀，pH較高的葡萄酒較容易入口，但細菌較容易生長。一般而言白葡萄酒的pH質最好是介於3.0～3.4之間，紅葡萄酒則為3.3～3.6之間。

Phylloxera

一種侵襲釀酒葡萄Vitis vinifera的小害蟲。在19世紀末，曾經使歐洲和美國加州的葡萄酒生產事業大受打擊，如今在加州與世界許多地方還常常造成危害。

Pressing（擠壓榨汁）

以擠壓的方法榨取葡萄汁，主要的目的在去除釀酒用的葡萄汁裡的葡萄皮、葡萄籽和其他無法發酵的物質，白葡萄酒在發酵前去皮，紅葡萄酒則在發酵後去皮。經過榨汁過程的葡萄酒汁較自由流出的葡萄汁有更多的風味與香氣、更深的顏色與更多的單寧。

Private Reserve或Proprietor's Reserve（業主私藏）

葡萄酒標籤上常見的標示語，不是法定的標示文字。如果一支葡萄酒被

如此標示，通常代表這是酒廠主人所特選的好酒，或是當年度本廠品質最佳的好酒。

Produced and Bottled by（由○○製酒和裝瓶）

美國AVA法裡所規定的法定葡萄酒標示文字，代表這瓶酒的內容物中75%以上，由所標示的酒廠所釀造並裝瓶。

R

Racking（換桶）

製酒過程中，為曝氣或淨化目的，將葡萄酒由一個桶槽抽到另一個桶槽的步驟。

Rehoboam

一種特別大容量的葡萄酒瓶，可裝4.5公升，相當於6瓶葡萄酒。

Residual sugar（餘糖量）

葡萄酒釀造完成後，剩餘在葡萄酒中的含糖量。

S

Salmanazar

一種特別大容量的葡萄酒瓶，可裝9公升，相當於12瓶葡萄酒。

Sur lie

法語原意為「置於酵母沉澱之上」（on lees），白葡萄酒發酵完成後得進行換桶澄清工序，但此法則是在發酵完成後，直接將死去的酵母菌等發酵殘餘物，即所謂的酒渣（lees）留在橡木桶中存放一段時間，裝瓶前也同樣不過濾，但可以用換桶的方法去除沉澱的酒渣，部分酵母沉澱也一併裝入酒瓶。Montrachet的Chardonnay也會採用此法，以增加烤麵包與堅果香氣，還有羅亞爾河谷區製作Muscadet的葡萄酒，在阿爾薩斯和德國部分Riesling與Pinot Gris葡萄酒的製作，美國加州也以此種方法製酒。

Sweetness（甘甜）

葡萄酒的甘甜當然受到糖度的影響，更精確地說，葡萄酒的甘甜由於糖與酒精而提升，由於酸度與單寧的苦澀而抑制。

葡萄酒賞析

T

Tannin（單寧）
來自於葡萄皮、葡萄籽、葡萄的莖葉以及橡木桶，屬多酚化合物質，會讓葡萄酒的口感變得粗糙和酸澀。單寧是葡萄酒的天然保存劑，讓葡萄酒能被存放熟成和發展。單寧也帶給葡萄酒厚度和強度，是構成優質葡萄酒結構完整性的不可缺要素。

V

Vintage Date（年份）
美國葡萄酒法規裡規定，製作這支葡萄酒的葡萄中95%以上必須來自於標籤上所標示的年份。

Vinted by（由○○製酒）
代表這支酒是由某酒廠向其他酒廠購買酒來裝瓶出售。

Vintner（葡萄酒商）
通常指葡萄酒的製造商或酒廠擁有者。

Vintner-grown（酒商所種）
意思是指製作這支酒的葡萄來自於酒商所有，但不在同一法定產區的葡萄園。

Viticulture Area（法定葡萄種植區）
美國葡萄酒法規裡，依據地理條件、氣候、土質、海拔高度和歷史因素所規定的法定葡萄生產區。如果一支葡萄酒的標籤上標示某一法定產區，代表釀造這瓶酒葡萄必須超過85%來自於所標示的產區。同時如果標籤上標示某種葡萄品種，則代表製作這支葡萄酒的葡萄必須超過75%是標籤上所標示的品種。

Volatile Acidity（揮發性酸度）
形容葡萄酒中含酸量過多，帶給這支酒一點醋酸味道。醋酸在少量時不易被人所感知，過多則是葡萄酒的主要缺點。